U0203683

淡水鱼、小龙虾养殖及疾病防治

（第 2 版）

郭海山　秦战营　董晓明　文　琳　曾洒洒　编著

河南科学技术出版社

· 郑州 ·

图书在版编目（CIP）数据

淡水鱼、小龙虾养殖及疾病防治／郭海山等编著. —
2 版. —郑州：河南科学技术出版社，2019.2
ISBN 978 - 7 - 5349 - 9449 - 4

Ⅰ.①淡…　Ⅱ.①郭…　Ⅲ.①淡水鱼类 – 鱼类养殖
②淡水鱼类 – 鱼病 – 防治 ③龙虾科 – 淡水养殖 ④龙虾
科 – 虾病 – 防治　Ⅳ.①S965.1 ②S943.1 ③S966.12
④S945.4

中国版本图书馆 CIP 数据核字（2019）第 001410 号

出版发行：河南科学技术出版社
　　　　　地址：郑州市金水东路 39 号　　邮编：450016
　　　　　电话：(0371) 65737028　65788613
　　　　　网址：www.hnstp.cn
策划编辑：陈淑芹　编辑邮箱：hnstpnys@126.com
责任编辑：陈淑芹
责任校对：陈明辉
封面设计：张德琛
版式设计：栾亚平
责任印制：张　巍
印　　刷：郑州环发印务有限公司
经　　销：全国新华书店
开　　本：850 mm×1160 mm 1/32　印张：11.25　字数：282 千字　彩插：5 面
版　　次：2019 年 2 月第 2 版　　2019 年 2 月第 4 次印刷
定　　价：25.00 元

如发现印、装质量问题，影响阅读，请与出版社联系并调换。

第2版前言

2016 年我国水产品总产量 6 901.25 万吨，其中淡水产品产量 3 411.11 万吨，占我国水产品总产量的 49.4%。全国淡水养殖面积 6 179.62 千公顷，淡水养殖产品产量 3 179.26 万吨，占淡水产品总量的 93.2%。淡水养殖产品已成为我国居民膳食中的重要蛋白质来源，在国民食品构成中占有重要地位；我国已成为名副其实的世界第一渔业国家。

进入 21 世纪，随着经济社会发展，我国淡水资源和渔业水域生态环境正面临较大压力，养殖水域环境污染严重并由此带来水产养殖病害和水产品质量安全等诸多问题。突出表现为水域环境恶化、水产资源短缺、水产品药物残留、养殖效益下降等。只有合理规划养殖生产，有计划繁育和选育优良品种，投喂营养全面、安全高效优质饲料，科学防治病害，合理使用药物，推广生态、健康养殖模式，健全标准化无公害养殖体系，才能实现我国水产养殖业的健康可持续发展。

本书在编写时，吸收我国近年来水产养殖业发展的新经验和新技术，尽力反映当前我国水产养殖的研究成果。在淡水鱼类养殖技术部分，比较系统地介绍了我国主要淡水养殖品种生物学特征、生活习性、鱼类营养与饲料配制技术、人工繁殖技术，介绍了池塘养殖及网箱养殖技术。针对目前特种水产品市场需求和广大养殖户高涨的养殖积极性，与《淡水鱼养殖及鱼病防治》相比，本书增加了泥鳅、小龙虾、加州鲈鱼等特种水产品养殖技术；在鱼类病害防治部分，增加了近年来水产养殖生产中常见的病毒性疾病、细菌性疾病、寄生虫病和鱼类的非寄生性鱼病发病原因、流行及危害、预防及治疗方法。

本书在编写过程中，参阅了大量国内外文献、资料和书籍，引用了许多科学家、教授的研究成果、论著文字资料和图表，在此一并向原作者和出版单位深深地致谢。

由于作者学术水平和实践经验所限，书中错误和不妥之处在所难免，敬请广大读者批评指正。

编者

2018 年 5 月

目　录

第一部分　淡水鱼、小龙虾养殖技术

第二部分　鱼类病害防治

第一部分

淡水鱼、小龙虾养殖技术

第一章　主要鱼类的生物学特征

第一节　鱼体外部形态特征

鱼类属脊索动物门、脊椎动物亚门，包括圆口纲、软骨鱼纲、硬骨鱼纲三个纲。鱼是终生生活在水中的一种变温动物，用鳃呼吸，靠鳍来完成运动、维持身体平衡。目前，全世界现有鱼类2万多种，而在我国生长的淡水鱼类就有800种以上，其中约500种为我国特有种。

一、外部形态

鱼的身体可分为头部、躯干部和尾部三部分。头骨与躯椎间缺乏颈部，因此头部不能灵活转动。鱼类的头部是指自吻端到鳃盖骨后缘的部分；躯干部是指鳃盖骨后缘至泄殖孔后缘（肛门）的部分；尾部是指泄殖孔后缘（肛门）至最后一枚脊椎骨的部分。

二、体形

鱼类的体形有纺锤形、侧扁形、平扁形、蛇形四种基本类型。大部分鱼类的体形呈纺锤形，这种体形的鱼类适合栖息在水体的不同水层，但多数为中、下层，如鲤鱼、鲫鱼的体形，前端尖，躯干部宽，尾部窄，呈侧扁的纺锤形，这种体形在游动时可减小水的阻力，适合快速、持久、灵活的游动。翘嘴红鲌、鲢鱼、鳊鱼、鳊鱼和鲂鱼为侧扁形，两侧扁，而背腹方向高，从侧面看似菱形，这种体形的鱼常栖息于较平静的水体，游动时的敏捷性较纺锤形差。平扁形的鱼类背腹扁平，左右较宽阔，多底栖生活，运动迟钝，如平鳍鳅、鲅鳒鱼等。黄鳝和鳗鲡的体形为蛇形，其游动能力比侧扁形、平扁形鱼类强，多潜居在水底或泥沙中，这类鱼喜欢穴居，也喜欢游动。

第二节 鱼体组织器官及其功能

一、头部器官

头部位于身体最前端，由于游动的需要，头部的外形总是前端尖锐。头部主要器官有口、眼、鼻、鳃（裂）等。

1. 口 口是鱼最重要的采食器官，其形状和位置随着鱼类的食性不同而不同，有上口位（翘嘴红鲌、鲅鳒鱼）、下口位、端口位（鲈鱼、鲤鱼）、腹口位等。

2. 眼 眼位于头部前方两侧，鱼的眼一般随其体形或生活方式的不同而呈不同的特点。生活在水体中上层的鱼类，运动能力强，眼亦发达；生活在水底或营穴居生活的鱼类，眼睛较小或已退化。鱼的眼结构简单，无泪腺，也没有真正的眼睑，完全裸露，只能看到近处的东西。

3. 鼻 眼前方两侧各有一个皮肤横隔成两个孔的鼻腔。一般具外鼻孔而没有内鼻孔。前面的孔为入水孔，后面的孔为出水孔。鼻腔是鱼类的嗅觉器官，通过与口的联合作用感知食物的存在，从而采取捕食行动。

二、鳍

鳍是鱼类所固有的外部器官，为鱼类重要的附肢，分布在躯干和尾部，具有运动和平衡身体的功能。鱼鳍可分为偶鳍和奇鳍两种，偶鳍（对称）是指胸鳍和腹鳍；奇鳍（不对称）包括背鳍、臀鳍和尾鳍。

硬骨鱼的鳍由许多骨质鳍条组成，骨质鳍条是由鱼的鳞片衍生而成，鳍条间由可以折叠或张开的薄膜相连。软骨鱼类的鳍由角质鳍条组成，角质鳍条是皮肤角质化形成的，人们食用的鱼翅就是由软骨鱼的鱼鳍做成的。

鳍是鱼类的运动和平衡器官。背鳍是鱼类维持身体直立的平衡器官；尾鳍的作用是保持鱼体的平衡、推动鱼体前进和掌握鱼体的运动方向；腹鳍一般形态较小，在鱼类的行动上起辅助作用；臀鳍位于鱼体后下方的肛门与尾鳍之间，其作用是使鱼体在水中保持稳定的姿态，防止倾斜或摇摆；胸鳍位于头部后方，其作用是使鱼体在水中前进、停止和转向，以及保持鱼体平衡。

三、鳞片

鳞片是一种皮骨，是鱼类所特有的皮肤衍生物。根据鳞片形状的不同，可分三类，即硬鳞、骨鳞和盾鳞。鳞片覆盖在鱼的体表，多为骨质小圆片，前部生长在皮肤内，排列整齐。鳞片的形状和大小因鱼的种类和年龄不同而不同。

以骨鳞为例，骨鳞是由鱼的真皮衍生而来，柔软而富有弹性，以覆瓦状排列。骨鳞分上、下两层，在成长过程中，上层为骨质层，一圈一圈地生长；下层为纤维层，一层一层地生长。在养殖品种中绝大多数鱼类都有鳞片，如鲤鱼和鲫鱼的鳞片较大，鲢鱼和鳙鱼的鳞片较小，而黄鳝、淡水白鲳和胡子鲶等少数鱼则无鳞片。鳞片被覆在鱼体，对鱼体具有保护功能，而无鳞鱼则缺少这一天然屏障。因此，在使用药物进行鱼病防治时，无鳞鱼因对药物较敏感，应引起广大养殖者关注。鳞片上的年轮通常是我们测定鱼类年龄的依据。

四、皮肤及其衍生物

1. 皮肤　鱼类皮肤的主要功能是保护作用，另外还有感觉、润滑、辅助呼吸、调节渗透压、修补及吸收少许营养物质的作用。

鱼类的皮肤由两层构成，外层为表皮，内层为真皮。表皮来源于外胚层，角质化程度低，这与鱼类生长于水环境有关；真皮来源于内胚层，位于表皮层的下方。

2. 衍生物　鱼类皮肤与鱼体外界生长的环境密不可分。鱼体皮肤除了表皮和真皮外，还包含许多由皮肤衍生出的一些结构，我们称其为衍生物，有黏液、色素细胞、珠星。鳞片也是皮肤衍生物的一种。黏液是鱼体天然的屏障，保护鱼体不受外界病菌、寄生虫的侵袭。色素细胞有黑色素细胞、黄色素细胞、红色素细胞、虹彩细胞等，不同品种的鱼类构成了不同的体色，鱼的体色在一定程度上起到保护自己和逃避敌害的作用。鱼类的各种不同的体色完全是对其周围环境适应的结果。珠星是由表皮细胞角质化形成的，在表皮上呈颗粒状凸起。珠星一般出现在鱼类生殖季节，雄鱼较常见，雌鱼没有或即使有也很细微，故常作为亲鱼性别鉴别的重要依据。

五、呼吸器官

1. 鳃　鱼类的呼吸器官主要是鳃。鱼类通过鳃与外界进行气体交换，吸取所需要的氧气，排出二氧化碳。鱼类的鳃是在咽部后端的两侧生成，由鳃弓、鳃耙和鳃片组成。在鳃盖下面和咽喉的两侧共有 5 对鳃弓，第 1~4 对鳃弓都有 2 列鳃片，每个鳃片由许多鳃丝排列而成，每根鳃丝的两侧又生出许多突起的鳃小片。鳃小片分布有丰富的毛细血管。鱼通过鳃盖和口连续不断地张闭，使鳃小片毛细血管吸收水中的氧气，排出代谢活动产生的二氧化碳。鳃小片的这种特殊结构只适合在水环境中进行呼吸。在鱼的鳃丝上还往往分布有许多细胞，如泌氯细胞，通过氯离子运转功能，达到氮化物代谢及调节水体渗透压作用。

2. 辅助器官 硬骨鱼类除鳃外还有为适应特殊环境而发展的辅助呼吸器官，如皮肤（鳗鲡、鲶鱼、黄鳝等鱼的皮肤中血管较多，可以在空气中进行呼吸）、口咽膜（黄鳝）、鳃上器官（由胡子鲶、乌鳢、攀鲈、斗鱼等鱼的鳃弓上部分骨骼特化而成，可直接与空气中的氧气交换）、肠管（泥鳅）。软骨鱼类则只能用鳃呼吸。

3. 鳔 鳔是鱼类胚胎发育时从消化管分化出来的，鳔位于鱼类肠管上部，为白色长形囊状物，鳔里充满气体。黑鱼的鳔有1室，鲤鱼和鲫鱼的鳔有2室，鳊鱼和鲂鱼的鳔有3室，黄鳝无鳔。鳔的主要功能是：

（1）调节作用：鱼体内的密度，通过改变鳔内气体含量进行调节，鱼类上浮时鳔内充满气体，下沉时排出鳔内的气体，以帮助鱼类在水中升降，但鱼类在水中的升降主要还是靠鳍和肌肉。

（2）感觉作用：鲤形目和鲇形目的种类的鳔的前端分支与内耳相通，具有感觉功能。

（3）呼吸功能：低等的硬骨鱼，如肺鱼、弓鳍鱼等的鳔可以直接呼吸空气。

（4）发声功能：鳔的发声功能，一般可通过鳔管排气发声、鳔与肌肉摩擦发声（大、小黄鱼），肩带与骨骼摩擦发声通过鳔进一步扩大。在捕捞时，有经验的渔民往往能通过这种声音的强弱来判断鱼群的大小和距离。

六、消化器官

鱼类的消化系统是由消化管和消化腺两部分构成的。其中，消化管包括口咽腔、食道、胃、肠道、肛门（泄殖孔）等，消化腺主要包括口腔腺、胃腺、肠腺、肝脏、胰脏腺和胆囊等部分。鱼类通过消化系统可以直接或间接地消化食物，吸收营养物质，供其生长、发育。不同种类的鱼食性不同，其消化系统差异较大，如鲤鱼无胃，这类鱼用口摄取食物，经鳃耙过滤，再流经咽喉，被咽喉齿切断或压碎，再通过食道进入肠管。进入肠管的食物经肠管蠕动和消化液的作用成为可被吸收的营养物质。凶猛鱼类的胃较大。鱼类肠管的长短与食性有关，肉食性鱼类肠管短，草食性鱼类肠管长。

七、循环器官

鱼类的循环系统包括液体循环和管道循环两部分，其中液体包括血液和淋巴液，管道循环包括血管系统和淋巴系统。其主要功能是运输，将鱼体所需要的氧气、营养物质及内分泌腺所产生的激素输送到身体各组织、器官内，供鱼类生长、发育，同时将体内所产生的二氧化碳、代谢废物运出体外。鱼类的循环系统有两个特点，一个是封闭性的，鱼的血管分为动脉、静脉和毛细血管，与心房相连接的是静脉血管，与心室相连接的是动脉血管，与细胞组织及动脉和静脉相连接的细小血管为毛细血管，所有血管不开口；另一个是鱼类的循环系统为单循环，无肺循环，即血液从心室出来通过血管进入鳃区，进行气体交换，出鳃后经背主动脉流到全身，各组织毛细血管返回的血经主静脉流回心脏。血液在鱼体全身循环一周经过心脏一次，因此我们称其为单循环。

八、排泄器官

鱼类的排泄器官主要是肾脏、鳃，其功能是排出鱼体新陈代谢所产生的废物，如二氧化碳、水、矿物盐类和含氮化合物。其中，肾脏以尿液的形式排泄，尿液中含有肌酸、肌酸酐、尿酸等分子结构较大的物质；鳃主要排泄分子结构较小的物质，如氨、尿素等。鱼类的肾脏和鳃除了排泄废物外，还具有维持体内水、盐平衡，调节鱼体内渗透压的作用。鱼的肾脏是紧贴在体腔背面的一对伸长的器官，呈紫红色，肾脏的每一个小管都开口于输尿管，输尿管与膀胱相连，尿液经尿道从泄殖孔排出体外。

淡水的硬骨鱼类，由于外界水体的盐分浓度低，外界的水分会不断地进入体内，淡水鱼类为保持体内平衡，一方面通过肾脏排出过多的水分（淡水鱼的肾小体非常发达），另一方面肾小管上的吸盐细胞吸收盐分以保持体液一定的盐浓度。另外，一些淡水鱼鳃上的泌氯细胞也可以吸收盐分，对维持鱼体内渗透压平衡有重要意义。

淡水鱼类的排泄物中有氨和肌酸等成分。因此，在高密度养鱼和长距离运输活鱼时，鱼体排出的氨过多会对鱼体产生危害，抑制鱼类生长，引起鱼类中毒，甚至死亡，应引起广大养殖户重视。

九、生殖器官

绝大多数淡水鱼类都是雌雄异体。

雌鱼一般有一对卵巢，位于消化道背面、鱼鳔腹面的两侧，在非生殖季节卵巢白色、细长，生殖季节卵巢则逐渐由第 I 期发育到第 IV 期。卵巢发育到 IV 期即可进行人工催产，此时卵巢里充满了卵子。成熟的卵子由卵巢通过输卵管从生殖孔排出体外。

雄鱼有一对精巢，左右分开，位于鱼腹腔的两侧，非生殖季节细长、微红，性成熟时呈乳白色，且表面出现很多皱褶。精巢内充满了乳白色的精液，精液中充满精子。精巢中的精液通过输精管进入生殖孔，被排出体外。鱼类的卵子和精子在体外受精。

鱼类性腺的发育与鱼类生长所处的环境（营养、水温、光照、溶解氧、水流等）密不可分。值得一提的是，黄鳝的生殖腺从胚胎发育到性成熟都是卵巢，只产卵子。但在产卵后，随着年龄增长，卵巢就变成了精巢，我们称之为"性逆转"现象。

十、骨骼和肌肉

鱼类骨骼的主要功能是：①保护柔软的内脏器官；②对鱼体有支持作用；③与肌肉、神经系统配合产生运动。鱼类的骨骼组成如图 1 - 1 所示。

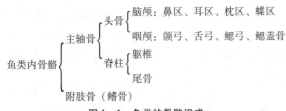

图 1 - 1　鱼类的骨骼组成

鱼体的运动主要靠肌肉。肌细胞是组成肌肉的基本单位，肌细胞又称肌纤维。根据结构和生理功能的不同将肌肉分为平滑肌、心肌和横纹肌三种。前两种受交感神经或副交感神经支配，又称为不随意肌；横纹肌受脑神经和脊神经支配，称为随意肌。鱼类的肌肉数目很多，如一条鲤鱼就有 340 多块肌肉。肌肉中细小的肌间骨是鱼刺。

十一、神经系统

鱼类的神经系统在鱼体的一切活动过程中起着协调和联络的主导性、决定性作用。鱼的神经系统由中枢神经、外周神经和植物性神经三部分构成，组成神经的基本单位是神经元。鱼脑由大脑、间脑、中脑、小脑和延脑组成。鱼类的大脑不发达，大脑前方有嗅觉神经，末端膨大呈球形，被称为嗅球。延脑位于小脑的后方，与脊髓相连。延脑是鱼类的侧线感觉中枢、呼吸中枢、味觉中枢、皮肤感觉中枢、色素调节中枢，又称为鱼类的"活命中枢"。鱼类的神经系统组成如图 1－2 所示。

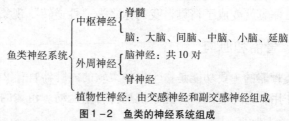

图 1－2　鱼类的神经系统组成

鱼类神经系统通过感觉器官和外界相联系，调节体内外活动，使之与外界环境相适应。鱼类同时还具有嗅觉、味觉、视觉、听觉及皮肤感觉等器官，这些感觉器官有助于鱼类摄食和逃避敌害的侵袭。

第三节　鱼类的生活习性和生理特点

一、栖息环境

鱼的种类繁多，在我国生活在淡水水域的鱼类就有 800 余种，它们的生活习性存在着很大的差异。鱼类对外界环境有较强的适应能力。不同种类的鱼有不同的食性，从而也决定了它们不同的栖息环境。如鲢鱼性情活泼，善跳跃，抢食能力强，生长迅速，生活在水体的上层；鳙鱼、鲂鱼和鳊鱼性情比较温顺，常生活在水体中上层；草鱼吃草，常常生活在水体的中下层或水草丰富的池塘边；青鱼、鲤鱼和鲫鱼则栖息在水体底层，它们喜欢觅食池底的螺、蚌、昆虫和水蚯蚓等。鱼类不同的栖息环境也为它们在池塘中合理密养、合理混养提供了依据和可能。

二、食性

由于鱼类的摄食器官和消化器官的生理特性不同，其食性和爱好明显不同。鱼类的食性是在其种的形成过程中，对环境的长期适应而产生的一种遗传性，因而具有相对的稳定性。大多数鱼类的幼鱼食性基本相同，从受精卵孵出的鱼苗都是以卵黄囊中的卵黄为营养，在体长 20 mm 以前都是以浮游动物（轮虫和无节幼体）为食，随着鱼体的生长，体长在 25 mm 以上食性开始分化。成年鱼类的食性，因鱼的种类不同而异。

三、生长

不同种类的鱼由于其品种、食性及其所处环境不同，鱼体的生长方式和过程也不尽相同，其生长特点受鱼类自身遗传性和环境因素的影响。但是鱼类生长往往具有一定的规律，即鱼类一般在其性成熟前生长速度快，是生长的旺盛时期；到达性成熟后生长速度变慢，甚至停止生长，此时摄食的能量大部分都用于性腺发育。在鱼类性成熟前，随着时间的推移，鱼的绝对生长速度（日增量）逐渐增加，相对生长速度（日增重率）逐渐下降。性成熟后，体长增长幅度下降，而体重增长上升。另外，随着鱼类年龄的增长，其生长速度也会逐渐降低。主要养殖鱼类鱼苗的相对生长速度通常是下塘前 3～10 天最大，日增长率可达 15%～25%，日增重率达到 30%～57%，以后相对生长速度逐渐减小。青鱼、草鱼、鲢鱼和鳙鱼在 1～2 龄时体长增长快，2～3 龄时体重增长迅速，5 龄后生长显著降低；鲤鱼、鲫鱼、鳊鱼和鲂鱼1～2 龄时绝对生长速度最大，性成熟后则生长缓慢。

鱼类的生长除受自身的遗传因子决定外，生活的外界环境因子也起到十分重要的作用。影响鱼类生长的因子有：

1. 性别 许多鱼类雄鱼比雌鱼早成熟，雄鱼生长速度提前下降。因此，雄鱼体格常常比雌鱼要小得多。

2. 饲料 饲料是影响鱼类生长的主要因子。在饲养密度和环境适宜的条件下，只要饲料充足、质量良好，鱼类的生长速度就快；反之，鱼的生长速度就慢，甚至停滞。值得提出的是，在人工养殖条件下，如果投入过多饲料，除了会造成饲料浪费，增加养殖成本，还会引起水体富营养化，水质恶化，影响鱼类生长，甚至会引起鱼病，导致鱼类死亡。因此，要合理投喂饲料。

3. 放养密度 应根据池塘条件、养殖鱼的种类和规格、养殖技术水平、饲料供应和日常管理措施等确定合理的放养密度。在池塘条件、养殖技术、饲料一定的条件下，鱼类的养殖密度越大，生长就越慢。随着养殖密度的增大，鱼类对饲料和溶解氧等环境资源的竞争就激烈，养殖对象会因不能获得充足的食物和适宜的环境条件而限制生长。

4. 温度 水温是鱼类生长的控制因子。鱼类属变温动物，鱼体的体温随着水温的变化而变化，外界温度的变化可以通过改变鱼类机体的代谢速度来影响鱼类的生长和活动。一方面，水温直接影响鱼类的代谢速度，当水温适宜时，鱼类代谢强度大，生长速度快；当水温过高或过低时，鱼类生长速度则减慢。另一方面，水温的变化还影响到水生生物的生长，间接影响鱼类的生长。一般鱼类最适生长温度为 20～30 ℃，温度低于 15 ℃ 则生长缓慢，甚至停止生长。热带鱼类最适生长温度为 25～33 ℃，冷水性鱼类最适生长温度一般为 16～19 ℃。在四季分明的季节，鱼类的生长速度的变化为：从春季到夏季，鱼类生长速度逐渐增快；从夏季到秋季，鱼类生长速度逐渐减慢；在冬季，鱼类的生长速度最慢，甚至停滞（冷水性鱼类除外）。

四、繁殖

繁殖是鱼类生命过程中的重要环节，是鱼类维持种族延续不可缺少的基本特征。鱼类的性成熟年龄，会因种类和生活环境条件的不同而有差异。当饲料充足、水质良好、鱼体健康时，鱼的性成熟期可以提前，鱼的性成熟度也好；当饲料缺乏、水质不好、生长受到影响时，鱼的性成熟就会推迟。一般雌鲢鱼性成熟为 3~4 龄，性成熟时体重为 4~5 kg；雌鳙鱼性成熟为 4~5 龄，体重 10 kg 左右。影响鱼类性腺发育的外界因素有营养、温度、光照和水流。不同种类的鱼类繁殖季节不同，如我国的"四大家鱼"及鲤鱼、鲫鱼等是在每年春季、夏季产卵，1 年产卵 1 次；虹鳟、大马哈鱼、大银鱼则是每年的秋季、冬季产卵；罗非鱼因其卵母细胞发育不同步，每年可多次产卵。另外，同种鱼类也会因其所生活的环境条件不同，繁殖时间也会有差异。

根据鱼卵性质的不同，我们把鱼卵分为浮性卵、沉性卵、漂流性卵和黏性卵。不同性质的鱼卵需要不同的产卵条件和场地。

我国的"四大家鱼"、鲮鱼产卵时要求有一定的水体生态条件和水温条件。在江河、湖泊的水流骤然加大，水位迅速上涨时，性成熟的亲鱼才能完成第Ⅳ期卵巢向第Ⅴ期卵巢的发育而产卵。所以，在一般池塘养殖条件下，青鱼、草鱼、鲢鱼、鳙鱼、鲮鱼因缺乏必要的刺激而不能自然产卵，只能进行人工催产。

五、洄游

鱼类在一定的时间和季节内集结成群，沿着特定的路线从一处游到另一处的现象称为洄游。通过洄游，更换生活水域，以满足不同生活时期对水体条件的需要，顺利完成生活史中各重要的生命活动。这种运动是定向的、周期性的，并具有遗传性。洄游的距离随种类而异，为了寻找适宜的外界条件和特定的产卵场所，有的种类要远游几千千米的距离。根据鱼类洄游的目的可划分为生殖洄游、索饵洄游和越冬洄游。生活在淡水中的鳗鲡，要洄游数千千米到海洋深处产卵，而生活在大洋中的大马哈鱼要反向游动数千千米进入江河上游产卵；有些鱼类仅做短距离移动，如大黄鱼由福建北部的洞头洋洄游至江苏海域的吕泗洋；我国淡水鱼类中的青鱼、草鱼、鲢鱼、鳙鱼等在江河中下游或静水湖泊育肥，繁殖时成熟个体沿江而上，到江河中上游产卵，距离长则几百千米，短则几十千米。

第四节　我国主要淡水鱼养殖品种简介

目前，我国淡水鱼养殖的主要品种有鲢鱼、鳙鱼、草鱼、青鱼、鲮鱼、鲤鱼、鲫鱼、团头鲂、鳊鱼、罗非鱼、鮰鱼、加州鲈鱼等。

一、鲢鱼

鲢鱼（图1-1）又称白鲢、鲢子等。体形侧扁，稍高，鳞细小，两侧及腹部银白色，刀锋状，鳃耙细密，头长为体长的1/4，腹棱从胸鳍基部到肛门，胸鳍末不超过腹鳍基部。鲢鱼属中上层鱼类，

图1-1　鲢鱼

性情活泼，喜跳跃，主要滤食浮游植物，其次为浮游动物、细菌、腐屑及悬浮的人工饲料粉末。鲢鱼和鳙鱼主食浮游生物，又俗称"肥水鱼"。生长的适宜水温是20～30℃。1龄鱼可达0.5 kg，第二年可达2 kg。

二、鳙鱼

鳙鱼（图1-2）又名胖头鱼、花鲢、大头鱼。鱼体侧扁，

头、口较大，头长为体长的1/3，腹部灰白，体侧有不规则的黑色小斑点，具有较发达的鳃耙，腹棱从腹鳍基部到肛门，胸鳍长，未超过腹鳍基部。鳙鱼属中上层鱼类，性情温驯，

图1-2　鳙鱼

不喜欢跳跃，生长快，为滤食性鱼类，以轮虫、枝角类、桡足类等浮游动物为食，也摄食部分浮游植物、细菌、腐屑及人工投喂的精饲料。最适生长水温是 20～30 ℃。生长速度比鲢鱼快，1龄时体重为 0.5～1.0 kg，2 龄鱼体重达 1.0～2.6 kg，是我国特有的优良养殖品种。

三、草鱼

草鱼（图1-3）又名草鲩、鲩鱼、混子。外形似青鱼，吻短而宽，体近圆筒形，体色淡青黄色，腹白色，胸鳍、腹鳍橙黄色，背鳍、尾鳍青灰色，

图1-3　草鱼

具有发达的咽齿。草鱼生活于水体中下层，性情活泼，抢食能力强，生长速度快，主要摄食水草、旱草，食量大，俗称"吃食鱼"；人工养殖时也吃米糠、麸皮、豆饼及人工配合颗粒饲料；幼草鱼以浮游生物为食。适宜生长水温是24～30 ℃。1 龄鱼可达到 0.75 kg，2 龄鱼为 3.5 kg，3 龄鱼可达5.0 kg以上。3～5 龄性成熟。目前，草鱼是我国重要的经济养殖鱼类。

四、青鱼

青鱼（图1-4）又名青鲩、乌青、螺蛳青。体形似草鱼，头稍尖，无腹棱，腹部灰白色，体背及体侧上半部呈青黑色，各鳍

呈灰黑色，栖息于底层。青鱼性情温和，抢食能力差，在天然江、河水体中以螺、蚬、蚌和水生蚯蚓等水生软体动物为食，也吃人工投喂的精饲料和配合饲料。适宜生长的水温为 20～28 ℃。2 龄鱼体重为 1.5～2.8 kg，4～5 龄性成熟。

图 1-4　青鱼

五、鲮鱼

鲮鱼（图 1-5）体形略侧扁，腹部圆，须 2 对。栖息于底层。性活泼，善跳，遇惊多潜入池底。鲮鱼是以植物性饲料为主的杂食性鱼类，喜刮食藻类，特别是硅藻，也食有机碎屑、腐殖质、少量浮游动物及人工饲料。其病害少，适合密养，耐低氧。鲮鱼属热带鱼，不耐寒，水温在 14 ℃以下群聚于深处越冬，13 ℃基本停食，8 ℃上下就会冻死，适合在我国广西和广东地区养殖。

图 1-5　鲮鱼

六、鲤鱼

鲤鱼（图 1-6）又名鲤鱼子、鲤拐子。鱼体侧扁，纺锤形，体色因品种不同而异。有口须 2 对，鳞片较大。鲤鱼是以动物性饲料为主的杂食性鱼类，栖息在水体底层。鲤鱼对环境的适应能力较强，在水温 15～32 ℃的范围内均能很好地生长。在池塘和网箱养殖时，主要投喂人工配合颗粒饲料。鲤鱼是目

图 1-6　鲤鱼

前我国淡水养殖最普遍的鱼类之一，尤其是我国华北、华中地区精养渔区的主养品种之一。

目前，鲤鱼经天然变异和人工不断选育，已形成许多亚种和优良品种，主要有：

1. 野鲤　全国各自然水域中生长的鲤鱼，如黄河鲤鱼、黑龙江鲤、湘江鲤、沅江鲤等。

2. 镜鲤　身体每侧有 3 列鳞片，鳞大而不规则，如散鳞镜鲤。

3. 红鲤　鱼体全身呈红色，如兴国红鲤、荷包红鲤等，是目前一些宾馆、饭店、景区重要的观赏养殖品种。

4. 杂交鲤　通过人工杂交而获得，如建鲤、丰鲤、荷元鲤、芙蓉鲤等。

七、鲫鱼

鲫鱼（图 1 – 7）又名刀子鱼、鲫拐子等。鱼体侧扁而高，外形似鲤，无口须。头短小，鳞片大，鱼体色较鲤鱼深。有两种体形，一种为低体形，体高为体长的 40% 以下，生长较慢，主要是野鲫；另一种是高

图 1 – 7　鲫鱼

体形，体高为体长的 40% 以上，生长较快，主要有彭泽鲫、异育银鲫、高背鲫等。鲫鱼属底层鱼类，是以植食性为主的杂食性鱼类，也摄食各种人工配合颗粒饲料，对食物无严格选择。野鲫生长速度慢，1 龄达 50 g，2 龄能达到 150 ~ 200 g，但杂交鲫鱼，如湘云鲫当年繁殖的鱼苗就可以达到 250 g。

八、团头鲂

团头鲂（图1-8）又名武昌鱼。体高而侧扁，呈菱形，头短小，头后背部隆起，腹棱从腹鳍基部至肛门，尾柄高大于尾柄长，胸鳍较短，不到或者仅达腹鳍基部，体长为体高的 2.0~2.3 倍，背鳍高度小于

图1-8 团头鲂

头长。团头鲂属中上层鱼类，性情温和，常栖息于水质清新、水草茂盛的水域中，是以草食性为主的杂食性鱼类，也可摄食人工饲料。

九、斑点叉尾鮰

斑点叉尾鮰（图1-9）又叫沟鲶、美洲鲶。原产于美国，20世纪80年代引进我国。斑点叉尾鮰体形较长，体表光滑无鳞，头部上下颌有4对深灰色须。腹部乳白色，幼鱼腹部

图1-9 斑点叉尾鮰

两侧有不规则斑点。斑点叉尾鮰是以植物性饲料为主的杂食性鱼类，在天然水体摄食浮游动物、水生昆虫、有机碎屑和大型藻类等，人工养殖条件下摄食各种人工配合饲料。适宜生长的水温为 20~34℃。当年鱼苗可达到150 g 左右，第2年可达到1~2 kg。

十、罗非鱼

罗非鱼（图1-10）又叫非洲鲫鱼。原产于非洲。体侧高，背鳍具10余条鳍棘，尾鳍平截或圆扁形，尾鳍有明显的黑色条

纹，体侧具有 8～10 条纵列斑纹。目前，我国引进的种类有莫桑比克罗非鱼、尼罗罗非鱼、红罗非鱼和奥利亚罗非鱼 4 种。罗非鱼栖息在水体中下层，是以植物性饲料为主的杂食性鱼类，摄食量大，生长速度快。

图 1-10　罗非鱼

生长的适宜水温为 22～35 ℃，不耐低温，在水温 10 ℃左右就会停止摄食，甚至冻死。

十一、加州鲈鱼

加州鲈鱼（图 1-11）俗称大口黑鲈，属鲈形目、太阳鱼科。原产北美洲的江河、湖泊中。因其生长快、肉质鲜美、抗病力强、易起捕、适温较广、经济价值较高而受到广大养殖

图 1-11　加州鲈鱼

者的青睐，广东深圳、佛山、浙江等地于 1983 年引进，并于 1985 年相继人工繁殖成功。繁殖的鱼苗已被引种到江苏、浙江、上海、湖北、河南、山东等地养殖，取得较好的经济效益。加州鲈鱼属肉食性的杂食鱼类，性凶猛，幼苗以摄食浮游动物为主，成鱼则喜捕食小鱼、昆虫等。在人工饲养条件下，主要投喂低值冰鲜鱼。经驯化后，也可以摄食人工配合颗粒饲料，且生长良好。当饲料不足时，也会自相残杀。加州鲈鱼生长速度快，当年鱼苗经人工养殖可达 0.5～0.75 kg，达到上市规格。通常 1～2 龄生长速度较快，养殖 2 年，体重约 1.5 kg，3 龄生长速度开始减慢。是目前我国发展池塘高效养殖的重要经济鱼类之一。

第二章　主要鱼类水环境

俗话说"鱼儿离不开水"，是因为水是鱼类生活的最基本的环境条件。水不仅满足鱼类气体交换，补充赖以生存的氧气需要，还可以通过影响饲料生物的数量、种类和分布，从而间接影响鱼类的生长和发育。水产养殖要选择水源充足，生态环境良好的地方，水体水质应符合 GB 11607—89《渔业水质标准》的要求，淡水养殖用水应符合 NY 5051—2001《无公害食品　淡水养殖用水水质》的要求。

第一节　物理因素

一、水温

温度是鱼类生长最重要的环境条件之一，它直接影响养殖鱼类及其他水生生物的生长和生存。

1. 水温变化　池塘的水体温度随着气温的变化而变化，具体由太阳日照的时间长短决定。气温有明显的昼夜和季节的差异，水体水温也有明显的昼夜和季节变化。在我国大多数地区，一年中 7~8 月气温最高，也是池塘水温最高的季节，1~2 月水温最低；一日之内，晴天白天的水温在下午 2~4 时最高，日出之前水温最低。另外，池塘水温高低还表现出明显的垂直差异。

这就要求养殖户在养殖过程中应根据季节适时调节水体深度，以满足鱼类生长的需要，达到最佳养殖效益。

2. 水温变化对鱼类的影响　鱼类是变温动物，体温与水温的温差一般在 0.5～1.0 ℃。水温直接影响鱼类新陈代谢的强度，从而影响鱼类的摄食和生长；鱼类和水生生物对水温的变化都有一个适应的范围，有它的最适生长温度及所能忍受的最低温度和最高温度，长期超过这个适温范围，鱼类就会生长缓慢，甚至生病、死亡。如一般温水性鱼类，水温在 10～15 ℃时开始摄食生长，但生长缓慢；15～24 ℃时为一般生长期，体重增长速度一般；24～30 ℃时生长和增重最快。冷水性鱼类，如虹鳟鱼最适生长温度是 16～18 ℃，低于 8 ℃或高于 20 ℃，食欲减退，生长缓慢，超过 24 ℃摄食停止。热带鱼类，如罗非鱼水温在 12 ℃以下、鲮鱼在水温 7 ℃以下就会开始发病，甚至死亡。

在养鱼生产中，可通过采取下列一些措施来调节水温：①春季适当降低池塘水位；②池塘边不宜种植高大树木，不应生长挺水植物和浮叶植物；③引用水温较低的溪水或泉水时，应注意温差不宜过大；④风力较大的地区，在池边种植防风林；⑤利用地热或工厂排出的热水提高水温；⑥夏季温度过高，可种一些挺水植物、浮叶植物或搭凉棚。

二、透明度

透明度是进入水体内的太阳能量大小的一种量度。悬浮在水体中的黏土粒子、有机碎屑、浮游生物、微生物等形成了水中的混浊度，养殖水体透明度的大小，随着水体混浊度的变化而变化。水体浮游生物的数量越多、无机悬浮物越多，水体混浊度越大，透明度就越小。对于池塘、水库和湖泊来说，透明度的高低，可表示水中浮游生物的丰歉和水质的肥瘦。一般肥水池塘，透明度在 20～35 cm，此时水中浮游生物丰富，适宜于鲢鱼和鳙鱼的生长。透明度小于 20 cm 或大于 40 cm，表明水体太肥或过瘦，应采取措施及时进行水质控制和调节，保持池塘水质肥瘦适中，最大限度满足养殖鱼类生长需要。

三、池水运动

在天然水体内，池塘池水的运动是由水体密度的变化、风力和人为因素三种不同原因引起的。

由于一天中气温的变化（尤其是晴天的白天）而引起池水密度的变化，从而导致池水上、下层进行对流而引起池塘池水运动，对流的结果是使上、下层池水的水温和密度趋向一致。

在有风的天气条件下，池塘水面上风口的上层水被吹到下风口，使得下风口的上层水向下流转，从而引起池塘上下层水体的循环运动。养殖过程中加注新水和开动增氧机，也会引起池塘水体的上下层运动。

池塘水体的运动对养鱼生产有着重要的意义。

第二节　化学环境因子

水体中的化学因子有溶解氧、pH 值（酸碱度）、硫化物、氨氮、无机盐类、有机物等。水体中的这些化学成分与鱼类养殖生产有着密切的关系，甚至决定了鱼类养殖的成败。

一、溶解氧

溶解氧是指溶解于水中分子状态的氧，即水中的氧气，溶解氧通常以"DO"标记。溶解氧是水生生物生存不可缺少的条件之一。

1. 水中溶解氧的来源与消耗

（1）水中溶解氧的来源：①大气中氧气的溶解。氧气在水中的溶解度与水温、水中含盐量等有关，水温升高，溶解氧饱和度下降；大气压增加，水体溶解氧饱和度增加。在一定温度条件下，池水与空气接触面越大，空气向水中溶解氧气就越多。②水生植物光合作用时氧气的释放。池塘水中溶解氧的来源大部分是水中浮游植物的光合作用（占90%左右）。③人为因素（如开动增氧机、加注新水）可以直接增加水中溶解氧。

（2）水中溶解氧对鱼的影响：水中溶解氧含量的高低对养殖鱼类的生长和产量有重要影响。一方面，鱼类正常代谢和生命活动，需要一定的溶氧量；池中溶解氧丰富，养殖鱼类摄食旺盛，消化率高，生长速度快，饲料转化效率高，产量就高，效益就好；反之，溶解氧含量低，鱼类生长缓慢，产量低，易发病，甚至死亡。另一方面，池塘水体溶氧量的高低直接影响水中有机物的氧化分解，水中溶氧量高，可以促进有机物的彻底分解和转化，通过池中有机物的氧化分解，促进营养物质循环和消除有毒的代谢产物；水中溶解氧含量较低时，有机物分解缓慢，不仅对鱼类和水生生物有害，还会恶化水质，造成生产损失。

2. 水中溶解氧的分布与变化规律 由于水体中氧气的来源、消耗与水温、光照、水中物质的代谢作用等影响因素有关，水体内溶解氧分布与变化也呈现出一定的规律性。

（1）水中溶解氧的昼夜变化：水体表层溶解氧昼夜变化很大，一般早晨日出后的整个白天，植物光合作用所产生的氧气数量逐渐大于水体生物所消耗的氧气，水中溶氧量逐步增大，直到下午某一时刻达到最高值（一般是下午1~3时）；日落后，植物光合作用停止，加上水中生物的呼吸耗氧，池塘水中溶氧量逐步下降，到日出之前达到最小值。在其他条件一定的情况下，池塘水质越肥，水中浮游植物密度越大，这种昼夜变化就越明显；在池塘生物条件一定的情况下，水温越高，光照强度越大，光合作用越强，溶氧量昼夜变化就越大。所以，一年中，夏季昼夜溶解氧含量变化比冬季大。在精养池塘中，每天的清晨池塘鱼类应该会因水体溶氧量较少而出现轻微浮头的现象，这说明鱼池中浮游植物丰富，浮游动物和有机物含量适中，有利于鱼类生长。

（2）水体溶解氧也有垂直变化规律：在晴天的中午或下午，一般池塘表层水溶解氧很多，夏季时溶解氧饱和度可达 200% 而出现氧盈，而底层因浮游植物少，光合作用弱，加上底栖生物的消耗，底层水溶解氧少而出现氧债。同时，由于池塘表层水在太阳照射下，升温快，密度小，浮在上面；底层水温上升慢，密度大，沉在水底，此时若无风力或人为因素的影响，池塘会出现上层溶解氧丰富而底层溶解氧较低的现象。到了夜晚，表层水温下降，密度增大，从而产生池塘上下水层对流，使得上下水体溶解氧含量趋于一致。根据池水溶解氧的垂直变化规律，我们提出，对于高产精养鱼池，应选择晴天的中午，每天开动 1 小时增氧机，提前偿还部分池塘水底"氧债"，对促进鱼类生长、提高鱼产量有重要意义。

我国渔业水质标准规定，在连续 24 小时内，养鱼水体溶解氧含量大于 5 mg/L 的时间必须在 16 小时以上，其余任何时候水体溶解氧含量不能低于 3 mg/L。

提高池塘溶氧量的措施有：清除池塘过多淤泥、科学投饵与施肥、合理密养、经常加注新水、合理使用增氧机，必要时使用化学药物增氧。

二、pH 值

pH 值表示水体的酸碱度。当 pH 值等于 7 时表示池水为中性，pH 值大于 7 为碱性、小于 7 为酸性。pH 值的高低对养殖鱼类、养殖池塘的生物和水质都有很大的影响，pH 值过高时会腐蚀鱼类的皮肤和鳃，pH 值过低时，细菌、藻类、浮游动物的发育受到影响，有机质分解速度降低，间接影响鱼类的生长。一般要求养殖水体水呈中性或弱碱性。我国渔业水质标准规定，淡水养殖水体 pH 值为 6.5~8.5，海水养殖水体 pH 值为 7.0~8.5。

三、硫化氢

在养殖水体中硫化氢生成的主要原因是水体缺少氧气。在缺氧条件下，硫化氢由水体中含硫有机物分解而形成，或者是由硫酸盐被细菌还原而形成。这一过程又称为反硫化作用。表示如下：

$$SO_4^{2-} + 有机物 \xrightarrow[缺\ O_2]{硫酸盐还原菌} S^{2-} + CO_2 + H_2O$$

$$S^{2-} + 2H^+ == H_2S$$

硫化氢对鱼类具有很强的毒性，它能与血液中的血红蛋白结合，破坏血液运输氧的功能。在其他条件相同时，水体呈酸性，水体中 H_2S 含量也会增加，毒性也随之增强。硫化氢含量超过 1 mg/L，就会对鱼类产生危害，影响鱼类生长，甚至造成鱼类死亡。而在溶解氧丰富的水体中，硫化氢则很少生成、积累。

四、二氧化碳

养殖池塘中的二氧化碳主要来源于水生生物的呼吸作用和池水中有机物质的分解，而由空气中直接溶入的很少。一般情况下，水体中的二氧化碳对鱼类不会产生危害，只有在密闭环境下（如用塑料袋密封运输鱼苗过程中、冬季池塘水面冰封时），二氧化碳才会积聚到对鱼类产生危害的程度。水中二氧化碳是水生植物光合作用的原料，缺少时会限制水生植物的生长和繁殖，从而降低水体生产力。

五、氨

在养殖水体缺氧的条件下，水体中含氮有机物分解或由于氮化物经反硝化作用产生氨气。氨气对养殖鱼类和其他水生生物有很强的毒性，特别是在高产精养池塘，因氨的浓度过大，池塘水体 pH 值增大，引发鱼类氨中毒，导致鱼类死亡，这种现象经常发生。在天然水体中，氨含量很低，不会对鱼类产生毒害。因此，保持池塘水体溶解氧充足和合适的 pH 值，对减少氨的浓度和减少渔业生产损失至关重要。

六、溶解盐类

淡水中的溶解盐类主要含有碳酸氢根（HCO_3^-）、碳酸根（CO_3^{2-}）、硫酸根（SO_4^{2-}）、磷酸氢根（HPO_4^{2-}）、磷酸二氢根（$H_2PO_4^-$）、氯离子（Cl^-）等阴离子和钙（Ca^{2+}）、钠（Na^+）、钾（K^+）、镁（Mg^{2+}）、铁（Fe^{3+}）等阳离子，以及锰（Mn）、铜（Cu）、钼（Mo）、锌（Zn）、钴（Co）等微量元素。溶解盐类的主要作用是维持水体渗透压，为鱼类及其他水生生物提供营养物质。

七、池塘中的有机物

池塘中的有机物一部分来自水源，另一部分通过养殖生产直接或间接地流入水体，如人工投喂的颗粒饲料、施放的有机肥料、池塘中养殖鱼类的排泄物、池塘中浮游动植物的死尸、其他的有机碎屑等，都是池塘有机物的重要来源。池塘水体中的有机物呈固体态、胶体态和溶解态三种形式。其中，溶解态有机物主要为糖类、有机酸和蛋白质。溶解态有机物一方面可直接为鱼类所食，另一方面可促进浮游生物增殖，为鱼类提供丰富的饲料。有机物通过细菌等的作用，分解成无机营养盐类，用于浮游植物的光合作用，但在分解过程中往往会消耗大量氧气；水体中的有机物过多，会导致池塘缺氧，还会为病原体的繁衍提供条件，对鱼类生长产生不利影响。

第三章　鱼类的营养与饲料

第一节　鱼类的营养需求

鱼类和其他动物一样，为了维持自身的生命活动和生长发育，需要从外界环境中摄取食物，以获取生长、发育所需的营养物质。水产养殖动物生活在水体这个特殊环境里，与陆生动物相比，在营养需求上有很多的差异。其特点是：①水产动物为变温动物，不需要维持恒定的体温，鱼类氮代谢的废物和排出方式与陆生动物不同。因此，鱼类生长所需能量为陆生动物的 50%～67%。②鱼类可直接或间接摄食天然饲料，通过鳃、皮肤吸收无机盐，并且不费力地排出废物。因此，鱼类对饲料中矿物质的需求量较少。③鱼类对饲料中蛋白质要求较高，比畜禽高 2～3 倍，畜禽为 12%～22%，鱼类为 22%～55%。鱼类的必需氨基酸有10 种，对精氨酸、赖氨酸、蛋氨酸需求高，对色氨酸需求较低。④鱼类消化器官简单且短，消化道与体长之比要比陆生动物小许多，消化腺不发达，肠道细菌种类少，数量也不多，故消化能力差，基本不消化粗纤维，除少数杂食性鱼类外，都对碳水化合物利用能力差，但对脂肪利用能力特别强（90%以上）。

鱼类所需的营养物质主要包括蛋白质、脂肪、糖类、矿物质和维生素五大类。

一、蛋白质的需求

蛋白质是生命的物质基础。鱼类的生长主要就是蛋白质在鱼体内的积累。经研究表明，蛋白质的生理功能主要有：①用于鱼体组织蛋白的更新、修复和维持鱼体蛋白质现状；②用于鱼类生长（鱼体蛋白质的增加）；③可作为部分能量来源；④组成体内各种激素和酶类物质。

蛋白质的生理功能可以用下面模式表示：

$$I = I_m + I_g + I_e$$

式中：I——吸收的氨基酸。

I_m——用于鱼体组织蛋白的更新、修复和维持鱼体蛋白质现状的氨基酸。

I_g——代表用于生长的氨基酸。

I_e——代表分解后供应能量消耗的氨基酸。

从式中我们可以看到，I_m 和 I_g 是蛋白质特有的营养效果，是其他的营养物质无法代替的。在鱼用配合饲料中适当搭配部分能量饲料，使饲料中蛋白质较多地用于鱼类的生长，对提高水产动物生长，降低饲料系数是十分必要的。不同食性鱼类蛋白质需求量见表3-1。

表3-1 不同食性鱼类蛋白质需求量（%）

种类	肉食性鱼类	杂食性鱼类	草食性鱼类
水花	45~50	38~42	38~42
鱼苗	40~45	35~40	33~38
成鱼	35~40	30~35	25~32

鱼类摄取饲料后，需在体内经蛋白酶分解成氨基酸后才能被鱼体吸收和利用。经研究，鱼类生长所需要的必需氨基酸有10种，它们是精氨酸、组氨酸、异亮氨酸、亮氨酸、赖氨酸、蛋氨

酸、苯丙氨酸、苏氨酸、色氨酸和缬氨酸。这10种氨基酸在鱼体内不能合成或合成不足，不能满足鱼类需求，需要从饲料中摄取；而酪氨酸、丙氨酸、甘氨酸、脯氨酸、谷氨酸、丝氨酸、胱氨酸和天门冬氨酸等8种，鱼体内能够合成，为非必需氨基酸。在鱼类日粮中必需氨基酸与非必需氨基酸的比例大致为4：6。在设计鱼用配合饲料配方时要充分考虑饲料中氨基酸的平衡，才能确保养殖鱼类的生长。主要养殖鱼类对蛋白质、脂肪、糖类的最适需求量见表3－2。

表3－2　主要养殖鱼类对蛋白质、脂肪、糖类的最适需求量

鱼的种类	鱼类对各种物质的需求量（%）						能量（DE）（kJ/kg）
	蛋白质			脂肪	糖类	纤维素	
	幼鱼	鱼种	成鱼				
虹鳟鱼	43 45	36~40 40~45	40 35~40 43	8.5 3以上	 20~30	7.3~15.5 3	13 807~11 715 11 715
鲤鱼	43~47 33 30	37~42 35~40	28~32 28~34	4.6 5 6.2 4~6	38.5 41.4 35~45	3.7 <7.0	12 749 15 062~16 736 14 042~16 234
青鱼	33~41 35~40	29.5~40.85	35	4.6 3~8	25~38.5 10.17~36.8		13 117~12 862 13 326~15 230 14 895~16 364
草鱼	22.77~27.66 25~30	28~32		4.2~4.8 5	36.5~42.5	12	12 042~12 945
团头鲂	25.6~41.4	25 21.1~30.6		4.5	25~28	36.5~42.5	12 238

续表

鱼的种类	鱼类对各种物质的需求量（%）						能量（DE）(kJ/kg)
	蛋白质			脂肪	糖类	纤维素	
	幼鱼	鱼种	成鱼				
鲮鱼	48.5	45		5~8	24~26	17	12 577~12 657
罗非鱼	30~35 48.5			12~15	30~40	5	14 644~18 828
异育银鲫	40	30 39.3	28	5~8 5.1	36	12.19	
鳗鲡	48.5	45	44	5~8 5~8 5~8	18.3 22.3 27.3		
斑点叉尾鮰	35~40	30~35	28~35	5~12	40		
黑鲷	40~45			10~14	15	6.25	

二、脂肪的需求

鱼类对脂肪的吸收与消化能力较强，饲料中添加脂肪可促进鱼类生长，降低饲料系数。饲料中的脂肪含量不足或缺乏可导致鱼体代谢紊乱，生长速度下降，饲料中蛋白质利用率低下，同时还可并发脂溶性维生素和必需脂肪酸缺乏症。饲料中脂肪含量过高时，会导致鱼体脂肪沉积，尤其是肝脏中脂肪积聚过多，引起"营养性脂肪肝"，鱼体抗病力下降，鱼类易生病死亡。一般来说，鱼类对饲料中脂肪的需求量为3%~6%。其添加量一般为5%~6%，最高可达10%以上。

脂类在鱼类营养上有着重要的生理意义，是淡水养殖动物所必需的营养物质。脂类的作用：①脂类是水产动物组织细胞的组成部分，一般组织细胞中均含有1%~2%的脂类物质；②脂类物质为水产养殖动物提供了必要能量；③脂类有助于脂溶性维生素的吸收和运输，像维生素 A、维生素 D、维生素 K、维生素 E等脂溶性维生素只有在脂类存在时才能被吸收，饲料中缺乏脂肪时，一般都会引起水产动物脂溶性维生素的缺乏；④脂类为鱼类生长提供必需脂肪酸；⑤脂类可作为某些激素和维生素的合成原料；⑥节省蛋白质，提高饲料蛋白质利用率。鱼类对脂类有较高的消化率，尤其是对低熔点脂类，其消化率一般为 90% 以上。由于鱼类对碳水化合物利用率低，因而脂类成为鱼类重要而经济的能量来源。

三、糖类、粗纤维的需求

糖类是鱼类生长所必需的一类营养素，因其来源广泛、成本低而成为最经济的能量物质，在饲料中合理使用糖类，可以大大节约饲料成本。鱼类虽然和其他陆生动物一样，可以用糖类作为鱼体能量的来源，但是其消化道内几乎无纤维素酶，淀粉酶活性又较低，鱼类胰岛素分泌少，所以，鱼类对糖类的利用能力有限。另外，不同种类的鱼对糖类的利用能力也不同。温水鱼类适宜量为 30%；冷水鱼类适宜量为 21%；草鱼、鲤鱼等为 30% ~ 50%；其他几种养殖鱼类对糖类的需求量见表 3 - 2。

粗纤维是植物细胞壁的主要组成部分，是饲料中难消化的部分，常见水产动物饲料中或多或少含有粗纤维。少量的粗纤维可促进肠道蠕动，提高生长速度和蛋白质利用率，大多数鱼类耐受量为 8% 左右，渔用饲料中适宜的粗纤维含量见表 3 - 3。

表 3 - 3 鱼、虾饲料中适宜粗纤维含量

种类	含量（%）
草鱼	10 ~ 20
罗非鱼	10

续表

种类		含量（%）
团头鲂		12
鲤鱼	鱼种	6
	成鱼	10
异育银鲫		12
青鱼		8
尼罗罗非鱼		14
硬头鳟		10
对虾		4.5

四、维生素的需求

维生素是维持鱼类健康，促进鱼类生长、发育和繁殖所必需的低分子有机化合物。它用量少，但是作用却非常大。维生素在鱼类新陈代谢中虽然不产生能量，但是对鱼类的生长、代谢却起到很大作用。如果鱼的饲料中某种维生素缺乏或长期不能满足生长需要，鱼类就会出现代谢紊乱、功能失调、生长缓慢、对疾病抵抗力下降等现象。

维生素的种类很多，根据其溶解性不同，把维生素分为两种。一种是脂溶性维生素，包括维生素 A、维生素 D、维生素 E（又名生育酚）、维生素 K（促进肝脏合成凝血酶原及凝血因子）；另一种是水溶性维生素，包括维生素 B_1（又名硫胺素）、维生素 B_2（又名核黄素）、维生素 B_3（又名烟酸）、维生素 B_5（又名泛酸、遍多酸）、维生素 B_6（又名吡哆素）、生物素（又名维生素 H、维生素 B_7）、维生素 B_{12}、叶酸、维生素 C（又名抗坏血酸）、胆碱、肌醇等。鱼类缺乏维生素时的症状及对维生素的需求量见表 3-4、表 3-5、表 3-6、表 3-7。

表3－4　鱼类脂溶性维生素缺乏症

鱼类别 维生素名称	鲑鱼、虹鳟鱼	斑点叉尾鮰	鲤鱼
维生素 A	生长失调，眼球突出，眼球晶体移位，视网膜退化，腹水，水肿，色素减退	眼球突出，水肿	色素减退，眼球突出，鳃盖扭曲，鳍和皮肤出血
维生素 D	生长下降，体内钙平衡失调，白肌抽搐	骨中灰分下降	未观察到缺乏
维生素 E	成活率和生长下降，贫血，红细胞大小不一，腹水，肌肉营养不良，脂质氧化，体液增多，色素减退	生长不良，死亡率高，肌肉营养不良，色素减退，脂肪肝	生长不良，眼球突出，脊柱前凸，肌肉营养不良，肾、胰脏退化
维生素 K	凝血时间延长，贫血，血细胞比容减少	表皮出血	

表3－5　鱼类水溶性维生素缺乏症

鱼类别 维生素名称	鲑鱼、虹鳟鱼	斑点叉尾鮰	鲤鱼	真鲷
维生素 B_1	生长不良，死亡率高，厌食，刺激感受性亢进，抽搐，平衡失调，血红细胞和肾脏的转羟乙醛酶下降	体色变深，死亡率高，平衡失调，神经过敏	鳍充血，神经过敏，色素减退，皮下出血	生长不良，皮下出血，鳍充血
维生素 B_2	生长不良，厌食，眼球晶体白内障，眼球晶体和角膜粘连，黑色素沉着	厌食，生长不良，鱼体发育不良	厌食，消瘦，死亡率高，心肌出血，前肾坏死	生长不良

续表

鱼类别 / 维生素名称	鲑鱼、虹鳟鱼	斑点叉尾鮰	鲤鱼	真鲷
维生素 B_6	生长不良，死亡率高，厌食，癫痫性惊厥，刺激感受性亢进，搬动时易受到损伤，螺旋状浮动，呼吸困难，鳃盖弯曲，死后迅速出现尸僵，血红细胞和肾脏的转羟乙醛酶下降	神经失调，抽搐，死亡率高，体色呈蓝绿色	神经失调，皮肤病，出血病，水肿，肝、肾转氨酶活性下降	—
B_3	厌食，生长不良，贫血，死亡率高，鳃畸形，外表有渗出液覆盖	厌食，消瘦，贫血，死亡率高，鳃畸形，表皮腐烂	厌食，生长不良，贫血，眼球突出	生长不良，死亡率高
生物素	生长不良，饲料转化率低，死亡率增加，鳃退化，表皮损伤，脂肪酸合成受影响，肝脏脂质浸润，胰腺退化，肾小管储积糖元	色素减退，贫血	生长不良	—
烟酸	生长不良，饲料转化率低，厌食，表皮和鳍损伤，结肠损伤，对光敏感	生长不良，表皮和鳍损伤，表皮出血，眼球突出，死亡率高，贫血，颌骨变形	生长不良	—
叶酸	生长缓慢，厌食，饲料转化率低，鳃苍白，贫血，红细胞巨大	嗜眠	未发现缺乏	未发现缺乏

鱼类别 维生素名称	鲑鱼、虹鳟鱼	斑点叉尾鮰	鲤鱼	真鲷
维生素 B$_{12}$	贫血，红细胞小	血细胞减少	未发现缺乏	生长不良
维生素 C	厌食，生长缓慢，脊柱前凸和侧凸，出血性眼球突出，腹水，贫血，肌肉出血，眼、鳃、鳍的支持组织异常	脊柱前凸和侧凸，骨胶原减少，抗病力下降	生长不良	生长不良
胆碱	生长不良，脂肪肝	肝肿大	生长不良，脂肪肝	生长不良，死亡率高
肌醇	厌食，生长不良，饲料转化率低，胃排空缓慢	未发现缺乏	生长不良，表皮损伤	生长不良

表 3-6　鱼类饲料中最低维生素需要量

鱼类别 维生素名称	鲑鱼、虹鳟鱼	斑点叉尾鮰	鲤鱼	真鲷	中国对虾
维生素 A（IU）	2 500	2 000	10 000	—	120 000～180 000
维生素 D（IU）	2 400	1 000	—	—	60 000
维生素 E（IU）	30	30	300	—	360～440
维生素 K（mg）	10	R	—	—	32～36
维生素 C（mg）	100	60	—	R	4 000（LAPP）
维生素 B$_1$（mg）	10	1	—	R	60
维生素 B$_2$（mg）	20	9	7	R	100～200
维生素 B$_6$（mg）	10	3	6	6	140
泛酸（mg）	40	20	50	R	100（泛酸钙）
生物素（mg）	1	R	1	—	0.8
烟酸（mg）	150	15	30	R	400

续表

鱼类别 维生素名称	鲑鱼、虹鳟鱼	斑点叉尾鮰	鲤鱼	真鲷	中国对虾
叶酸（mg）	5	—	—	—	5～10
维生素 B_{12}（mg）	0.02	R	—	R	0.01～0.02
胆碱（mg）	3 000	R	4 000	R	4 000
肌醇（mg）	400		440	900	4 000

注：根据 NRC（1981、1983）等资料整理而得。

"—"表示需要量未经测试或尚未知道。

"R"表示在饲料日粮中是需要的，但需要量未测定。

在鱼用饲料中添加适量的维生素能提高鱼类的生长速度和饲料转化率，防止鱼类疾病的发生，促进鱼类繁殖、发育，从而提高养殖者的经济效益（表3-7）。

表3-7　饲料中维生素含量推荐表（mg/kg）

鱼类别 维生素名称	罗非鱼饲料	草鱼饲料	青鱼饲料	团头鲂饲料	鲤鱼饲料
维生素 B_1	25	20	5		5
维生素 B_2	100	20	10		7～10
维生素 B_6	25	11	20		5～10
烟酸	375	100	50	20	29
泛酸	250	50	20	50	30
肌醇	1 000	100		100	440
维生素 B_{12}	0.05	0.01	0.01		
维生素 K	20	10	3		
维生素 E	200	62	10		50～100
胆碱	2 500	550	500	100	500～700
对氨基苯甲酸	200				
叶酸	7.5	5	1		
维生素 C	500	600	50	50	50～100
维生素 A（IU）		5 500	5 000		2 000
维生素 D（IU）		1 000	1 000		1 000
生物素					0.5～1

五、矿物质的需求

矿物质又称无机盐，是水产动物体的重要组成成分，它虽然含量小，但是能广泛参与动物各种代谢，是维持水产动物正常生长、发育、繁殖等生命活动所必需的营养元素。

鱼类对矿物质的吸收与陆生动物不同，比较复杂。一般陆生动物所需矿物质绝大部分来自食物，而鱼类除了从食物获取矿物质外，还可以通过鳃和皮肤从周围水环境中吸收矿物质元素。所以说，鱼、虾类的矿物质营养及其代谢，受环境的影响较大。

（一）矿物质的生理功能

1. 矿物质是鱼体组织构成的主要成分 矿物质是骨骼、牙齿、神经、肌肉、腺体、血液、鳞片的重要组成成分。

2. 调节生理功能，维持鱼类机体正常代谢 许多无机盐以离子形式协同作用，为生命活动提供适宜的内环境。许多微量元素是金属酶和一些维生素的活化因子，同时也是酶系统的活化剂，在调节鱼类生长发育、维持正常生命活动方面起着十分重要的作用。

（二）鱼类对矿物质的需要量

1. 钙和磷 钙和磷是鱼体内主要的矿物质，鱼类对钙和磷的需求量，常常受其所处的水环境中钙和磷含量的影响。鱼类钙缺乏症极少见，因为鱼类除了从饲料中获得钙外，还可从水中摄取大量的钙。而水体中磷的含量较少，又不易吸收。因此，鱼类对磷的需求主要从饲料中获取，饲料中缺乏时会影响鱼类的生长。鱼类对磷的需求，鲤鱼为 0.6% ~ 0.7%，罗非鱼为 0.9%，斑点叉尾鮰为 0.45%。我们常将磷酸二氢钙作为磷源添加到鱼类饲料中。

2. 镁 在鱼体中约70%的镁存在于骨骼和鳞中，镁是构成骨骼和牙齿的成分，是骨骼正常发育所必需，也是多种酶的活化剂,在糖和蛋白质合成中起着重要作用,并且维持神经、肌肉的正常兴奋性。一般对饲料中镁的需要量为 0.045% ~ 0.07%。

3. 铁 淡水鱼类对饲料中铁的需求量为 150 ~ 170 mg/kg。

4. 锌 锌为鱼类正常生长发育所必需,是许多金属酶的功能部分或活化剂。锌参与鱼类核酸、蛋白质的合成,参与碳水化合物及维生素的代谢;锌还能维护鱼类消化系统和皮肤的健康。鲤鱼对饲料中锌的需求量为 20 ~ 45 mg/kg,斑点叉尾鮰为 20 mg/kg,虹鳟鱼为 15 ~ 30 mg/kg。

5. 铜 铜的主要生理功能是参与鱼体的造血过程。铜是机体内氧化还原体系中重要的催化剂。铜和铁一起组成细胞色素酶和细胞色素氧化酶,参与组织呼吸过程并提高酶的活性,使血氧容量增加,从而使机体获得更充足的氧气供应。缺乏铜时,鲤鱼和虹鳟鱼表现为生长不良、贫血。鲤鱼和虹鳟鱼对饲料中铜的需求量为 3 mg/kg。

6. 锰 锰主要分布于鱼体骨骼中,为骨骼正常发育所必需。锰是多种酶系统的重要活化剂。它能促进和增强鱼体内的许多重要代谢反应,参与蛋白质和核酸的合成,维持脂肪和碳水化合物的正常代谢,促进鱼类生长发育。在饲料中锰的含量为 12 ~ 13 mg/kg 时可明显提高鲤鱼、虹鳟鱼的生长。

7. 硒 硒是谷胱甘肽过氧化酶的重要组成部分。饲料中硒与维生素 E 同时存在,为鱼类的正常发育所必需。

其他矿物质元素如钠、钾、氯、钴等在鱼体内也扮演着重要角色,但是其适宜添加量尚不确定。几种常见养殖鱼类矿物质需求量见表 3 - 8。

表3-8　几种养殖鱼类对矿物质的需要量 ［mg/(100 g·d)］

矿物质 \ 鱼类别	真鲷	鲤鱼	虹鳟鱼	鳗鱼	罗非鱼	草鱼幼鱼
Ca(%)	<0.196	0.028 0.8~1.1	0.24	0.27	0.17~0.65	32.6~36.7
P(%)	0.68	0.6~0.7 1.7~2.4	0.7~0.8	0.29~0.58	0.8~1.0	22.1~24.8
Mg(%)	<0.012	0.04~0.05	0.06~0.07	0.04	0.06~0.08	1.8~2.0
Zn(×10⁻⁶)	<24.3	15~30	15~30	—	10	0.44~0.50
Mn(×10⁻⁶)	<17.8	13	13	—	12	0.04~0.05
Cu(×10⁻⁶)	<5.1	3	3	—	—	0.02~0.03
Co(×10⁻⁶)	<4.3	0.1	0.1	—	—	0.04~0.05
Fe(×10⁻⁶)	150	150	—	170	150	4.1~4.6
Se(×10⁻⁶)	—	—	0.15~0.40	—	—	—
I(×10⁻⁶)	<0.11	—	0.6~1.1	—	—	0.005~0.006

（三）鱼类矿物质缺乏症

在鱼类饲料中缺乏某种矿物质元素或不足时，会出现缺乏症，影响鱼类正常的生长发育。目前，查明的鱼类常见的矿物质缺乏症见表3-9。

表3-9　鱼类常见的矿物质缺乏症

矿物质 \ 鱼类别	鲤鱼	虹鳟鱼	鳗鱼	斑点叉尾鮰	真鲷
磷(P)	生长不良,骨骼异常,鱼体有脂质蓄积,鱼体水分降低,鱼体骨骼内灰分量降低	生长不良,骨骼异常,骨骼灰分量降低	生长不良,食欲减退	生长不良,饲料效率降低,骨骼灰分量降低	生长不良,饲料效率低,血清中无机磷降低,骨骼中灰分量降低,鱼体脂质蓄积

续表

矿物质 \ 鱼类别	鲤鱼	虹鳟鱼	鳗鱼	斑点叉尾鮰	真鲷
锰 (Mn)	生长不良,死亡率高,游泳异常,骨骼异常	生长不良,死亡率高,游泳异常,运动缓慢,脊椎弯曲等	生长不良,食欲减退		不显现缺乏症
钙 (Ca)	不显现缺乏症	不显现缺乏症	生长不良,食欲减退	生长不良	不显现缺乏症
铁 (Fe)	贫血		贫血	贫血	贫血
锌 (Zn)	生长不良,死亡率高,皮肤、鳍出现炎症、糜烂	生长不良,死亡率高,皮肤、鳍出现炎症、糜烂,白内障			
镁 (Mg)	生长不良	生长不良,骨骼异常			
铜 (Cu)	生长不良,食欲减退	生长不良,食欲减退			

第二节 常见饲料原料及添加剂

所谓饲料原料，是指能为饲养动物提供一种或多种营养物质的天然物质及其加工产品，能够使饲养动物正常生长、繁殖和生产的物质。饲料原料绝大部分来自植物，少部分来自动物、矿物质和微生物。我国饲料资源丰富、种类繁多，通常是将饲料原料分为动物性、植物性、矿物质和其他饲料，或分为精饲料、粗饲料、多汁饲料等。

一、常见的饲料原料

（一）动物性蛋白饲料

动物性饲料主要是指用鱼、虾、贝类、水产副产品、畜禽类屠宰后制品及乳制品等为原料制成的产品。这类饲料的特点是蛋白质含量丰富、品质好，氨基酸组成好；含钙、磷高，比例适当；无氮浸出物很少，几乎不含纤维素；维生素含量丰富，特别是富含 B 族维生素和微量元素。此外，有些种类还含有未知生长因子（UGP）。动物性饲料是一种优质饲料蛋白源。

1. 鱼粉 鱼粉是由经济价值较低的鱼或鱼品加工副产品制成的，其产品质量取决于生产原料和加工方法。鱼粉是目前公认的一种优质饲料蛋白源，1983 年我国制定了国产鱼粉的标准和经有关饲料专业会议提出的进口鱼粉的专业标准。

根据颜色将鱼粉分为白鱼粉（或北洋鱼粉）和红鱼粉。白鱼粉是以鲽、狭鳕、无须鳕等鱼类为原料制成的产品。其外观色淡，呈淡黄色，肉松状，具有特殊的清香气味。蛋白质含量高达 65% ~ 70%，脂肪含量 6% ~ 8%，富含赖氨酸、蛋氨酸。维生素 B_1、维生素 B_2、胆碱。采用白鱼粉制成的配合饲料，色、香、味俱全，适口性极佳。红鱼粉是以鲐、鳀、太平洋鲱鱼和沙丁鱼等鱼类为原料制成的产品。原料鱼类中含有大量红褐色鱼肉，生产的鱼粉颜色较深，故又称为褐色鱼粉。其特点是蛋白质含量高，营养全面，适口性好，消化吸收率高，氨基酸平衡好，水分低，脂肪含量较高（10%左右），是鱼用饲料常用的原料。我国目前使用的褐色鱼粉多是从秘鲁、智利进口的。

购买鱼粉时应注意鱼粉的质量，避免掺假、掺杂。在购进鱼粉时，必须对鱼粉进行掺假检验，检查其有无掺入尿素、血粉、羽毛粉、贝壳粉等。

2. 虾壳粉　虾壳粉是虾类加工时剩下的不能食用的残余物（壳、头、尾，偶尔也混杂有整条小虾）经过干燥后制成的粉末状产品。蛋白质含量一般为35%～45%。虾壳粉中无机盐含量较高，富含胆碱、磷脂和胆固醇。另外，虾壳粉中含有甲壳质、虾红素，对水产动物具有着色效果。虾壳粉是对虾配合饲料中常用原料，也是鱼类的良好饲料原料。

3. 血粉　血粉主要是屠宰场屠宰无病猪、牛、羊、禽类等所得的血液，经脱水、干燥、粉碎制成的。血粉是一种富有潜力的、营养丰富的动物性蛋白源。其营养成分，因血液的品种、来源、新鲜度、加工方法不同而各不相同。粗蛋白含量达80%以上，氨基酸组成中组氨酸、赖氨酸、亮氨酸、缬氨酸含量较高，但蛋氨酸、异亮氨酸含量偏低。血粉的适口性较差，蛋白质和氨基酸利用率只有40%～50%，且氨基酸比例不平衡。因此，在鱼、虾配合饲料中添加效果较差，但是如果采用真空干燥等新工艺或对血粉进行发酵处理，则可大大提高其蛋白质的吸收率。

4. 肉粉、肉骨粉　肉粉、肉骨粉是肉类加工厂的副产品。肉粉的粗蛋白含量与生产原料有关，一般可达到25%～60%，蒸煮的还可更高。肉粉、肉骨粉的钙、磷含量偏高，其氨基酸组成中赖氨酸含量较丰富，蛋氨酸和色氨酸含量较低。B族维生素含量高，尤其是维生素B_{12}，但维生素A和维生素D含量较低。

肉粉、肉骨粉是家禽的良好饲料原料，在鱼用饲料中应用不太普遍。为了节约鱼粉，降低饲料成本，利用肉粉、鱼粉及玉米蛋白粉合理搭配，生产配合饲料已经得到了人们的普遍重视。

5. 蚕蛹　蚕蛹是缫丝厂生产生丝时的副产品。新鲜蚕蛹含水分多，脂肪含量高（20%～30%），无法储存，故必须干燥。干蚕蛹蛋白质含量可达55%～62%，蛋白质消化率在80%以上，且氨基酸组成特点是蛋氨酸、赖氨酸、色氨酸含量丰富，因此在鱼用饲料中使用蚕蛹起到氨基酸平衡的作用，并且蚕蛹还是 B 族维生素的良好来源。不足之处是精氨酸含量偏低，脂肪含量高（20%左右），易氧化变质。蚕蛹在使用时要注意，添加过量会影响养殖鱼类产品品质，鱼产品会有异味。因此，在配合饲料中添加应不超过10%，养殖鱼类捕捞前 1 个月内应停止使用。

（二）植物性蛋白饲料

1. 饼粕类饲料　饼粕类饲料是指富含脂肪的豆类籽实和油料籽实经提取油分后的副产品。饼粕类饲料是我国主要的植物性蛋白质饲料，使用广泛，用量大。在鱼用配合饲料中常用的有豆饼（粕）、菜籽饼（粕）、花生饼（粕）、棉仁饼（粕）、芝麻饼（粕）、向日葵饼（粕）。

饼粕类的营养价值除受原料的品种影响外，还受加工工艺的影响。根据脱油方法不同获得的产品形状可为圆饼状、瓦片状、碎片状及粗粉状。油饼、油粕类的生产技术有两种，即压榨法和浸出法。一般将压榨生产的产品称为饼，而将浸出法生产的产品称为粕。一般压榨法脱油效率低，压榨后饼内还残留 4% 以上的油脂，所以饼类饲料可利用能量较高，但是饲料中油脂易氧化酸败；浸出法脱油效率高，粕类油脂残留较少。目前，我国多采用压榨（或预榨）浸出二次提取法。另外，由于鱼用饲料的特定需求，近年来，我国各地不少的饲料厂家以大豆为原料，制作膨化大豆粉用于鱼用饲料中，取得了较好的养殖效益。

（1）膨化大豆粉（全脂大豆粉）：大豆经破碎后，通过膨化机膨化处理，然后粉碎即成膨化大豆。全脂大豆还可经焙炒、蒸煮、压片、微波处理或加热等方法使大豆熟化，成为熟大豆粉制品。大豆中含有一些抗营养毒素，如抗胰蛋白酶、细胞凝集素、皂素等。这些抗营养因子，往往会影响鱼类对饲料营养的吸收和代谢。膨化大豆粉通常为淡黄色，有豆香味，粗蛋白含量为36%～38%，粗脂肪为16%左右。蛋白质的质量较佳，赖氨酸含量较高，但蛋氨酸含量不足。另外，膨化大豆粉中含不饱和脂肪酸较多，故储存时应防止脂肪氧化，最好是现用现生产。

（2）豆饼（粕）：大豆饼（粕）是大豆提取油后的副产品，是目前我国鱼用饲料中质量最好的饼（粕）类饲料。豆饼和豆粕的粗蛋白含量为40%～48%，粗脂肪5%左右，粗纤维6%左右，粗灰分5%～6%，无氮浸出物27%～33%，钙0.25%，磷0.5%～0.8%，赖氨酸2.5%～3%，蛋氨酸0.5%～0.7%，富含B族维生素。其必需氨基酸的组成较理想，其中赖氨酸、异亮氨酸、色氨酸、苏氨酸的含量要比其他饼粕高得多，并且豆饼和豆粕的钙、磷、微量元素及维生素含量丰富，特别是赖氨酸含量是菜籽粕、花生粕的2倍；不足之处是蛋氨酸含量较低。

（3）花生仁饼（粕）：花生仁饼（粕）是指花生脱壳后，经机械压榨或溶剂抽提油脂后所得到的副产品。花生仁饼（粕）的代谢水平很高，蛋白质含量也很丰富。花生饼（粕）中含粗蛋白44%～47%，其氨基酸组成中，精氨酸含量高达5.2%，但蛋氨酸和赖氨酸含量较低，胆碱、烟酸、泛酸、B族维生素含量丰富。

花生仁饼（粕）带有甜味，适口性好，价格低，来源方便，在配制饲料时应同鱼粉、血粉和菜籽饼（粕）一起搭配使用，以求饲料中氨基酸平衡，达到理想的养殖效果。

花生仁饼（粕）含有胰蛋白酶抑制因子，加工过程中加热到 120 ℃时，可破坏胰蛋白酶抑制因子，提高蛋白质和氨基酸的消化吸收率；但若加热温度过高、时间过长，则适得其反。另外，花生仁饼（粕）易受黄曲霉污染，产生黄曲霉毒素。黄曲霉毒素有剧毒，可引起鱼类肝肿大、肝出血。使用时，尤其是在高温、高湿地区应注意对原料中的黄曲霉毒素进行检测。

（4）菜籽饼（粕）：油菜籽提取油脂后的副产品为菜籽饼（粕），其产品可分为粉状、片状及圆饼状。菜籽饼（粕）的蛋白质含量为 34% ~ 38%。其氨基酸组成中蛋氨酸含量约为 0.7%，赖氨酸含量为 2.0% ~ 2.5%，精氨酸含量较低，粗纤维含量为 10% ~ 12%，能量利用水平较低，烟酸和胆碱的含量高，是其他饼粕类的 2 ~ 3 倍，硒含量是豆粕的 10 倍。故在菜籽饼（粕）、鱼粉含量高时，即使不添加亚硒酸钠，也不会呈现硒缺乏症。在饲料配方设计时，应考虑同精氨酸和赖氨酸含量高的棉仁饼（粕）搭配使用，以达到氨基酸的平衡。菜籽饼（粕）的价格低廉，来源方便，是配制草鱼、鳊鱼、鲫鱼等饲料的良好蛋白源。

菜籽饼（粕）含有硫葡萄糖苷及其降解产物、芥子碱、芥酸、单宁、植酸等有毒物质，为了提高其使用效果，避免中毒，一般采用限量使用（用量宜控制在 20% 以下），并注意搭配鱼粉、豆饼或添加赖氨酸。用量较大时，宜做去毒处理。常用的去毒方法是添加硫酸亚铁。

（5）棉仁饼（粕）：棉仁饼（粕）是完全脱去壳的棉仁加工后得到的副产品。一般为黄褐色、暗褐色至黑色，略带棉籽油味道，通常淡色者品质较佳，储存太久或加热过度均会加深色泽。优质棉仁粕其粗蛋白含量为 41% ~ 44%，氨基酸组成中，赖氨酸不足，含量为 1.3% ~ 1.6%，精氨酸含量高达 3.6% ~ 3.8%，硫胺素、核黄素、泛酸、烟酸、胆碱含量较高。在配方设计时，可考虑同菜籽饼（粕）搭配使用，以求饲料中氨基酸平衡。带壳的棉籽饼因粗纤维含量高、粗蛋白含量低（27%～33%）、夹杂物过多，不宜使用。据测定，草鱼、斑点叉尾鲴对棉仁饼（粕）蛋白质的消化率为83%。

2. 谷实、糠麸、糟渣及食品工业副产品 谷实类饲料基本上属于禾本科植物成熟的种子，主要有玉米、高粱、大麦、燕麦、稻谷和小麦等。它们的共同特点是无氮浸出物含量较高，占干物质的66%～80%；粗纤维含量较低，在5%以下；粗蛋白含量为8%～13%；干物质消化率很高，有效能值也高，是加工鱼用饲料时重要的能量饲料。糠麸类饲料是粮食加工后的副产品，制米的副产品为"糠"，制粉的副产品为"麸"。这类饲料的营养成分常常与原粮加工方法和加工精度有很大关系。目前主要有米糠、麦麸、玉米皮、谷糠、次粉、胚芽粉等。

（1）小麦：小麦的蛋白质含量为12.5%～14%，营养物质易消化。小麦粉在鱼用饲料中除了作为能量饲料源外，还有提高颗粒饲料黏合性的作用。小麦粉的消化吸收和适口性都很好，来源方便，价格低廉，是常用的鱼用配合饲料原料。在鱼用配合饲料中，用量一般为10%～25%。

（2）玉米：玉米是禽畜的基础饲料，有饲料王之称。其营养组成中，粗蛋白为8%～10%，主要为玉米醇溶蛋白和少量玉米谷蛋白，前者的品质较后者的好。其氨基酸平衡性差，色氨酸、赖氨酸含量低；胆碱含量低；脂肪含量约为4%，其中亚油酸所占比例较高，易氧化，故粉碎后的玉米易酸败变质，不宜久存。玉米在鱼用饲料中用量不大，主要是因为鱼类不能很好地消化其角质淀粉，若在鱼用饲料中大量添加，则会导致鱼类胃肠鼓胀、肛门阻塞。

（3）米糠：米糠俗称青糠、油糠，是糙米精制成大米时的副产品。米糠的粗蛋白含量为12.1%～15%，其中赖氨酸含量为0.55%，脂肪含量为15%～20%，能值为糠麸类之首。脂肪中油酸及亚油酸占 79.2%，多属不饱和脂肪酸；还含有 2% ~ 5% 的天然维生素 E。米糠中还富含 B 族维生素，尤其是肌醇含量较高，对鱼、虾类生长很有利，但维生素 A、维生素 D、维生素 C 缺乏。米糠中含有胰蛋白酶抑制因子，通过加热可使其失去活性。米糠是鱼用饲料中草食性及杂食性鱼类配合饲料的重要原料，同时也是青虾、罗氏沼虾、河蟹等配制配合饲料时的能量原料。米糠中脂肪含量较高，在储藏期间易于氧化酸败，故储存时应防止其氧化酸败。

（4）麦麸、次粉：小麦麸俗称麸皮，是小麦加工面粉后的副产品。麦麸主要由小麦种皮、糊粉层、少量胚芽、胚乳组成。麦麸质地松软，适口性好，可利用能值高。粗蛋白质含量为 13% ~ 16%，粗脂肪 4% ~ 5%，粗纤维 8% ~ 12%。小麦麸是水产动物适口性良好的饲料，其氨基酸平衡较好，具很高的饲用价值。但麦麸储存时易生虫，应加强仓储管理，及时使用。

次粉是由糊粉层、胚乳及少量细麸组成的混合物，是磨制精粉后除去小麦麸、胚及合格面粉以外的部分，介于面粉和麸皮之间的产品。次粉除作为饲料源外，还具有补助黏合作用，故在鱼用饲料中用量较大。次粉中还有一种含筋（谷蛋白）量高的粉种，称作高筋次粉，由于其具有一定的黏弹性，故在鱼用饲料中应用能提高鱼、虾、蟹饲料成型后在水中的稳定性，常被广泛采用。

（5）啤酒糟渣：啤酒糟渣是用大麦麦芽或混合其他谷类制造啤酒过程中所滤除之残渣，经干燥后所得，是鱼用饲料的良好饲料原料。

3. 其他的加工副产品

（1）玉米蛋白粉：商品名为麸质粉，是玉米淀粉厂在加工生产玉米淀粉时的副产品。为淡黄色、金黄色或橘黄色，颗粒状或粉状，具有发酵气味；其蛋白质含量一般有 40% 和 60% 两种；

氨基酸组成特点为蛋氨酸含量高，赖氨酸及色氨酸明显不足，在配制饲料时应注意合理使用、合理搭配，确保饲料氨基酸的平衡。鱼用饲料中使用玉米蛋白粉时，蛋白质含量为60%的玉米蛋白粉容易满足配合饲料对蛋白质的要求。市场上的产品有时发现掺有尿素，因此，购买时应做尿素的检查。

（2）蚕豆蛋白粉：蚕豆是我国传统的栽培植物，其蛋白质含量丰富，质地柔软，是良好的粮食及饲料资源。蚕豆蛋白粉是粉丝加工时的副产品，其粗蛋白可高达65%以上，可作为植物蛋白源在饲料中加以利用。

二、饲料添加剂

饲料添加剂是指为了某种特殊需要而添加于饲料中的某种或某些微量物质，是生产配合饲料必不可少的部分或核心组分。其用量虽少，但是对提升饲料质量却起着非常重要的作用。目前，随着社会的发展和科学技术的不断进步，饲料添加剂的种类越来越多，其在饲料工业中的地位越来越高。

（一）饲料添加剂的作用与分类

1. 饲料添加剂的作用　主要作用是补充配合饲料中营养成分的不足，提高饲料报酬，改善饲料口味，提高适口性，促进水产养殖动物生长和发育，改善养殖产品品质，预防和减少水产动物病害等。

2. 饲料添加剂的分类　饲料添加剂一般可分为营养性添加剂和非营养性添加剂两种。在鱼用配合饲料中，虽然是配合多种饲料，仍会有某种营养成分不足，不能满足水产动物生长发育的需要，需另外添加补充氨基酸、维生素、矿物质等，这些物质即为营养性添加剂。这类添加剂本身即为鱼类生长所需要的营养成分，添加的目的是补充配合饲料中某些营养的缺陷或不足，使之达到营养的均衡。在饲料主体物质成分以外，添加一些非营养物质，这些物质可以帮助养殖鱼类消化吸收，促进鱼生长发育，防治疾病，诱食，保持饲料质量，提高饲料的黏合性。

（二）鱼用饲料添加剂的特点与要求

1. 特点　①用量少、效率高。鱼类通过皮肤、鳃可以在天然水体和天然饲料中吸收到无机盐、矿物质、维生素、促生长因子等营养物质。所以，添加这些物质的量均少于鱼类的实际需求量，一般鱼用配合饲料中添加剂用量为 0.5% ~ 4%。②不能单独使用。鱼用饲料添加剂是配合饲料的核心部分，是微量的营养成分，必须按用量添加到配合饲料中才能发挥它的效能，不可单独使用。③因鱼用饲料最终投喂到水中，由于水介质的浸溶作用，要求鱼用饲料添加剂粉粒要细，组分要匀，有一定的抗水性能，否则就会降低添加物的有效性。

2. 要求　①长期使用或在使用期间不会对水产动物产生毒害作用和其他不良影响；②具有确实的添加效果，用量少，效果好，能产生良好的经济和生产效益；③在饲料和水产动物体内具有较好的稳定性；④不影响水产动物对饲料的摄食和对饲料的消化、吸收；⑤在水产动物体内无残留或者残留量不超过规定标准，不影响水产品品质，不危害人类健康；⑥所选用的原料中有害物质含量不得超过允许的安全限度。

饲料添加剂的选用既要安全、经济、使用方便，还要注意添加剂的效价和有效期，以及国家限用、禁用、配伍、用法等的相关规定。

（三）营养性添加剂

1. 氨基酸添加剂　在我国的水产饲料中，主要原料是鱼粉、饼粕类及玉米粉等，其中植物性饲料原料占的量比较大。这些原料所含的赖氨酸、蛋氨酸较少，可能会导致配合饲料中氨基酸不平衡，不能满足鱼、虾生长的需要，常被称为限制性氨基酸。为了使配合饲料中的氨基酸谱能符合水产动物营养上的需要，常常在饲料中添加相应的必需氨基酸，以求达到提高饲料营养价值、提高经济效益、合理利用饲料资源的目的。

（1）添加游离态氨基酸：在饲料中添加氨基酸的目的是补充某种氨基酸的不足，改善蛋白质的品质。在水产配合饲料中，其氨基酸谱并不都和水产动物生长需要的氨基酸谱一样，往往一种或多种氨基酸含量不足。因此，需要把所缺少的那些氨基酸添加到配合饲料中去。

关于游离氨基酸在鱼用饲料中添加的效果，经许多研究人员研究证明，可以被鲑鱼、虹鳟鱼、鳗鱼、鲷鱼、虾等有效地利用，但对于斑点叉尾鮰和鲤鱼，在饲料中添加游离氨基酸的利用效果常与饲料蛋白源有关。所以，鱼用饲料中添加游离氨基酸时，要根据养殖对象及所采用的蛋白源来加以调整，以期达到添加游离氨基酸的最佳效果。

氨基酸的添加量要适宜，过少不能充分发挥水产动物的生产潜力，过多不仅造成饲料成本增加，还会导致配合饲料中新的氨基酸不平衡。实验表明，在饲养罗非鱼、鲤鱼的配合饲料中添加适量的蛋氨酸，有促进鱼类生长的作用，如果添加量过大，则会对它们的生长起到抑制作用。目前在鱼用配合饲料中，最常添加的氨基酸是赖氨酸和蛋氨酸，一般适宜的添加量为0.1%~0.2%。

（2）氨基酸添加剂的选用：组成蛋白质的氨基酸一般有两种结构，即 L 型和 D 型。天然存在的氨基酸多为 L 型，提取法和发酵法生产的氨基酸主要是 L 型，合成的多为 L 型和 D 型各 50% 的混合物（又称 DL 型）。水产动物只能消化和利用 L 型氨基酸，而 D 型氨基酸则不能被利用，DL 型氨基酸其效价为 L 型的 50%。因此，我们在选用氨基酸添加剂时应注意选用 L 型或 DL 型氨基酸。

使用赖氨酸和蛋氨酸作为添加剂时，为保证其在配合饲料中能均匀混合，可先用一定量的载体预先混合。常用的载体为脱脂米糠、麦麸等，氨基酸与载体之比为 1:4。

2. 维生素添加剂 维生素是维持水产动物机体正常代谢必不可少的一类低分子有机化合物，是水产动物营养要素之一。水产动物所需要的维生素因其自身不能合成，必须从饲料中获取。当鱼用配合饲料中某种维生素长期缺乏或不足时，鱼类就会出现一些非特异性症状，如生长缓慢或生长停滞，免疫力下降等。

维生素的种类较多，按其性质和作用可分为两大类，即水溶性维生素（易溶解于水中）和脂溶性维生素（易溶解于油脂中）。水溶性维生素有维生素 B_1、维生素 B_2、维生素 B_6、泛酸、烟酸、叶酸、生物素、维生素 B_{12}、肌醇、维生素 C 和胆碱等，其中维生素 B_1、维生素 B_2、维生素 B_6、维生素 B_{12}、泛酸、烟酸、叶酸、生物素等的需求量相对较少，其主要作为辅酶，又被称为 B 族维生素；脂溶性维生素有维生素 A、维生素 D、维生素 E、维生素 K。

（1）常用维生素的质量规格及稳定性：许多维生素都是不稳定的，在饲料加工和储存中容易被破坏。因此，在生产维生素添加剂时要注意各种维生素的特性，进行预处理并加以保护，使之稳定，以免造成浪费。近年来，由于水产养殖业的蓬勃发展，全国各地的制药厂、饲料添加剂厂、水产动物保健品厂生产的维生素原粉、预混料很多，规格不一。各种维生素性能见表 3-10、表 3-11、表 3-12。

表3-10　水溶性维生素的商品规格及影响其稳定性的因素

维生素名称	商品名或别名	外观	含量	水分	热	光	微量元素	特殊逆境因素
维生素B₁	盐酸硫胺素	白色结晶粉		(+)	+	-	+	维生素B₂
维生素B₁	单硝酸硫胺素	微黄色结晶粉	98%;5%	(+)	+		-	维生素B₂
维生素B₂	核黄素	黄色或橙黄色结晶粉	96%;55%;50%	-	-	(+)	+	维生素C
维生素B₆	盐酸吡哆醇	白色结晶粉	82.3%;98%		-	(+)		
泛酸	维生素B₅	黏稠性油质						
泛酸钙		白色粉末	98%;66%;50%	+	(+)	-		维生素C、叶酸、氯化胆碱、维生素B₁
烟酸	维生素B₃、尼克酸	白色结晶	98%~99.5%	-	-	-	(+)	
烟酰胺	尼克酰胺	黄色结晶粉	98%~99.5%	+	-	-	-	维生素C
叶酸	维生素B₉	黄色或微黄色结晶粉	98;3%~4%	(+)	+	+	+	维生素B₁、维生素B₂
生物素	维生素H	白色结晶粉	1%;2%	-	+	+	-	
维生素B₁₂	钴胺素	深红色结晶粉	0.1%;1%;2%	-	(+)	(+)	(+)	维生素B₁、维生素C
维生素B₄	6-氨基嘌呤	白色结晶粉白色或黄色粉末	98%;50%(固体)	+	-	-	-	
维生素C	l-抗坏血酸维生素	白色结晶粉	99%;5%	(+)	-	+	+	维生素B₁、维生素B₂、烟酰胺
维生素C	抗坏血酸钠	白色结晶粉	99%;5%	(+)	-	+	+	
维生素C	抗坏血酸钙	白色结晶粉	99%;5%	(+)	-	+	+	
维生素C	包被抗坏血酸	白色微粒粉		(+)	-	+		

注：+敏感；-不敏感；（+）弱度敏感与其他因素结合敏感。

表 3 - 11　脂溶性维生素的商品规格及影响其稳定性的因素

维生素名称	商品名或别名	外观	含量	水分	热	光	微量元素	特殊逆境因素
维生素 A	维生素 A 醇	黄色油状或固体	50 万 IU/g	(+)	+	+	+	氯化胆碱
	维生素 A 乙酸酯	黄色油状或固体	50 万 IU/g					
	维生素 A 棕榈酸酯	结晶	50 万 IU/g					
维生素 D	维生素 D$_2$ 麦角钙化固醇（骨化醇）维生素 D$_3$ 胆骨化醇	白色至黄色结晶 白色针状结晶	50 万 IU/g 50 万 IU/g	(+)	+	+	+	氯化胆碱
维生素 A、维生素 D 合剂		微黄色粉剂	50 万 IU/g（维生素 A）10 万 IU/g（维生素 D$_3$）					
维生素 E	D - α - 生育酚乙酸酯 DL - α - 生育酚乙酸酯	淡黄色粉剂或油剂	吸附型、喷雾干燥型 50% 包被 25%	-	-	-	(+)	
维生素 K	维生素 K$_1$、维生素 K$_2$（天然物中含有）、微生物 K$_3$（是合成的，活性成分是甲萘醌）			(+)	+	(+)	+	氯化胆碱
	亚硫酸氢钠甲萘醌（MSB）	明胶包被	25%、50%					
	亚硫酸氢钠甲萘醌化合物（MSBC）	结晶粉	25%					
	亚硫酸嘧啶甲萘醌（MPB）		50%					
	亚硫酸氢钠甲萘醌（MSB）		94%					

注：+ 敏感；- 不敏感；(+) 弱度敏感与其他因素结合敏感。

表3-12　各种维生素在室温下储存及制成颗粒料、膨化料后活性变化

维生素名称	室温条件下储存活性变化	制成颗粒后变化	制成膨化料后活性变化
维生素 B_1	单料稳定,忌与微量元素和氯化胆碱共存		
维生素 B_2	预混剂中稳定,一年损失1%~2%	加水20分钟,损失40%	损失26%
维生素 B_6	储存2年,在25℃下损失10%,在35℃下损失25%	10个月,损失7%~10%	10个月,损失7%~11%
泛酸、泛酸钙	储存2年,在25℃下损失7%,在35℃下损失70%;忌与叶酸、维生素C混合		损失10%
烟酸、烟酰胺	预混剂中稳定,忌与维生素C混合		损失20%
叶酸	储存3个月,损失43%	损失5%~10%	损失14%
生物素	预混剂中稳定		损失15%
维生素 B_{12}	储存2年,在25℃下损失5%;在35℃下损失60%		无损失
氯化胆碱	单独储存稳定,宜同其他维生素分开	稳定	稳定
维生素 C	避免光照与高温,在20℃条件下密封储存	包膜;损失16%	
维生素 A	在25℃下变化小;在35℃下2个月损失10%,1年损失40%		损失20%
维生素 D_3	储存2年在25℃下损失小;在35℃下损失35%	稳定期6个月	加工时过量加入
维生素 E	储存2年在25℃下损失7%;在35℃下损失13%		稳定
维生素 K_3	在23.9℃下,每月损失6%~20%	有所损失	有所损失

从表3－10、表3－11、表3－12中可见，维生素添加剂的种类很多，规格也很繁杂。因此，在选用时或添加到配合饲料中时，一定要注意了解商品维生素添加剂的种类、规格和性质，千万不可粗心大意，造成不必要的损失。

（2）加工和使用维生素添加剂应注意的几个问题：

1）维生素添加量的确定。水产动物对维生素的需求量与养殖品种、规格、生长环境及饲料中其他成分有关。此外，在配合饲料加工过程中维生素还会因环境条件、加工、储存、运输等因素造成一定的损失。所以，在确定维生素的添加量时，除了考虑水产动物的需求量和基础饲料中的原有含量外，还要考虑饲料加工对维生素的破坏作用，应适当超量添加，一般要视维生素的种类、性能和加工工艺不同，按2%～15%的安全系数进行计算、增加。

2）维生素的配伍禁忌。在添加维生素时要注意它们之间的相互作用，易受破坏的维生素要选用包膜制剂；微量元素的存在会使得维生素失去稳定性，如铁、铜等微量元素与维生素A、维生素D、维生素B、维生素B_{12}、维生素C等混合，会加快这些维生素的破坏。因此，复合维生素添加剂和复合微量元素应分别包装，不能混在一起。

3）载体的选择。载体的质量对维生素的稳定性有很大影响。以含水量为13%的玉米粉作为载体，则维生素B_1、维生素C、维生素K_3经4个月的储存，60%的效价被破坏；如果选用含水量为5%的干燥乳糖粉，经4～6个月的储存，维生素效价仍可保持在85%～90%。由此可见，在制作维生素添加剂时，选用的载体除了要考虑其质量外，水分含量应不超过5%。可选择脱脂米糠或脱脂玉米淀粉作维生素预混料的载体。

（3）水产动物配合饲料用维生素添加剂配方：水产动物用维生素预混料配方见表3－13、表3－14、表3－15。

表3-13 鲤鱼用维生素预混料配方

维生素添加剂名称	每千克饲料中添加剂（mg）	占预混料总量（%）	每生产10 kg维生素预混料所需原料（g）
维生素 B_1	3.28	0.032 8	3.28
维生素 B_2	7.66	0.076 6	7.66
维生素 B_6	10.82	0.108 2	10.82
烟酸	52.55	0.525 5	52.55
生物素	77.5	0.775	77.5
泛酸钙	45.8	0.458	45.8
维生素 C	54.55	0.545 5	54.55
肌醇	321.43	3.214 3	321.43
氯化胆碱	4 120	41.2	4 120
维生素 A	4.12	0.041 2	4.12
维生素 E	204	2.04	204
载体	5 098.29	50.982 9	5 098.29
合计	10 000	100	10 000

表3-14 部分水产动物用维生素预混料配方

适用于鲑鱼、虹鳟鱼、罗非鱼、鲶鱼		适用于淡水虾、海水虾、鲈鱼	
维生素品种	含量（g/kg预混料）	维生素品种	含量（g/kg预混料）
维生素 A	1000 000IU	维生素 A	500 000IU
维生素 D_3	200 000IU	维生素 D_3	100 000IU
维生素 E	10 000IU	维生素 B_1	0.1
维生素 K	2	维生素 B_2	0.3
维生素 B_1	4	维生素 B_6	0.2
维生素 B_2	4	维生素 B_{12}	0.001
泛酸	10	烟酸	2

续表

适用于鲑鱼、虹鳟鱼、罗非鱼、鲶鱼		适用于淡水虾、海水虾、鲈鱼	
维生素品种	含量（g/kg 预混料）	维生素品种	含量（g/kg 预混料）
烟酸	20	泛酸钙	0.6
维生素 B_6	4	叶酸	0.05
生物素	0.02	维生素 K	0.2
叶酸	1	维生素 C	5
维生素 C	40		
氯化胆碱	90		
维生素 B_{12}	0.004		
乙氧喹（抗氧化剂）	16		

表3-15 斑点叉尾鮰、罗非鱼用维生素预混料配方

适用于斑点叉尾鮰		适用于罗非鱼	
维生素品种	含量（g/kg 预混料）	维生素品种	含量（g/kg 预混料）
维生素 A	100 000IU	维生素 B_1	2.5
维生素 D_3	50 000IU	维生素 B_2	2.5
维生素 E	1 000IU	维生素 B_6	2
维生素 K	0.5	泛酸	5
维生素 C	10	肌醇	100
维生素 H	0.005	维生素 H	0.3
胆碱	150	叶酸	0.75
叶酸	0.25	对氨基苯甲酸	2.5
烟酸	77.5	胆碱	200
泛酸	2	烟酸	10
维生素 B_6	0.5	维生素 B_{12}	0.005
维生素 B_2	1	维生素 A	100 000IU
维生素 B_1	0.5	维生素 E	20.1

续表

适用于斑点叉尾鲴		适用于罗非鱼	
维生素品种	含量（g/kg 预混料）	维生素品种	含量（g/kg 预混料）
肌醇	1.5	维生素 K	2
维生素 B_{12}	0.001	维生素 C	50
BHT	7.5	维生素 D_3	500 000IU
乙氧喹	5		
玉米或小麦粉	加至 1 kg		
饲料中添加量0.8%		饲料中添加量2%	

3. 矿物质添加剂

（1）矿物质原料及要求：

1）作为饲料用的矿物质原料要求杂质少，有害物质在允许范围内，不影响鱼、虾及人体安全。

2）生物效价高，鱼、虾摄食后能够充分消化、吸收和利用，并能发挥其特定的生理功能。

3）物理性质和化学性质稳定，不仅本身稳定，而且不破坏其他矿物质添加剂，方便加工、储存和使用。

根据上述基本要求，在选择矿物质添加剂时，微量元素原料多使用化工原料，或专门生产的饲料级原料，一般不选用试剂产品。

（2）常用的矿物质添加剂：水产动物必需的矿物质元素有14种，即钙、镁、磷、钾、硫等常量元素和铁、铜、锌、锰、碘、钴、硒、钼、氟等微量元素（表3-16）。

表3-16　常用微量元素化合物

元素	化合物	化学式	微量元素理论含量(%)
铁	七水硫酸亚铁	$FeSO_4 \cdot 7H_2O$	Fe = 20.1
	一水硫酸亚铁	$FeSO_4 \cdot H_2O$	Fe = 32.9
	碳酸亚铁	$FeCO_3 \cdot H_2O$	Fc = 41.7
铜	五水硫酸铜	$CuSO_4 \cdot 5H_2O$	Cu = 25.5
	一水硫酸铜	$CuSO_4 \cdot H_2O$	Cu = 35.8
	碳酸铜	$CuCO_3$	Cu = 51.4
锌	七水硫酸锌	$ZnSO_4 \cdot 7H_2O$	Zn = 22.75
	一水硫酸锌	$ZnSO_4 \cdot H_2O$	Zn = 36.45
	氧化锌	ZnO	Zn = 80.3
	碳酸锌	$ZnCO_3$	Zn = 52.15
锰	五水硫酸锰	$MnSO_4 \cdot 5H_2O$	Mn = 22.8
	一水硫酸锰	$MnSO_4 \cdot H_2O$	Mn = 32.5
	氧化锰	MnO	Mn = 77.4
	碳酸锰	$MnCO_3$	Mn = 47.8
碘	碘化钾	KI	I = 76.45
	碘酸钙	$Ca(IO_3)_2$	I = 61.5
硒	亚硒酸钠	Na_2SeO_3	Se = 45.6
	硒酸钠	Na_2SeO_9	Se = 41.77
钴	氯化钴	$CoCl_2 \cdot 6H_2O$	Co = 24.77
	硫酸钴	$CoSO_4 \cdot 5H_2O$	Co = 24.39

（3）水产动物用复合矿物质盐添加剂配方实例：

1）McCoLLum 盐，见表3-17。

表3-17 用于鱼类营养研究的无机盐混合物（McCoLLum 盐）

原料	重量（g）	原料	重量（g）
氯化钠	1	硫酸锌（七水）	35.3
硫酸镁（七水）	15	硫酸锰（四水）	16.2
磷酸二氢钠（二水）	25	硫酸铜（五水）	3.1
磷酸二氢钾	32	氯化钴（六水）	0.1
磷酸二氢钙（一水）	20	碘化钾	0.3
柠檬酸铁	2.5	纤维素	45
微量元素混合物	1		
乳酸钙	3.5		
合计	100	合计	100

注：微量元素混合物的组成见右半表。

2）美国药典Ⅻ混合盐配方，见表3-18。

表3-18 美国药典Ⅻ混合盐配方

原料	重量（g）	原料	重量（g）
氯化钠	43.5	磷酸二氢钾	135.8
硫酸镁	137	柠檬酸铁	29.7
磷酸二氢钠	8.2	乳酸钙	327
磷酸钾	239.8	合计	921

3）美国药典ⅩⅢ混合盐配方，见表3-19。

表3-19 美国药典ⅩⅢ混合盐配方

原料	重量（g）	原料	重量（g）
氯化钠	139.3	硫酸锰（一水）	4.01
硫酸镁	57.3	硫酸锌（七水）	0.548
碘化钾	0.79	硫酸铜（五水）	0.477
硫酸亚铁（七水）	27	氯化钴（六水）	0.023
磷酸二氢钾	389	碳酸钙	381.4

4）适合斑点叉尾鮰、鲤鱼、罗非鱼等淡水鱼类矿物质预混料配方（表3－20）。

表3－20　斑点叉尾鮰、鲤鱼、罗非鱼矿物质预混料配方

原料	每千克饲料中添加量（mg）
硫酸铜	20
硫酸亚铁	200
硫酸镁	50
硫酸锰	50
碘化钾	10
氯化钠	5
硫酸锌	60
碳酸钴	1
亚硒酸钠	2
乙氧喹（抗氧化剂）	125

注：本配方可用于小体积网箱养殖；可单独制成添加剂加入饲料中。饲料中磷源以添加磷酸二氢钙为宜。

（四）非营养性添加剂

非营养性添加剂虽然不能为水产养殖动物提供营养物质，但是，它们的添加在饲料质量保护、促进养殖动物摄食和生长、改善饲料品质、提高水产品质量等方面起着很大的作用。目前，我国水产配合饲料中常用的非营养性添加剂有以下几种。

1. 促生长剂　添加促生长剂的目的就是促使鱼、虾、蟹生长，提高饲料利用率及增进其健康，提高饲养效果，降低饲料成本。常用的促生长剂有天然产品（如中草药、海藻、生态制剂、饲用矿产品等）、化学合成产品和微生物发酵产品。

值得一提的是，目前，有很多抗生素（抗菌药物），其促进水产动物生长的机制是能抑制和杀灭动物肠道内的病原微生物，

促进各种营养物质的吸收。但是，在使用这类抗生素时一定要严格按照国务院公布的《饲料和饲料添加剂管理条例》（2017 修订）的有关规定添加。

2. 饲料保存剂 饲料在储存期间，会因高温、潮湿等原因发生各种变化（氧化或霉变），为了使饲料质量少受自然及人为因素的影响，在饲料加工过程中要适当添加一些抗氧化剂和防霉剂。

鱼虾饲料中所含的油脂和维生素很容易被氧化分解，从而降低饲料的营养价值。抗氧化剂的作用机制是其本身容易氧化，和饲料中易氧化的活泼自由基结合，生成无活性的抗氧化剂游离基，从而使氧化过程停止或减缓。目前使用较多的抗氧化剂有乙氧喹（EQ）、二丁基羟基甲苯（BHT）和丁基羟基茴香醚（BHA）。鱼虾饲料中抗氧化剂的添加量为 0.01% ~ 0.02%，当饲料中脂肪含量较高时可以适当增加添加量。

防霉剂又称防腐剂，添加防霉剂的目的是抑制饲料中霉菌的代谢和生长，避免储存期间饲料中营养成分的损失，延长饲料的保藏期。其作用机制是，抑制微生物的生长，使细胞内的酶蛋白变性失活，不能参与催化作用，从而抑制霉菌的代谢活动。应用在鱼用饲料中的防霉剂主要为丙酸、丙酸钠、丙酸钙，其在饲料中的添加量为 0.2% ~ 0.4%。

在饲料中添加抗氧化剂和防霉剂虽然可以在一定程度上起到抗氧化和防霉变的作用，但是在饲料加工时还是应该在饲料原料的选用和适宜的储存方法上下功夫，毕竟抗氧化剂和防霉剂的作用有限，在条件许可下，应尽量加快饲料的周转速度，缩短储存期。储存时间最好不超过 3 个月。

3. 诱食剂 诱食剂又称引诱剂、促摄食物质。其作用是提高配合饲料的适口性，刺激水产动物的味觉、嗅觉和视觉器官，诱引和促进鱼、虾对饲料的摄食。

比较常见的诱食剂有氨基酸、核苷酸和三甲胺内酯。促进鱼、虾摄食，多是两种以上化合物协同作用的结果。同一种诱食剂对不同鱼、虾的引诱效果不一样，如蛤仔鱼的甘氨酸和丙氨酸对鳗鱼有诱食作用；乌贼肉中的酪氨酸、苯丙氨酸、赖氨酸和缬氨酸有促摄食作用；甘氨酸、谷氨酸钠、丙氨酸及核苷酸都有诱引对虾摄食的作用。一般添加量为 0.5% ~1.5%。

研究表明，通常作为诱食剂的物质同时还具有其他作用，如营养作用、防病治病作用、提高消化吸收率、改善水产品肉质肉味等。

4. 黏合剂　黏合剂是鱼用饲料中特有的起黏合成型作用的添加剂。鱼用饲料黏合剂大致可分为天然物质和化学合成物质两大类，前者按其化学成分可分为糖类和动物胶类。属于糖类的有淀粉、小麦粉、玉米粉、小麦面筋、褐藻胶等。动物胶类有骨胶、皮胶、鱼浆等。化学合成物有羧甲基纤维素、聚丙烯酸钠等。商业产品有多聚脲甲醛（0.3% ~0.5%）。

黏合剂应具有价格低、用量少、来源广、无毒性、不影响水产动物对营养成分的吸收、黏合效果好、水中稳定性强等特点。

5. 其他添加剂

（1）中草药添加剂：中草药具有无药物残留、无激素、无耐药性、药源广、就地取材、价格低廉、毒副作用小的优点，是生产无公害水产品的重要的天然资源，日益受到人们的重视。中草药泛指草本植物的根、茎、皮、叶、花和籽实，也包括一些乔木和灌木的花和果实。据报道，我国有 5 000 多种中草药资源可以开发利用。中草药既有营养，又能防病治病、促进水产动物生长，是一种应用前途广泛的天然饲料添加剂。

中草药添加剂的作用有以下几方面：

1）促生长作用。中草药中的当归、川芎、松针、泡桐叶、党参茎叶、艾叶等，能参与新陈代谢，提高水产动物机体的生理功能和饲料消化率，提高生长速度，降低饲料系数。

2）诱食作用。中草药中的陈皮、大蒜、洋葱、香芹、小豆蔻等，可以促进水产动物摄食，提高采食量。

3）防病治病作用。经试验和研究证明，中草药如黄连、大黄、板蓝根、黄柏等能有效预防和治疗鱼类的细菌性、病毒性疾病，寄生虫病及其他疾病，提高水产动物机体的成活率。

4）增强机体免疫力。中草药中的生物碱、苷类、有机酸、多糖等成分有增强水产动物免疫力的功能。现已确定黄芪、党参、当归、穿心莲、大蒜等都有增强机体免疫力的作用。中草药大部分来自自然生长的植物，无污染。而且经长期的应用实践证明，极少出现毒副作用。中草药单一味或复方制剂，能起到扩张血管、改善微循环、兴奋神经系统、加快机体新陈代谢、增加白细胞数量、提高机体免疫球蛋白含量的作用，从而增强免疫功能，提高养殖鱼类抗病能力及生产性能。

5）增强抗应激能力。经试验表明，一些中草药能够增强水产动物对外界环境因素（物理、化学、生物等）中各种有害刺激的防御能力，如黄芪、柴胡、石膏等有抗热刺激作用；黄芪能增强抗低氧、抗疲劳作用；刺五加能调节水产动物在恶劣环境中的生理功能，增强机体的适应能力。

（2）微生态制剂：微生态制剂是一种新型的饲料添加剂，又称为微生态调制剂、活菌制剂、益生素、益生菌、活菌素等。微生态制剂是经过筛选而培养的活菌群及其代谢产物，既可以直接添加到饲料中，也可以抛撒在水中。微生态制剂最大的特点是不会产生抗药性和类似药物的残留。

目前，微生态制剂中最常用的菌株是乳酸杆菌属、粪链球菌属、芽孢杆菌属和酵母杆菌属四种，其中芽孢杆菌有较高的蛋白酶、脂肪酶和淀粉酶的活性，可以较明显地提高水产动物的生长速度和饲料利用率。

（3）低聚糖：低聚糖又称为寡聚糖、寡糖。通常是由 2～20 个糖单基以糖苷键连接而成，由于糖单基及其结合的糖苷键不同而构成千千万万、种类繁多的寡糖类物质，目前已知的就有 1 000 多种，常见的有麦芽寡糖、异麦芽寡糖、果寡糖、甘露寡糖、异麦芽酮糖、大豆寡糖等。最常用的是甘露寡糖（Mos）和果寡糖（Fos）。Mos 是从特异性酵母菌株的细胞壁提取而来的，营养学家又称之为"微生态促进剂"；Fos 的生产是以淀粉为主要原料，来源丰富、价格便宜，因而应用十分广泛，成为寡糖添加剂中的主要物质之一。

低聚糖的主要功能是促进肠道内有益菌的增长、繁殖，促进有害菌的排泄，刺激鱼类的非特异性免疫功能，增强对病原菌的抵抗能力。

第三节　鱼用配合饲料的配方设计

一、配合饲料的定义、种类和规格

1. 配合饲料的定义　所谓配合饲料是指根据动物的营养需要将多种原料（包括添加剂）按一定的比例均匀混合，经过加工而成的饲料产品称为配合饲料。由于养殖品种不同，养殖鱼类的生长阶段不同，其所需要的配合饲料，从营养成分到饲料的形状和规格都会有所不同。配方合理，营养全面，完全符合水产动物生长需要的配合饲料，又称为全价饲料。

通常人们在水产动物养殖过程中使用的配合饲料就是全价配合饲料。在鱼、虾养殖成本中，配合饲料的投资费用大约占总投资的 60%～70%。

水产动物养殖，之所以能获得高产、高效益，除了选择优良、健壮的养殖品种，保持良好养殖水环境，加强日常管理之外，使用优质的配合饲料往往是一个重要因素。配合饲料与生鲜饲料及单一饲料相比有以下优点：

（1）配合饲料是按照水产动物养殖的种类、不同生长阶段的营养需要和消化生理特征而配制的，营养全面均衡，易于消化，适口性好，从而可以降低饲料系数，降低养殖成本，增加养殖户收入。

（2）配合饲料在加工过程中，通过加热与熟化，使淀粉糊化，增强了黏结性能，提高了饲料在水中的稳定性，便于集约化经营，适合高密度精养。

（3）配合饲料原料来源广，除常用的鱼粉、饼粕类、糠麸、粮食等外，还可以合理地开发各种动植物饲料源，各屠宰场、肉联厂、水产品加工厂的下脚料，酿造、食品、医药等工业的副产品都可以作配合饲料的原料。

（4）配合饲料可以做到预储原料和常年制备，不受季节和气候限制。配合饲料中添加抗氧化剂、防霉剂等，可以延长保存期，且配合饲料含水分少，体积小，使用安全，保管、运输方便，养殖者可随时采购，节约劳力，降低费用。

2. 配合饲料的种类和规格　按照其物理性状可将配合饲料分为粉状饲料、颗粒饲料、微粒饲料、碎粒料。

（1）粉状饲料：粉状饲料是细粉状的商品性水产饲料，是将各种饲料原料粉碎到一定粒度（许多粉状水产饲料要求产品中各组分能通过网目尺寸为 $0.25~\mu m$ 的检查筛，用于饲喂幼小水产动物的粉状饲料要求通过网目尺寸为 $0.18~\mu m$ 或 $0.15~\mu m$ 的检查筛），按比例充分混合后进行包装。使用时将粉状饲料加入适量的水、油充分搅拌，形成具有强黏性和弹性的团块状饲料。根据饲喂水产动物的不同种类和生长期采用不同的加水量，一般加水量为粉状饲料重量的 70% ~ 200%。目前，市场上常见的粉状饲料有饲喂鳗鱼、河豚、鳖和其他名贵养殖鱼类的饲料。由于粉状饲料在使用时加水、油等做成团状，故要求粉状饲料成团后在水中不易溶散。

（2）颗粒饲料：颗粒饲料呈短棒状，饲料粒径大小依据所饲养的水产动物的大小而定，一般大小范围为：鱼饲料 2～8 mm，虾蟹饲料 0.5～2.5 mm，长度为直径的 1～3 倍。依据加工方法和成品的性状，将颗粒饲料分为以下几种。

1）硬颗粒饲料。主要由环模压粒机或平模压粒机压制成，颗粒密度大于 1.3 g/cm³，水分含量小于 13%。硬颗粒饲料的加工从原料粉碎、混合、成型制粒都是连续机械化生产，在成型前蒸汽调质，制粒时温度可达到 80 ℃以上。与挤压沉性水产饲料相比，硬颗粒水产饲料加工设备价格低，如生产能力相同，生产硬颗粒水产饲料的加工设备价格仅为生产挤压沉性水产饲料设备价格的 1/4～1/3。其机械化程度高，生产能力大，适宜大规模生产，我国目前的水产饲料大部分为硬颗粒饲料。

硬颗粒水产饲料以圆柱体和不规则形为多。圆柱体的直径以 1.5～5.0 mm 为多，长度为直径的 2～3 倍，小直径饲料的长度比较大，大颗粒的长度比较小。硬颗粒饲料的颗粒结构细密，在水中稳定性好，营养成分不易散失。实践证明，我国许多养殖鱼类，包括鲤鱼、鲑鱼、虹鳟鱼、鲶鱼、罗非鱼、鲻鱼等都适宜投喂硬颗粒饲料。值得一提的是，由于虾类的摄食为小口的噬食，虾饲料从投入水中到摄食完的时间较长，因此，要特别注意虾饲料在水中的稳定性，以防营养散失，造成不必要的浪费。

2）挤压颗粒饲料。利用挤压机制造的水产颗粒饲料称为挤压颗粒饲料。挤压机又称为膨化机或者挤压膨化机，按投喂时在水中不同的状态或根据饲料膨化程度的不同，可将其分为浮性饲料、慢沉性饲料和沉性饲料。浮性饲料，密度小于 0.8 g/cm³，吸水后仍能浮于水面。蛙类饲料以浮性饲料较适宜，浮于水面的饲料随水面波动,从而能被蛙发现。习惯于在水面采食的鱼类,以及经驯养后能到水面采食的鱼类,都适用浮性颗粒饲料。挤压慢沉性饲料,其密度一般为 $0.9 \sim 1.1 \mathrm{~g/cm^3}$,与水的密度相近,吸水后缓慢地沉入水底。慢沉性饲料有较长时间悬于水中,为网箱养殖鱼及一些习惯在水域中下层活动和采食的鱼提供更多的采食机会。它最终还会沉入水底,若采用投饲机投料,增加投料频率,减少每次投料量,可减少其浪费。挤压沉性颗粒饲料,其密度接近硬颗粒饲料的密度,通常大于 $1.1 \mathrm{~g/cm^3}$。适用于在水底采食的虾、蟹、贝等水产动物。由于挤压过程中原料受到强烈的挤压和高温作用,挤压沉性颗粒饲料内部形成良好的网络结构,组成饲料的组分间相互交联,入水后能很快吸水变软,在水的浸泡下不易分散,既有良好的耐水性,又易被水产动物采食。

3)软颗粒饲料。含水率在 $25\% \sim 30\%$,颗粒密度为 $1 \mathrm{~g/cm^3}$ 左右,其质地松软,水中稳定性差。一般采用螺杆式软颗粒饲料机生产。在常温下成型,营养成分无破坏。一般适合养殖场自产、自用。

4)膨化颗粒饲料。含水率在 6% 左右,配方要求淀粉含量在 30% 以上,脂肪含量在 6% 以下。原料经充分混合后通蒸汽加水,送入机器主体部分,由于螺杆压力和机器摩擦使温度不断上升,直到 $120 \sim 180 ℃$。当饲料从孔模中挤压出来后由于压力骤然降低,体积就一下子膨胀,形成结构疏松、结合牢固的发泡颗粒。颗粒密度低于 $1 \mathrm{~g/cm^3}$,属于浮性饲料。

(3)微粒饲料:又称微型饲料,是 20 世纪 80 年代中期以来开发的一种新型配合饲料。一般用于甲壳类(对虾)幼体、贝类幼体、鱼类仔稚鱼、滤食性鱼等。在苗种生产上,尤其是对虾、海水养殖鱼类及名特优养殖对象的苗种培育,均需依赖硅藻、绿藻、轮虫、枝角类等浮游生物,而培养这些饲料生物需要大规模的设备和劳力,且由于受到自然条件的限制,很难保证苗种培育的要求。水产养殖工作者，针对鱼、虾、蟹、贝类等名特优养殖对象的生长特性、营养需求，配制生产专用的微粒饲料，已经获得突破性的进展。目前，微粒配合饲料可以单独使用，也可以与浮游生物混合使用进行苗种生产，具有广阔的应用前景。

生产微粒配合饲料须符合以下条件：①原料经微粉碎，粉碎粒度应通过 100 目筛以上；②原料应高蛋白、低糖，脂肪含量在 10%～13%，能充分满足幼苗对营养的需要；③投喂后，营养在水中不易流失；④在消化管内营养易被消化吸收；⑤微粒饲料颗粒的大小应与仔稚鱼（虾）的口径相适应，一般颗粒的大小在 10～300 μm 范围；⑥饲料应具有一定的漂浮性。

（4）碎粒料：经过冷却后的大颗粒饲料用有波纹的轴辊碾压，可筛分成许多大小不等的碎粒或粗屑，以满足饲养各种规格幼、稚鱼的需要。另外，碎粒和粗屑呈多面体的表面反射光线，对靠视力寻找食物的鱼来讲是一种诱惑，有利于提高饲料效率。

二、鱼用饲料的配方设计

对水产动物养殖生产来说，单用一种饲料不能满足鱼、虾的营养需求。因此，必须采用科学的方法把各种饲料原料配合起来，使各种营养物质得以相互补充。生产实践证明，只有通过各种原料科学搭配，才能得到营养平衡、适口性好的配合饲料。饲料配方设计的目的是：合理选用营养好、成本低的原料，经过科学搭配生产出优质饲料，以便进行养殖生产，获取最大的经济效益。

1. 饲料配方设计依据

（1）养殖对象的营养需要和饲养标准：

1）饲养标准。根据水产养殖动物不同的种类、性别、年龄、体重、生理状态、生产目的与水平，科学地规定一个动物每天应给予的能量、蛋白质及其他养分的数据，这种规定的数量标准，称为饲养标准，包括动物营养需要量标准和饲料营养成分与营养价值表两部分。

2）营养需要。指动物在适宜环境条件下，正常、健康生长或达到理想生产效果时对各种营养物质种类和数量的最低要求。营养需要是一个群体平均值，不包括一切可能增加需要量而设定的保险系数。进行配方设计时，应在规定的营养定额基础上，根据具体情况考虑增加一定的保险系数。这些具体情况包括原料中某种营养成分含量虽高，但利用率低；加工中某些营养成分的损失；养殖环境条件不理想，密度过大、水质恶化等。

目前，由美国国家科学研究委员会（NRC）制定的各种动物的营养需要在世界上具有较大的影响。它包括温水鱼类、冷水鱼类、甲壳类等动物的营养需要。这些营养需要中列出了多种养殖鱼、虾对蛋白质、必需氨基酸（EAA）、必需脂肪酸（EFA）、常量矿物质元素、微量矿物质元素等营养素的需要量。

目前，我国尚未制定完善的水产动物营养需要系统，但制定了某些水产养殖品种的配合饲料标准，给一些水产饲料的主要营养素含量和检测方法做出了规定。已颁布的水产配合饲料标准主要有鲤鱼、草鱼、尼罗罗非鱼、鳗鲡、中国对虾、中华鳖、真鲷、牙鲆、虹鳟鱼等的配合饲料标准。更多的标准正在制定中。这些饲料标准均为中华人民共和国水产行业标准，由农业部批准执行。

（2）不同种类和不同生长阶段的水产动物的消化生理特点：不同种类的水产动物，在不同的生长阶段，年龄和个体大小不同，对饲料的营养需求不一样，其食性不同，具有不同的消化生理特点。所以，应当结合水产动物的品种和生长阶段的特点，有针对性地在众多原料中合理选用，在保证饲养效果的前提下，降低成本，取得良好经济效益。如草食性、杂食性鱼类的蛋白源饲料应以植物性蛋白质为主，结合少量动物性蛋白质，其配方中 CF、NFE 的含量可适当提高；肉食性鱼类则以动物性蛋白质为主，并保证质量。棉仁饼（粕）、菜籽饼（粕）在草食性和杂食性鱼类的饲料中可大量使用，在某些成鱼饲料中的用量可达 40%~50%，在肉食性鱼类的饲料中只能少用，一般不宜超过 10%。在水产动物的幼小阶段，对蛋白质、维生素等的需要量较大，因其消化功能发育尚不完全，应尽可能采用优质、高消化率、高利用率的原料。

鱼、虾类营养与畜禽营养存在较大差异（对能量的需要量低，对蛋白质的需要量较高，为畜禽的 2~4 倍；对糖类的利用率低；所需的 EFA 种类与畜禽也有不同；鱼、虾通常不能合成维生素 C，对维生素 B_6、维生素 E 等的需要量较高；能从水体环境中吸收钙，故钙源原料在水产动物营养中的相对重要性不及畜禽；合理选用磷源原料尤为重要，通常磷酸二氢钙的利用率和经济性较好），故在配方设计和原料选用时需特别加以注意。

（3）饲料原料的营养成分及其特性：不同的饲料原料具有各自的营养特点，进行配方设计，必须掌握所用原料的营养成分及其特性。我国已建成较为完善的饲料数据库，大部分常用饲料原料的营养成分含量均可从中获得。由于实际条件的千差万别，有条件的厂家，最好能自行测定每批原料的主要营养成分。

《中国饲料数据库》中列出了饲料原料的主要营养成分含量。这些营养成分含量的数据对于畜禽、水产饲料均适用，但其中的有效能、有效氨基酸等数据则只适用于畜禽。目前，我国尚缺乏一套针对水产动物有效营养成分的数据。

（4）饲料原料的供应状况及成本：根据实际情况灵活掌握，可结合使用当地的饲料资源（较新鲜、易于运输、价格便宜）；多种饼粕类原料间具有较高的可替代性，玉米、小麦、大麦等谷实类在一定范围内也有可替代性。在编制饲料配方时要考虑经济效益。目前，在鱼、虾养殖生产中，饲料成本占60%~70%，合理降低饲料成本，是提高养殖者经济效益的关键之一。

2. 设计饲料配方的原则　配方设计时应遵循科学性、实用性、经济性和安全性等原则。

（1）科学性：科学设计饲料配方是基本原则。其主要体现在营养标准的科学合理，尤其是使配合饲料各种营养指标比例平衡，使全价饲料真正具备全价性、营养全面合理的特点。配方设计的技术在于把水产养殖动物对营养素的需要量化作各种原料和添加剂的配比。配方设计的科学性不仅表现在营养成分的种类和数量方面，更表现在对各种饲料原料特性的认识方面，表现在合理选用各种原料，调整各种原料间的配伍关系，平衡各种营养成分间错综复杂的关系，使在一定成本下的原料组合（配方）起到最好的作用。

（2）实用性：设计的配方不能脱离生产实践，即设计的饲料配方在养殖生产中要用得起、用得上、用得好。要做好这一点，必须对饲料资源状况和市场情况做充分的调查和了解。饲料资源状况包括饲料品种、数量、营养价值、供应季节、价格成本等。市场情况则包括使用配合饲料的各养殖场、养殖户的生产水平、饲养方式、养殖对象、环境条件、特殊需要等方面。

（3）经济性：经济性是同时考虑经济效益和社会效益。水产饲料生产是一项经济活动，其产品为配合饲料，被养殖户和养殖场用于饲养水产动物。因此，用于生产的饲料配方必须在经济上合理，才能使饲料生产企业和养殖企业均有经济效益，促进饲料工业和养殖业的共同发展和进步。经济性原则要求根据原料的供应状况及其成本进行饲料原料的选择。

（4）安全性：安全性是第一位，没有安全性作为前提，也就谈不上科学性、实用性和经济性。水产动物食品安全，很大程度上依赖于饲料的安全。我国已经颁布了一系列法规、法令，以保证饲料原料、饲料产品和养殖动物产品的安全性，所有饲料加工生产企业和养殖企业必须遵照执行。

　　水产饲料配制过程中应执行的有关安全卫生方面的法规、法令有《食品动物禁用的兽药及其他化合物清单》（农牧发〔2002〕1号）、《饲料卫生标准》（GB 13078—2001）、《无公害食品　渔用药物使用准则》（NY 5071—2002）、《无公害食品渔用配合饲料安全限量》（NY 5072—2002）。

　　下面列出部分水产动物配合饲料配方实例（表3-21～表3-25）。

表3-21　鲤鱼配合饲料配方

原料	配方（小）	配方（中）	配方（成）
鱼粉（进口）	14	12	9
豆粕	25	25	26
花生粕	3	6	6
菜籽粕	12	14	14
膨化大豆	5	5	5
棉仁粕	10	8	9
次粉	12	12	12
麦麸	15	14	15
磷酸二氢钙	1.5	1.5	1.5
胆碱	0.2	0.2	0.2
豆油	1	1	1
矿物质	1	1	1
维生素	0.1	0.1	0.1
食盐	0.2	0.2	0.2
合计	100	100	100

注：全年养殖平均饲料系数为1.6左右。

表 3 - 22 鲫鱼配合饲料配方

原料	配方 1	配方 2	配方 3	配方 4
鱼粉（进口）	15	12	12	12
豆饼	—	40	27	27
豆粕	38	—	—	—
棉仁粕	—	—	15	15
玉米粉	6.5	8	8	8
面粉	4	5	5	5
麦麸	35	34	32	31.7
预混料	1	1	1	1
中药添加剂	0.5	—	—	—
L - 赖氨酸	—	—	—	0.3
合计	100	100	100	100

表 3 - 23 加州鲈鱼配合饲料配方

原料	配方 1	配方 2	配方 3	配方 4
鱼粉（进口）	53.5	50	46.5	43
豆饼	10	15	20	25
酵母	8	8	8	8
矿物质	2	2	2	2
维生素	1	1	1	1
鱼油	6	6	6	6
填充剂	10.5	9	7.5	6
α - 淀粉	15	15	15	15
饲料系数	1.27	1.3	1.6	1.69

表 3－24　南美白对虾配合饲料配方

原料	配方（仔）	配方（幼）	配方（成）
秘鲁鱼粉	31	28	25
豆粕	32	35	38
啤酒酵母	3	3	3
矿物质＋黏合剂	3.6	3.6	3.6
虾壳素	5	5	5
小麦粉	7.8	7.8	7.8
米糠	7.3	7.3	7.3
维生素	0.2	0.2	0.2
脱壳素	0.1	0.1	0.1
乌贼干粉＋鱼油	2	2	2

表 3－25　中华鳖的饲料配方

原料	稚鳖料	幼鳖料	成鳖料	亲鳖料
鱼粉	68	64	58	50
豆粕	1	4	7	7
酵母粉	3	4	4	6
矿物质	1	1	1	1
维生素	1.5	1.2	1	1
填充剂	6.5	4.8	6	9
α－淀粉	18	20	22	25
饲料系数	1.22	1.3	1.4	1.88

第四节　鱼用配合饲料的投喂技术

在水产动物养殖过程中，投饲技术是直接影响饲料系数和养殖生产效益的重要因素。饲料的投喂技术在水产养殖生产中十分重要，是现代水产养殖生产者必须要熟练掌握的一项实用技术。

1. 投饲原则   在投喂饲料时，要坚持"四定"和"三看"的投饲原则，以提高饲料效率，降低饲料系数，提高广大养殖户的经济效益。

（1）定时：在天气正常情况下，每天投饲的时间应相对固定。

（2）定量：投喂饲料一定要做到科学、合理、定量，不能忽多或忽少，否则容易造成养殖鱼类饥饱不均，而影响养殖鱼类的消化吸收和生长。

（3）定质：投喂的饲料必须新鲜，清洁，适口，保证质量。营养相对平衡并尽量符合养殖鱼类的营养需求。腐败变质的饲料不能投喂。

（4）定位：在养殖场搭设固定的饲料台，饲料投喂到食场或饲料台上，科学驯化，使养殖的鱼类养成在固定点吃食的习惯。

（5）看天气：要注意天气、水温状况，观察鱼类的吃食情况。

（6）看水质：注意观察水质和水体溶氧量的变化，依据水质好坏适当增减投饵量。

（7）看养殖鱼类的生长和摄食：养殖鱼类不同的生长阶段对饲料投喂有不同的要求。根据具体情况，随时调节投饲量。在温度适宜的季节，天气晴朗时适当增加投饲量；阴雨天气、溶氧量低时应停止投喂或减少投喂次数和数量。

2. 投饲数量   投饲数量是否科学，对饲料的利用和养殖的成本影响很大。投饲量过低时，养殖的鱼处于饥饿状态，生长发育缓慢；投饲过量，不但饲料利用率低，而且易造成水质污染，增加了鱼病的发病机会，且造成饲料浪费，人为增加养殖户的养殖成本。因此，正确确定投饲量，合理投喂饲料，对提高鱼产量，降低生产成本有着重要意义。

（1）影响投饲数量的因素：投饲数量的多少，主要受养殖鱼类的品种、规格、大小、天气、水温、水质、饲料质量，以及养殖对象的不同生长特点等因素的影响。不同鱼类因对其饲料的消化利用能力不同，摄食量亦不同，故对投饲量的要求也不一样，一般草食性鱼类的摄食量高于杂食性鱼类和肉食性鱼类。

（2）养殖鱼类的日投饲量的计算方法：在生产中，确定日投喂量有两种方法：饲料全年分配法和投喂率法。①饲料全年分配法：首先按池塘养殖或网箱养殖等不同养殖方式估算全年净产量，再根据所用饲料的饲料系数，估算出全年饲料总需要量，然后根据季节、水温、水质与养殖对象的生长特点，逐月、逐旬，甚至逐天地分配投饲量。②投喂率法：即参考投喂率和池塘中鱼的总重量来确定日投喂量，日投喂量＝池塘鱼的总重量×投喂率，池中鱼的总重量可通过抽样计算获得。目前，我国的池塘养鱼对几种主要养殖鱼类的投饵率一般掌握在 1% ~6% 为宜，当水温在 15 ~20 ℃时，可控制投饵率在 1% ~2%；水温 20 ~25 ℃时，可控制投饵率在 3% ~4%；水温在 25 ℃以上时，可依据养殖品种、天气、水质的状况控制投饵率在 4% ~6%。此外，还应根据鱼的生长情况和各阶段的营养需求，可在 7 日左右对日投喂量进行一次调整，这样才能较好满足鱼的生长需求。

（3）摄食状态与实际投饲量：养殖鱼类的吃食状态受"鱼""水""饲料"及气候条件等因素的影响。用以上方法确定的投饲量，有时是不能满足鱼的摄食量的；鱼体重量的推算也有一定的误差，必须边投喂，边仔细观察鱼群的摄食状态，灵活掌握实际投饲量，才能确保鱼饲料的高效利用。

根据实际养殖经验，提出投饲量掌握和控制在"七八成饱"的范围内，保持养殖鱼类有旺盛的食欲，以提高饲料效率。"七八成饱"的原则有两层意思：一是指喂到养殖鱼类饱食量的七八成；二是指养殖鱼类有 70% ~80% 能吃饱，余下的 20% ~30% 吃不饱。

3. 投饲技术

（1）投饲方法：鱼类饲料的投喂方法有手撒投喂、饲料台投喂、投饵机投喂三种。手撒投喂使用比较普遍。手撒投喂方法简便，利于观察鱼群的吃食和活动情况，投饲准确集中，使用灵活，易于掌握，而且有节约能源的优点；其缺点是耗费人工和时间，对于中小型渔场，劳动力充足，或者养殖名、特、优水产动物时投喂饲料值得提倡这种投饲方法。手撒投喂饲料利用率高而稳定，投喂有效率可达86%以上。利用投饵机投喂，这种方式可以定时、定量、定位，同时也具有省时、省工的优点。但是，应指出的是利用机械投饲机不易掌握鱼的摄食状态，不能灵活控制投饲量。另外，机械投饲成本较高，增加了养殖户的养殖成本。

（2）投喂次数：科学的投喂数量确定之后，一天中分几次投喂，同样关系到提高饲料利用率和促进养殖鱼类的生长问题。投喂次数的确定也由水温、水质、天气、饲料质量及养殖鱼类品种、大小和其消化器官的特性及摄食特点决定。鲤鱼、鲫鱼、团头鲂、草鱼等都是无胃鱼，摄取饲料由食道直接进入肠内消化，一次容纳的食物量远不及肉食性的有胃鱼，是摄食缓慢的鱼类，一天内摄食的时间相对较长，采取多次投喂有助于提高消化吸收率，提高饲料效率。用配合饲料饲养，要根据其摄食特点和季节、水温的变化，确定科学的投喂次数，对于提高这些鱼对饲料的消化吸收，减少饲料成分在水中的流失是非常必要的。但是，投喂次数太多，鱼较长时间处于摄食兴奋状态，过多消耗体能，这也是不科学的。如鲤鱼乃典型的无胃鱼，投喂次数应多些和投喂时间应长些。在适于鲤鱼生长的温度范围内，投喂次数增加，鲤鱼的摄食量和消化率随之提高。对鲤鱼苗，每日投喂 6～8 次生长效果好，每次投喂 20～30 分钟；对鲤鱼种，每日投喂 4～5 次生长效果好。我国的池塘养鱼是以鲤科鱼类为主，限于人力等因素，成品鱼养殖阶段，每天投喂次数一般以2~4次为宜。

（3）投喂时间：配合饲料投喂时间与养殖方式有关。通常情况下网箱养鱼时，每天第一次投喂的时间应在早上7时开始，而最后一次投喂应该在下午6时左右结束；池塘养鱼条件下，每天第一次投喂时间一般在上午9时左右，最后一次投喂应该在下午5时结束。无论是网箱养鱼还是池塘养鱼，每次投喂时间一般应控制在30分钟左右。7月底到8月中旬，投喂应选在晴好天气，温度在32℃左右（天气不好，如闷热天气、阴雨天气应减少或不喂饲料）。

第四章　主要淡水鱼类的
繁殖技术

第一节　我国"四大家鱼"的人工繁殖

　　鱼类人工繁殖技术是根据鱼类的自然繁殖习性，在人工控制条件下，通过生态、生理的方法，促使亲鱼的性腺达到成熟，并排卵和产出，受精卵在适当的条件下最终孵化出鱼苗的生产过程。整个过程包括亲鱼培育、人工催产和人工孵化三个主要技术环节。鱼类人工繁殖可稳定而大量地提供养殖用种苗，为水产养殖的持续健康发展提供物质基础。

一、我国"四大家鱼"人工繁殖的生物学特征

（一）鱼类人工繁殖的发展概况

　　我国淡水养殖鱼类中的"四大家鱼"（草鱼、青鱼、鲢鱼、鳙鱼），在自然环境中生长发育到性腺成熟时，就逆流而上到大江、大河的上游或者大型水库的上游，在河流中进行繁殖。在静止的水体中，特别是池塘养殖条件下，由于缺乏必要的生理学刺激不能自然产卵。1958 年我国研究成功了池塘养鲢鱼、鳙鱼的人工繁殖，1960 年和 1961 年又分别解决了池塘养殖草鱼、青鱼的人工繁殖问题，使这些鱼类在池塘养殖条件下，达到性腺成

熟,并进行人工催产和孵化出鱼苗。从此,摆脱了天然鱼苗的限制,为我国"四大家鱼"养殖的迅速发展铺平了道路。

目前,我国已经能进行人工繁殖的淡水鱼类包括青鱼、草鱼、鲢鱼、鳙鱼、鲤鱼、鲫鱼、鳊鱼、鲂鱼、长吻鮠、大眼鳜、中华鲟、长江鲟、黄颡鱼、南方鲇、泥鳅、黄鳝、翘嘴红鲌、乌鳢、胭脂鱼、岩原鲤、倒刺鲃等几十个品种。我国淡水养殖鱼类苗种的90%来自于人工繁殖,有力地促进了我国水产养殖事业的发展。

(二)鱼类性腺的结构与分期

1. 雌鱼的性腺发育及分期 大多数雌鱼有一对卵巢,位于鳔的腹面两侧。未成熟的卵巢呈条状,成熟的卵巢里充满卵粒,并随卵粒的长大而逐渐膨大,最后可占据体腔的大部分。

(1)卵子的发生:鱼类卵子的发育一般要经过增殖、生长和成熟几个时期。首先由原始生殖细胞分化成卵原细胞,卵原细胞大小为 $15 \sim 22 \mu m$,具有分裂能力,是产生大量卵子的基础。

(2)卵巢的分期:根据卵巢在发育过程中,卵细胞的形态结构和卵巢本身的组织特点,可将卵巢分为六期。

第Ⅰ期:卵巢为透明的细线状,肉眼不能区分雌雄,卵巢中以卵细胞为主。鱼类Ⅰ期卵巢终生只出现一次。

第Ⅱ期:卵巢扁带状,肉红色,肉眼看不到卵粒,卵巢中以处于小生长期的卵母细胞为主体。Ⅱ期卵巢既可以是直接发育而来,也可以是亲鱼产过卵而退化到第Ⅱ期的卵巢。

第Ⅲ期:卵巢块状,淡青灰色,约占腹腔的1/2,肉眼可见到卵粒,卵巢中以处于大生长期的初级卵母细胞为主。只有性成熟后的雌鱼,卵巢才能发育到这一期。

第Ⅳ期:卵巢长囊状,青灰色,占腹腔的2/3左右,卵粒大而明显,卵巢中以处于大生长末期的初级卵母细胞为主,此时细胞内已充满卵黄颗粒。家鱼此期可维持1个月左右,若不能成熟排卵，卵子将生理死亡，卵巢也将退化。

第 V 期：卵巢青灰色，松软，卵巢内充满成熟卵子，卵粒大而饱满，呈游离状态，极易被挤出或自行流出，大量卵子进入卵巢腔，完成排卵过程。从第 IV 期末过渡到第 V 期，一般只需数小时，如果排卵时，卵子不能马上产出，便会因过熟而失去受精能力。

第 VI 期：产过卵不久或退化吸收的卵巢，卵巢缩小，呈深红色，其中有许多残卵。

2. 雄鱼的性腺发育及分期　大多数雄鱼有一对精巢，位于鳔的腹面两侧。未成熟的精巢呈淡红色，细线状；成熟的精巢呈乳白色，体积增大为长扁形块状，精巢内充满精子及部分不同发育阶段的精细胞。

（1）精子的发生：鱼类精子的发生是在精巢中经过增殖、生长、成熟和变态几个连续的时期进行的。首先由原始生殖细胞分化成精原细胞。精原细胞圆形，体积较大，直径为 $9 \sim 15~\mu m$，具有分裂能力，使其数量增多。精原细胞停止分裂后生长发育成为初级精母细胞，呈圆形或椭圆形，直径比精原细胞小，平均为 $4 \sim 5.5~\mu m$。初级精母细胞经第一次成熟分裂成为次级精母细胞，呈圆形，较小，直径为 $3.5 \sim 4~\mu m$。次级精母细胞在发生中存在的时间是短暂的，紧接着进入第二次成熟分裂成为精子细胞，该细胞小，核大，细胞质少，直径为 $2.5~\mu m$。精子细胞经过复杂的变态期，发育成为精子。精子是精巢中最小的一种细胞，多数鱼类精子由头、颈、尾三部分组成，头部直径一般为 $1 \sim 2.5~\mu m$。

（2）精巢的分期：根据精巢在发育过程中，精细胞的形态结构及精巢本身的组织特点，可将精巢分为六期。

第 I 期：精巢细线状，半透明，肉眼不能辨别雌雄，精巢中存在分散的精原细胞。此期精巢在鱼类一生中只有一次。

第 II 期：精巢细带状，半透明，肉眼可以分辨雌雄，精巢内精原细胞增多，排列成群。

第Ⅲ期：精巢圆柱形，粉红色，精巢内主要存在大量初级精母细胞。鱼类排精后一般就退回到此期。

第Ⅳ期：精巢袋状，乳白色，精巢中有初级精母细胞、次级精母细胞、精子细胞。

第Ⅴ期：精巢块状，丰满，乳白色，其中充满大量精子及部分变态期的精子细胞。轻压腹部，有大量乳白色精液流出。

第Ⅵ期：精巢枯萎缩小，细带状，淡红色，挤不出精液，精子已排出，精巢中仅有少量初级精母细胞和精原细胞及残留的精子。

（三）鱼类人工繁殖的生物学指标

1. 性腺成熟系数　性腺成熟系数是衡量鱼类性腺发育程度的一种尺度。性腺成熟系数越大，说明性腺发育越好。性腺成熟系数的计算方法有两种：

$$成熟系数 =（鱼性腺重/鱼全重）\times 100\%$$

$$成熟系数 =（鱼性腺重/去内脏后的鱼体重）\times 100\%$$

一般多采用第一种公式。四大家鱼卵巢的成熟系数，一般第Ⅱ期为1%～2%，第Ⅲ期为3%～6%，第Ⅳ期为14%～22%，最高可达30%以上。精巢成熟系数要小得多，第Ⅳ期一般也只有1%～1.5%。

2. 亲鱼成熟率　亲鱼的成熟率是指能催产的亲鱼尾数占所培育适龄繁殖亲鱼总尾数的百分数，用于评价亲鱼培育水平的高低，即亲鱼成熟率越高，亲鱼培育技术就越好。

$$亲鱼成熟率（\%）=（催产的亲鱼尾数/亲鱼总尾数）\times 100\%$$

3. 催产率　催产率是指亲鱼催情后产卵的雌鱼占所催产的雌亲鱼的百分数。用于评价亲鱼成熟度鉴别和催产技术水平的高低。

$$催产率（\%）=（产卵的雌鱼数/催产的雌亲鱼数）\times 100\%$$

4. 受精率　受精率是指受精卵占总卵数的百分数。计算受精率时，应在原肠中期，取同批次鱼卵百余粒，肉眼直接观察计数受精卵与混浊、发白的坏卵（或空心卵）量。

受精率（％）＝（受精卵/总卵数）×100%

5. 孵化率　初孵仔鱼与受精卵数量之比值。出膜期不易准确统计，一般用出膜前期活胚胎占受精卵总数的百分比表示孵化率。

孵化率（％）＝（孵出仔鱼/受精卵数）×100%

6. 出苗率　出苗率也称下塘率，即下塘前鱼苗的绝对数量占受精卵数的百分比。

出苗率（％）＝（下塘前鱼苗绝对数量/受精卵数）×100%

二、亲鱼的培育

（一）亲鱼的来源

亲鱼可直接从江河、湖泊、水库、池塘等水体中选留性成熟或接近性成熟的个体，也可以从鱼苗开始专池培育，并不断选择，最终留下优秀的个体。为了防止近亲繁殖带来的不良影响，最好在不同来源的群体中分别对雌、雄亲鱼进行选留，同时注意选用的性成熟个体年龄不能太大。此外，从养殖水体或天然水域捕捞商品鱼时选留的种用亲鱼，有必要在亲鱼培育池中专池培育一段时间，至第二年再催产效果较好。为避免近交，应从不同来源的群体中选留优秀的雌雄个体配组。

（二）亲鱼的选择

1. 雌雄鉴别　主要从形态上鉴别雌鱼和雄鱼，详见表4-1。

表4-1　我国四大家鱼雌雄主要特征比较

种类	雌鱼特征	雄鱼特征
鲢鱼	①只在胸鳍末梢很小部分才有这些栉齿，其余部分比较光滑；②腹部大而柔软，泄殖孔常稍突出，有时微带红润	①胸鳍前面的几根鳍条上，特别在第一鳍条上明显的生有一排骨质的细小栉齿，用手抚摸，有粗糙、刺手感觉。这些栉齿生成后，不会消失。②腹部较小，性成熟时轻压精巢部位，有乳白色精液从生殖孔流出
鳙鱼	①胸鳍光滑，无割手感觉；②腹部膨大柔软，泄殖孔常稍突出，有时稍带红润	①在胸鳍前面的几根鳍条上缘各生有向后倾斜的锋口，用手向前抚摸有割手感觉；②腹部较小，性成熟时轻压精巢部位有精液从生殖孔流出
草鱼	①胸鳍鳍条较细短，自然张开略呈扇形；②一般无追星，或在胸鳍上有少量追星；③腹部比雄体膨大而柔软，但比鲢、鳙雌体较小，腹部鳞片圆钝	①胸鳍鳍条较粗大而狭长，自然张开呈尖刀形；②在生殖季节性腺发育良好时，胸鳍内侧及鳃盖上出现追星，用手抚摸有粗糙感觉；③性成熟时轻压精巢部位有精液从生殖孔流出
青鱼	无追星，胸鳍光而滑	同草鱼近似，在生殖季节，性腺发育良好时除胸鳍内侧及鳃盖上出现追星外，头部也明显出现追星

2. 体重与年龄　选择亲鱼时，应避免选择初次性成熟个体和已进入衰老期的个体。对于一般鱼类而言，在达到性成熟年龄的前提下，亲鱼体重越大越好。应选择性成熟的鱼类作为亲鱼。亲鱼性成熟年龄与地区、性别、饲养管理条件、栖息的水域环境条件及鱼类体重有关。在选留亲鱼时，同年龄的鱼应尽量选择个体大些的，大个鱼怀卵量大，产卵数多（表4-2）。

表4-2 不同地区鱼类性成熟年龄与体重

种类	华南 (广东、广西)		华东、华中 (江苏、浙江、湖南、湖北)		东北 (黑龙江、辽宁、吉林)	
	年龄(岁)	体重(kg)	年龄(岁)	体重(kg)	年龄(岁)	体重(kg)
鲢鱼	2~3	2左右	3~4	3左右	5~6	5左右
鳙鱼	3~4	5左右	4~5	7左右	6~7	10左右
草鱼	3~4	4左右	4~5	5左右	6~7	6左右
青鱼	4~5	—	5~7	15左右	8以上	20左右

3. 健康状况 选择体质健壮、行动活泼、无病、无伤的个体作为亲鱼。

4. 雌雄搭配比例 采用人工授精法，雌雄搭配比例应为1:1或1:1.5；采用自然受精法，雌雄搭配比例应为1:1.5或1:2，雄鱼数量略多于雌鱼。

（三）亲鱼培育池的设计与选择

1. 亲鱼培育池的条件 水源条件好，排灌方便，水质清新，没有工业污染，阳光充足，距产卵池、孵化场不能太远。

2. 亲鱼培育池的清整 一般每年进行一次，按常规方法处理即可，主要是清除过多的淤泥，平整加固池坎，清除野杂鱼，鱼池消毒，杀灭病原体等。

3. 鱼池面积 鱼池面积一般以2 000~4 000 m² 为宜，长方形为好，池底平坦，以便管理和捕捞。草鱼、青鱼亲鱼池的池底最好无淤泥。

4. 水深 水深一般以1.5~2.5 m 为宜，冬季应加深水位以保暖，春、夏季应降低水位以提高水温。

5. 水质 水质应肥瘦适宜（水质肥沃的池塘可作为鲢鱼和鳙鱼的亲鱼培育池；水质清瘦的池塘宜作为草鱼和青鱼的亲鱼培育池）。亲鱼池池底应平坦。

（四）亲鱼培育池的清整

1. 修整池塘 将池水排干，清除过多淤泥，推平塘底，修好池塘底壁和进排水口，清除池底和池边高大植物。暴晒池塘数日后，注入新鲜水。

2. 常用的清塘方法

（1）生石灰清塘：一种方法是生石灰干法清塘，即先排干池水，仅在池底留有 6 ~ 10 cm 池水，在塘底四周挖若干小坑，将生石灰分别放入小坑中加水融化，冷却之后向池中均匀泼洒，第 2 天须用铁耙耙动塘泥，使石灰浆与淤泥充分混合。生石灰用量一般为每 666.7 m² 75 ~ 150 kg。另一种方法是带水清塘，即池水不排出，将融化好的石灰浆全池泼洒。生石灰用量为水深 1 m，每 666.7 m² 125 ~ 180 kg。

（2）漂白粉清塘：一般使用的漂白粉含氯量为 30% 左右。干法清塘用量为每 666.7 m² 5 ~ 10 kg，带水清塘用量为水深 1 m，每 666.7 m² 的池塘使用 13.5 kg。使用方法是将漂白粉加水溶解后，立即全池均匀泼洒。

用上述药物清塘后，需经 7 ~ 10 天，药性消失后，才可放养亲鱼。

（五）亲鱼放养密度及方式

亲鱼放养的密度不宜过大，以重量计算，每 666.7 m² 放养 100 ~ 125 kg。一般主养一种亲鱼，可搭配少量其他亲鱼，以充分利用池塘的饲料生物，草鱼和鳊鱼、鲂鱼有清除杂草、使水质肥沃的作用。任何一种亲鱼池中不宜搭养鱼种，否则会互相争夺饲料和溶解氧，影响亲鱼性腺发育。亲鱼放养密度及方式如表4-3所示。

表4-3　亲鱼放养密度及方式

亲鱼种类	每666.7 m² 放养尾数	每666.7 m² 可同时混养其他鱼类尾数
青鱼	10~15尾(总重200~250 kg)	可搭养鲢鱼亲鱼8~10尾或鳙鱼亲鱼4~5尾
草鱼	15~20尾(总重125 kg左右)	可搭养鲢鱼亲鱼5~10尾或鳙鱼亲鱼1~2尾,池内螺蛳多时,搭养青鱼亲鱼2~3尾
鲢鱼	15~25尾(总重60~100 kg)	可搭养鳙鱼亲鱼2~3尾,池内水草多时可搭养草鱼亲鱼2~3尾或后备草鱼10~15尾
鳙鱼	10~15尾(总重75~125 kg)	可搭养鲢鱼亲鱼1~2尾(或不搭养),池内水草多时搭养草鱼亲鱼2~3尾或后备亲鱼10~15尾

（六）亲鱼的培育

1. 鲢鱼和鳙鱼亲鱼的培育

（1）培育方式和放养密度：鲢鱼、鳙鱼亲鱼的培育可采取单养或混养。一般采取混养方式。以鲢鱼为主的放养方式可搭养少量的鳙鱼或草鱼；以鳙鱼为主的可搭养草鱼，一般不搭养鲢鱼，因鲢鱼抢食凶猛，与鳙鱼混养对鳙鱼的生长有一定影响。但鲢鱼或鳙鱼的亲鱼培育池均可混养不同种类的后备亲鱼。放养密度控制的原则是既能充分利用水体又能使亲鱼生长良好，性腺发育充分。一般每666.7 m² 放养重量以150~200 kg为宜。为抑制亲鱼池内小杂鱼、克氏螯虾的繁殖，可适当搭养少量凶猛鱼类，如鳜鱼、大口黑鲈鱼等。主养鲢鱼亲鱼的池塘，每666.7 m² 水面可放养16~20尾（每尾体重10~15 kg），另搭养鳙鱼亲鱼2~4尾、草鱼亲鱼2~4尾（每尾重10 kg左右）。主养鳙鱼亲鱼的池塘，每666.7 m² 可放养10~20尾（每尾重10~15 kg），另搭养草鱼亲鱼2~4尾（每尾重10 kg左右）。主养鱼放养的雌雄比例以1:1.5为好。

（2）水质管理和施肥：看水施肥是养好鲢鱼、鳙鱼亲鱼的关键。整个鲢鱼、鳙鱼亲鱼饲养培育过程，就是保持和掌握水质肥度的过程。亲鱼放养前，应先施好基肥；放养后，应根据季节和池塘具体情况，施放追肥。其原则是"少施、勤施、看水施肥"。一般每月施有机肥 750～1 000 kg。在冬季或产前可适当补充些精饲料，鳙鱼每年每尾投喂精饲料 20 kg 左右，鲢鱼 15 kg 左右。

根据产后补偿体力消耗，秋冬季节积累脂肪和春季促进性腺大生长的特点，采取产后看水少施肥，秋季正常施肥，冬季施足肥料，春季精料和肥料相结合并经常冲水的措施。此外，管理人员要经常巡塘，掌握每个亲鱼池塘的情况和变化规律，做好记录，及时总结经验，根据亲鱼在不同时期的不同要求，不断改进饲养管理措施。

2. 草鱼和青鱼亲鱼的培育

（1）放养密度和雌雄比例：主养草鱼亲鱼的池塘，每 666.7 m² 放养 7～10 kg 的草鱼亲鱼 15～18 尾；主养青鱼的亲鱼池，每 666.7 m² 放养 20 kg 以上的青鱼亲鱼 8～10 尾。此外，还搭配鲢鱼或鳙鱼的后备亲鱼 5～8 尾，以及团头鲂的后备亲鱼 20～30 尾，合计总重量 200 kg 左右。雌雄比例为 1:1.5，最低不小于 1:1。

（2）草鱼亲鱼的培育：草鱼喜欢清瘦水质，水质不宜过肥。因此，草鱼亲鱼的培育关键是饲料投喂技术及定期冲水保持水质清新。

秋冬季节主要任务是让亲鱼育肥和冬季保膘，前期投喂以青饲料为主，配以少量精饲料。日投喂量，青饲料占体重的 30%～50%，精饲料占体重的 2%～3%。入冬前随着水温降低，草源枯竭，则以喂精饲料为主，投喂量逐渐减少。南方地区在整个冬季，尤其是天气晴朗时，应适量投喂些精饲料和青饲料。北方地区水温较低可不投喂，但要注意封冻会引起池水溶氧降低。

进入春季，应加大换水量，经常冲注新水，水位降低到 1 m 左右，以提高水温。水温回升后，鱼类摄食日渐旺盛，性腺处在大生长发育时期，应投足食物。3月可投喂少量豆饼、麦芽、谷芽，投喂量为体重的1%～2%，并逐渐转为以青饲料为主、精饲料为辅的投喂方式。青饲料的日投喂量为体重的30%～60%，喂一些莴苣叶之类的青饲料对性腺发育有利，精饲料日投喂量为体重的2%～3%。产前45天左右，过渡到全部投喂青饲料，以防止积累过多脂肪，影响催产效果。冲注水次数可由每周1次，逐渐过渡到3～5天1次，到临产前可每天冲1次水，每次冲水3～5小时，以促使性腺发育成熟。如果草鱼亲鱼摄食量明显减少或停食，则显示亲鱼性腺发育成熟，可以人工催产了。产后的30天左右是草鱼亲鱼体质恢复期，这时应保持清新的池水，并经常加注新水。

"青料为主、精料为辅相结合投喂，定期冲水"是培育草鱼亲鱼行之有效的方法。青饲料的种类主要有麦苗、莴苣叶、苦麦菜、黑麦草、各类青菜、水草和旱草。精饲料种类有大麦、小麦、麦芽、豆饼、菜饼、花生饼等。

（3）青鱼亲鱼的培育：青鱼亲鱼以投喂螺蛳、蚬和蚌肉为主，辅以少量菜饼等精饲料。将饲料均匀撒放在水深0.5～1.0 m、离池岸2～3 m的平坦池滩上，做到四季不断食，以吃饱为度。秋季每月冲水2次；入春后，每月冲水4次；临产卵前15天，每2天冲水1次，每次冲水3～5小时。

青鱼亲鱼培育以投喂活螺蚬和蚌肉为主，辅以少量豆饼或菜饼。要四季不断食。每尾青鱼每年需螺、蚬500 kg，菜饼10 kg左右。其水质管理方法同草鱼。

3. 鲤鱼等杂食性鱼类亲鱼培育方法　鲤鱼亲鱼与草鱼亲鱼培育方法相似，按每天2次投喂人工饲料如豆粕、酒糟等，或加入蚕蛹粉的动物性饲料，每天投喂量为3%～8%。并加强产后亲鱼的培育。

4. 肉食性鱼类亲鱼培育方法　肉食性鱼类亲鱼培育的关键

是保证有足够的营养，产卵前 1～2 个月为强化培育阶段，期间亲鱼饲料以新鲜、蛋白质含量高的小杂鱼、鱿鱼、乌贼、缢蛏等为主，每天投喂 1～2 次，投喂量约为鱼体重的 4%，同时在饲料中添加维生素、鱼油，添加量一般约为亲鱼体重的 0.3%，以促进亲鱼性腺发育。产后应将亲鱼放入网箱或者水质较好的池塘中，每天投喂新鲜饲料，以鱼饱食为度，一般投喂量占鱼体重的 6%，经 15～20 天培育，亲鱼可恢复体质。

（七）产卵

1. 产卵设施的设计与建造 产卵设施包括产卵池、集卵池和进排水设施，应靠近水源和亲鱼及孵化设施，最好能利用水位高低落差取水，以节省动力和防止断水事故。另外，交通要方便，排水口不被洪水淹没。产卵池的种类很多，最为常见的是圆形产卵池，一般为砖水泥结构（图 4 - 1），面积为 50～100 m²，池深 1.5～2.0 m。池底四周向中心倾斜，四周比中心高 10～15 cm，池底中心设方形或圆形出卵口 1 个，上盖拦鱼栅，出卵由暗道引入集卵池。墙顶每隔 1.5 m 设 1 个向内倾斜的挂网杆插孔。

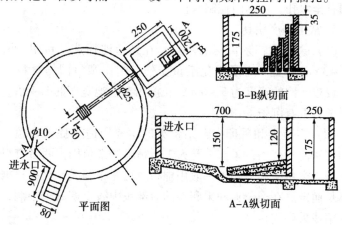

图 4 - 1　圆形产卵池（单位：cm）

集卵池一般长 2.5 m，宽 2 m，其底部比产卵池底部低 25 ~ 30 cm。在集卵池尾部设 1 个排水口，由阀门控制排水。集卵池墙边有 3 ~ 4 级阶梯，每 1 级阶梯设 1 个排水孔。集卵网与出卵暗管相连，放置在集卵池内，以便收集鱼卵。

设置 1 个直径 15 ~ 20 cm 的进水管，与池壁切线成 40°左右，进水口距墙上缘 40 ~ 50 cm，进水口设置一个阀门，以调节水的流速。

椭圆形产卵池又称为瓜子形产卵池，前宽后窄，两边对称，形如瓜子。池壁结构与圆形产卵池相同，与池底垂直或形成坡度。池底前端较高，向后逐渐降低，比降为 2% 左右。池底两边比中线高大约 5 cm，逐渐向中心缓斜。池的长度一般为 15 ~ 18 m，中部最宽处为 5 m 左右。池的前端设进水管一个，直径 20 ~ 25 cm，方向对准池的中线，由闸门或阀门控制。

产卵池的后端设有闸槽，安装拦鱼网和收卵绠网。再向后通入收卵池。收卵池长约 2.5 m，宽 2 m，墙高可等于产卵池的最高水位，池底比产卵池的后端低 30 ~ 40 cm，池内设台阶，池底后端有排水孔，用闸门控制水位（图 4 - 2）。

2. 常用催产用具

（1）亲鱼网：亲鱼网的用途是在亲鱼池捕选亲鱼用。网目以 2 ~ 3 cm 为宜。为了避免亲鱼受伤，制作亲鱼网的材料要柔软，较粗。网的宽度为 5 ~ 6 m，长度为亲鱼池宽度的 1.4 倍，上有浮子，下有沉子。

（2）亲鱼夹和采卵夹：亲鱼夹的主要用途是提送亲鱼，方便固定和注射药物；采卵夹是人工授精时提亲鱼用，两者有时可以通用。亲鱼夹和采卵夹一般用棉布或尼龙布制成，大小根据亲鱼体长而定。在亲鱼夹和采卵夹的后部正中线上挖一个小洞，以便集精或采卵用。

（3）亲鱼暂养箱：短时间存放亲鱼用。用麻布缝制，网目

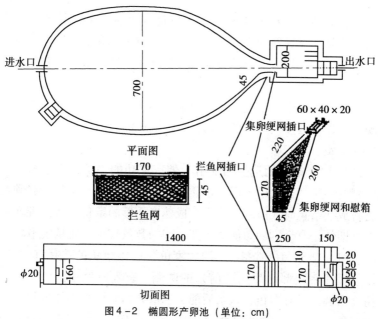

图 4 - 2　椭圆形产卵池（单位：cm）

为 1.5 cm。一般长方形，上设一盖网，以防亲鱼外逃。

（4）其他用具：注射器（5 mL 的和 10 mL 的）、注射针头（6 号、7 号和 8 号）、消毒锅、镊子、研钵、量筒、温度计、秤、天平、解剖盘、毛巾、纱布和药棉。

3. 确定催产期　亲鱼的性腺发育随着季节和水温变化而呈现周期性的变化，从性腺成熟到开始退化之前的这段时间就是亲鱼的催产期，这一时期之前或之后催产都不能成功。

决定催产期的主要因素是水温，我国地域辽阔，各地气候变化差异较大，所以催产期也不同。长江中下游地区一般在 5 月初到 6 月中旬，华南地区约早 1 个月，华北地区迟 1 个月左右，东北地区则更晚。

在实践中可结合下列因素来进行判断：①气候及水温变化：天气晴好，气温回升就快，当早晨最低水温能持续稳定在 18 ℃

以上，就预示催产期到来。②亲鱼食量明显减退，甚至不吃东西，便是性腺成熟的表现。③有选择地拉网检查亲鱼性腺发育情况，如雄鱼有精液，雌鱼腹部大而较软、饱满，水温适宜时即可催产了。

四大家鱼中一般鲢鱼、草鱼催产期稍早，鳙鱼次之，青鱼最晚。此外，已多次成熟的亲鱼，催产期可能提前，初产亲鱼催产期则较晚。

4. 催产亲鱼的选择与配组　催产成功的关键在于选择成熟度好的亲鱼。适宜的水温、水质、产卵池和催产技术等，必须在具备成熟亲鱼时才能起到作用。成熟度不够的亲鱼多数是催而不产，即便是有个别的鱼能够产卵，卵的数量较少，质量也不高。

（1）雄亲鱼的选择："四大家鱼"的雄亲鱼的选择都一样，用手轻捏后腹部（生殖孔前）的两侧，有乳白色精液流出。若精液浓稠，呈乳白色，入水后能迅速散开，亲鱼则为性成熟的优质亲鱼；若精液呈线状不散开，则亲鱼尚未完全性成熟；若精液稀薄呈淡黄色近似膏状，则表明性腺已经开始退化，这样的亲鱼不能用。

（2）雌亲鱼的选择：亲鱼腹部明显膨大，后腹部生殖孔附近饱满、松软且有弹性，生殖孔红润。将亲鱼腹朝上并托出水面，可见到腹部两侧卵巢轮廓明显。鲢鱼、鳙鱼亲鱼能隐约见其肋骨，如果此时将尾部抬起，则可见到卵巢轮廓隐约向前滑动；草鱼亲鱼可见到体侧有卵巢下垂的轮廓，腹中线处呈凹陷状。

采用挖卵观察，可更准确地判断亲鱼成熟的程度。将挖卵器（图4-3）轻轻插入亲鱼生殖孔，然后偏向左侧或右侧，旋转几

图4-3　挖卵器

圈抽出，便可得到少量卵粒。若挖卵器在靠近生殖孔就能得到卵粒，且卵粒大小整齐、饱满、光泽好、易分散，大多数卵核已极化或偏位，则表明雌亲鱼性腺发育进入最佳催产期。若亲鱼后腹部小而硬，卵巢轮廓不明显，生殖孔不红润，卵粒不易挖出，且大小不整齐，不易分散，则表明性腺成熟度不够。反之，若亲鱼腹部过于松软，无弹性，卵粒扁塌或呈糊状，则表明亲鱼性腺已退化。这里需说明的是雌鱼亲鱼往往腹部膨大不明显，只要略感膨大，有柔软感即可。还要注意在检查草鱼亲鱼时，需停食 2 ~ 3 天，以免过食后形成假象。

（3）亲鱼的配组：生产上，早期一般选择比较有把握的亲鱼催产；中期水温等条件适宜了，只要具有催产条件的亲鱼都可进行催产；繁殖季节接近结束时，只要是未催产而腹部有膨大者，均可催产。同时，雌雄比例的选择应为雄鱼略多于雌鱼。生产上在同时催产几组亲鱼时，可按 1 : 1 配好后再多加一条雄亲鱼，以提高催产效果及受精率。如采用人工授精方式，雄鱼可少于雌鱼，一尾雄鱼至少可供 2 ~ 3 尾同样体重的雌鱼受精。此外，应注意同一批催产的雌、雄鱼，个体大小应相差不大，以便催产剂配制和注射，确保亲鱼交配协调。

5. 注射催产药物的部位 注射前用鱼夹子提取亲鱼称重，然后算出实际需注射的剂量，就可进行注射。注射时，一人拿鱼夹子，使鱼侧卧，露出注射部位，另一人注射。注射器用 5 mL 或 10 mL 的，或用兽用连续注射器，针头 6 ~ 8 号均可，用前需煮沸消毒。注射部位有下列几种：

（1）胸腔注射：注射鱼胸鳍基部的无鳞凹陷处，注射高度以针头朝鱼体前方与体轴成 45° ~ 60° 刺入，深度一般为 1 cm 左右，不宜过深，否则会伤及内脏。

（2）腹腔注射：注射腹鳍基部，注射角度为 30° ~ 45°，深度为 1 ~ 2 cm。

（3）肌内注射：一般在背鳍下方肌肉丰满处，用针顺着鳞片向前刺入肌内 1～2 cm 进行注射。

注射完毕迅速拔出针头，并用碘酒涂擦注射口消毒，以防感染。注射中若亲鱼挣扎骚动，应将针快速拔出，以免伤鱼。

6. 常用催产药物及注射的剂量　注射催产剂可分为 1 次注射和 2 次注射，青鱼亲鱼催产甚至还要采用 3 次注射。亲鱼成熟度好，水温适宜时通常可采用 1 次注射，但一般来讲 2 次注射效果较 1 次注射为好，其产卵率、产卵量和受精率都较高，亲鱼发情时间较一致，特别适用于早期催产或亲鱼成熟度不够的情况催产，因为第 1 针有催熟的作用。2 次注射时第 1 次只注射少量的催产剂，若干小时后再注射余下的全部剂量。2 次注射的间隔时间为 6～24 小时。一般来讲，水温低或亲鱼成熟不够好时，间隔时间长些，反之则应短些。

（1）1 次注射法：一般在下午 4～6 时进行注射，次日清晨产卵。草鱼雌鱼的注射剂量每千克体重为：LHRH－A 5～10 μg，或 PG 4～6 mg（3～5 粒），或 LHRH－A 5～10 μg 加 PG 1～2 μg，或 LHRH－A 5～10 μg 加 HCG 200～500 IU。鲢鱼、鳙鱼雌鱼注射剂量，每千克体重为：HCG 800～1 200 IU，或 PG 4～6 mg，或 LHRH－A 10～20 μg，或 HCG 800～1 000 IU 加 PG 1～2 mg，或 LHRH－A 10～15 μg 加 HCG 500 IU，或 LHRH－A 10～5 μg 加 PG1～2 mg。雄鱼注射剂量为雌鱼的 1/2 或 1/3，与雌鱼同时注射。

（2）2 次注射法：第 1 次注射在上午 9 时进行，第 2 次注射在下午 6～8 时进行。温差较大的地区，注射时间可向后推 1～3 小时。第 1 次注射量雌鱼每千克体重为 PG 0.5～1.0 mg，或 LHRH 1～2 μg。第 2 次注射量与第 1 次注射法的剂量相同。2 次注射适用于性腺发育较差的亲鱼。第 1 次起到催熟作用，剂量要严格控制，切不可偏高，否则鱼卵质量较差。对于性腺成熟度较差的亲鱼，需采用 3 次注射法时，即提前 15 天，先注射 1 针，进行性腺催熟。

草鱼一般采用 1 次注射法；鲢鱼、鳙鱼根据性腺发育情况采用 1 次或 2 次注射法；青鱼根据性腺发育情况采用 2 次或 3 次注射法。雄鱼在雌鱼末次注射时注射，注射剂量是雌鱼剂量的 1/2 或 1/3。

（3）在使用标准剂量催产时需注意：①对成熟较好的亲鱼第一针剂量不能随意加大，否则易导致早产。②雄鱼若成熟较好也可不打第一针；一般来讲，1 次注射与 2 次注射剂量相同。③早期水温较低时催产或亲鱼成熟不太充分时，剂量可稍稍加大。④经多次注射催产剂催产或以前使用剂量一直较高，或亲鱼年龄较大，应适当增加剂量。⑤不同种类的亲鱼对催产剂的敏感性有差异，一般草鱼、鲢鱼较敏感，用量较少，鳙鱼次之，青鱼在四大家鱼中用量最大。⑥绒毛膜激素用量过大会引起鱼双目失明、难产死亡等，因此需加以注意。⑦用释放激素类似物或绒毛膜激素催产时，加适量的垂体，催产效果更好。

（4）注射液配制：注射用水一般用生理盐水（0.7% 的氯化钠液）、医用注射用水、蒸馏水，也可用清洁的冷开水配制。释放激素类似物和绒毛膜激素均为易溶于水的商品制剂，只需注入少量注射用水，摇匀充分溶解后再将药物完全吸出并稀释到所需的浓度即可。垂体注射液配制前应取出垂体放干，然后在干净的研钵内充分研磨，研磨时加几滴注射用水，磨成浆糊状，再分次用少量注射用水稀释并同时吸入注射器，直至研钵内不留激素为止，最后将注射液稀释到所需浓度。

7. 效应时间 亲鱼在注射完催产剂后，由于激素的作用，经过一定的时间，就呈兴奋状态，雄鱼追逐雌鱼，这就叫"发情"。开始动作较慢，以后逐步加快，使水面形成波纹或漩涡；追逐激烈时，常游到水面，露出尾鳍，或拨水出声。一般鲢鱼和草鱼发情比鳙鱼和青鱼明显。

亲鱼注射完催产剂后（2 次或 3 次注射从最后一次注射完成算起）到开始发情所需的时间叫效应时间。效应时间根据不同情况从几小时到 20 小时不等。效应时间的长短主要由水温决定，水温高，效应时间就短，反之则较长。一般 2 次注射比 1 次注射效应时间短。一般垂体效应时间比绒毛膜激素短，绒毛膜激素又比类似物短。通常鳙鱼效应时间最长，草鱼效应时间最短，鲢鱼和青鱼效应时间相近。亲鱼性腺发育好，效应时间较短，发育差，效应时间较长（表 4 - 4）。

表 4 - 4　亲鱼催产后效应时间

水温（℃）	第一针注射到第二针注射相隔时间（小时）	第二针注射到开始发情的间隔时间（小时）	第二针注射到产卵和适宜人工授精的时间（小时）
20 ~ 21	10	10 ~ 11	11 ~ 12
22 ~ 23	8	9 ~ 10	10 ~ 11
24 ~ 25	8	7 ~ 8	8 ~ 10
26 ~ 27	6	6 ~ 7	7 ~ 8
28 ~ 29	6	5 ~ 6	6 ~ 7

8. 发情产卵和鱼卵的收集　经过一段时间的作用，亲鱼发情，产生性兴奋现象，雄鱼追逐雌鱼。这种追逐活动开始比较缓慢，以后逐渐加快，使水面形成明显的波纹或漩涡。亲鱼注射催产剂后，必须有专人值班，密切注意鱼的动态。一般在发情前 2 小时开始冲水，发情约 30 分钟后便可产卵，若产卵顺利，一般可持续 2 小时左右。受精卵在水流的冲动下，很快进入集卵箱，当集卵箱中出现大量鱼卵时，应及时捞取鱼卵，经计数后放入孵化工具中孵化，以免鱼卵在集卵箱中沉积导致窒息死亡。产卵结束，可捕出亲鱼，放干池水。

9. 受精　目前采用的受精方法有两种，即自然受精和人工授精。自然受精与人工授精相比，优点更多（表4－5）。因此，当亲鱼性腺成熟、体质壮，雌雄比例适宜时，应尽量进行自然产卵、受精，或以自然受精为主、人工授精为辅。

表4－5　人工授精与自然受精比较

	人工授精	自然受精
优点	1. 设备简单，受条件限制少 2. 授精率高 3. 需要雄鱼少，并在其受伤或水温偏高条件下，仍可进行，授精时间一致 4. 便于进行人工杂交	1. 精、卵质量较好 2. 对同批亲鱼产卵时间不一致无影响 3. 亲鱼受伤机会少
缺点	1. 最佳采卵时间较难掌握，可能因为卵子未达成熟或过熟而使授精率降低，甚至授精失败 2. 催产亲鱼排卵时间不一致时，对人工授精操作带来不便 3. 亲鱼受伤机会多	1. 设备较多，条件限制较大 2. 雄鱼少、亲鱼体质差或水温不适时，效果不佳 3. 产卵受精时间不一致 4. 难以进行人工杂交

（1）自然受精：将注射催产剂后的亲鱼按雌雄1∶1或1∶2的比例放入产卵池，亲鱼经外源激素作用后，在产卵池自行排卵和排精并完成受精的过程，称为自然排卵与受精，简称自然受精。应在卵膜吸水膨胀完全后，即在排卵后1小时左右收集受精卵。

（2）人工授精：用人工方法采取成熟的卵子与精子，将它们混合后使之完成授精的过程被称为人工授精。进行人工授精的关键环节是准确把握采卵和采精的时间。当亲鱼发情剧烈时，采精和采卵最好。

10. 孵化　孵化是指受精卵经胚胎发育到仔鱼出膜的全过程。根据受精卵胚胎发育的生物学特点，人为创造适宜的孵化条件，使胚胎正常发育，孵出仔鱼。

（1）孵化条件：

1）水流。孵化池水流速度以保持受精卵均漂浮为宜，通常可控制在 0.3～0.6 m/s。水流的作用是使受精卵悬浮，为其提供充足的溶解氧，促进胚胎发育；水流还可以及时带走胚胎代谢产生的废物，保持水质清洁。

2）溶解氧。胚胎在发育过程中，因新陈代谢旺盛需要大量的氧气。要求孵化期内溶解氧不能低于 4 mg/L，最好保持在 5～8 mg/L。实践证明，当水体中溶氧低于 2 mg/L 时，就可能导致胚胎发育受阻，甚至出现死亡。

3）水温。四大家鱼胚胎正常孵化需要的水温为 17～31 ℃，最适温度为 22～28 ℃，正常孵化出膜时间为 1 天左右。温度越低胚胎发育越慢，温度越高胚胎发育越快。水温低于 17 ℃ 或高于 31 ℃ 都会对胚胎发育造成不良影响，甚至死亡。温差过大尤其是水温的突然变化（3～5 ℃时），就会影响正常胚胎发育，造成停滞发育，或产生畸形及死亡。

4）水质。孵化池中的水须无工农业污染物，pH 值 7.5 左右，不可过酸或过碱。

5）敌害生物。水体中会对鱼胚胎孵化造成危害的敌害生物有桡足类、枝角类、小鱼、小虾及蝌蚪等。前两类不但会消耗大量氧气，同时还能用其附肢刺破卵膜或直接咬伤仔鱼及胚胎，造成大批死亡；后三类可直接吞食鱼卵，因此，均必须彻底清除。常用的办法是将孵化用水经 60～70 目筛绢过滤。

（2）孵化设施的设计与建造：在生产中常用的孵化设施有孵化桶、孵化缸、孵化环道和孵化槽等。使用孵化设施的目的是形成均匀的流水条件，使鱼卵悬浮于流水中。含溶解氧量高的流水促使鱼卵翻动，有效提高鱼卵的孵化率。孵化设施要求内壁光滑无死角，避免滞留鱼苗和鱼卵。每立方米水可放入鱼卵 100万～200 万粒。常用的孵化设施有：

1）孵化环道。孵化环道适用于大批量的鱼卵孵化。孵化环道由蓄水池、环道、过滤窗、进水管道、排水管道和集苗池等构成。蓄水池水位高出环道 1 m，其主要作用是形成水位落差和水流。在蓄水池出水口设置网筛（60~70 目），以过滤水虱等敌害生物。环道宽为 80 cm，深为 1~1.2 m，底部应为弧形。一般认为，椭圆形环道可减少离心力和死角，有利于鱼卵孵化。过滤窗的主要作用是防止鱼卵和鱼苗溢出环道，每立方米水应有 0.06 m^2 过滤窗。进水管道为埋在地下的暗管，直径 10~15 cm，管道按环道走向每隔 1.5~2.0 m 设置一个鸭嘴型喷头，喷水管直径为 25 mm，安装时离池底地面 5~10 cm，向环道内壁切线方向喷水，使水环流，不形成死角。排水管与出苗口相连，直通集苗池。集苗池是集苗和排水的过水池，可挂设集苗网。

2）孵化桶。孵化桶用白铁皮、塑料或钢筋水泥制成（图 4-4）。孵化桶的大小根据需要而定，一般以容水量 200~400 kg 为宜。孵化桶的纱窗可用铜丝布或筛绢制成，规格为 50 目/cm^2。它适用于小批量的鱼卵孵化。每 100 kg 水可放 20 万枚鱼卵。

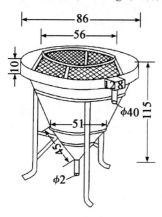

图 4-4　孵化桶（单位：cm）

（3）孵化管理：精心管理是提高孵化率的关键之一。孵化前，必须将孵化器材（如孵化桶、鱼巢等）洗刷干净并消毒，并防止孵化器漏水跑苗。鱼卵孵化过程中，应密切注意水中溶解氧含量。孵化期间要根据胚胎发育时期分别给予不同的水流量或充气量，孵化初期水流量过大，充氧量过大会破坏卵膜，造成卵膜早溶（水质正常条件下，四大家鱼卵用 10 mg/L 高锰酸钾浸泡可使卵膜增厚加硬，在一定程度上预防卵膜早溶），从而影响孵化率。孵化中期，随着胚胎发育，耗氧量增加，应增加水量或充气量，保证胚胎正常发育。溶氧量降低、密度增大和水温升高，能使孵化酶分泌量增多，从而加快脱膜和溶膜速度。所以，为了加速胚胎出膜速度及出膜整齐度，可在即将出膜时停水、停气 5~10 分钟（又称停水溶膜）或添加 100~150 g/L 的 1398 中性蛋白酶，可使卵膜在 8~25 分钟内溶解完毕，不会影响孵化率。出膜后，为防止鱼苗沉底造成缺氧窒息，可适当加大充气量或水流量。仔鱼平游期应适当降低充气量或水流量，避免鱼苗顶水流时消耗体能。

孵化期间应注意防治水霉病，导致水霉病发生的原因一般有下面几种：①水温较低；②鱼卵、鱼苗质量较差，受精率较低，从而使水体中死卵、死苗较多，大量感染水霉；③水质较差。若孵化中出现水霉严重现象，可用制霉菌素全池泼洒，浓度为 4 000~6 000 万单位/m³，维持该浓度 15 分钟左右，连用 2 次。

（4）孵化方法：以"四大家鱼"为例，四大家鱼属敞水性产卵类型，其卵子的孵化需要充足的溶解氧和一定的流水。漂浮性卵一般在孵化环道中流水孵化，孵化密度为 100 万粒/m³。受精卵刚放入时，水流不宜太大，一般水流速度为 0.15~0.30 m/s，以卵刚好呈漂浮状为宜。在胚胎发育过程中，可适当增大水流以保持氧气的足够供应。仔鱼破膜时，氧气消耗量大，且刚出膜的仔鱼，器官发育不全，鳔未形成，无胸鳍，不会游泳，非常娇嫩，易下沉窒息，此时应加大水流，使其能在水中漂游。当仔鱼能平游时，体内卵黄囊逐渐消失，并能顶流，此时宜适当减缓水流，以免消耗仔鱼体内营养。孵化过程中产生的污物和后期脱落的卵膜一起聚集在过滤纱窗上，导致水流不畅，要及时清除，防止水的溢出。

11. 出苗　从开始孵化到出苗，一般需要 4 ~ 7 天，出苗的早晚主要由水温决定。具体出苗时间应根据鱼苗的发育情况而定。当肉眼观察鱼苗鳔已明显充气（腰点出现），游动活泼，身体发黑，开始摄食时，就可出苗下塘或运输。

出苗时注意事项：出苗操作要细心，从收苗池中收苗时，要适当控制出苗口开关，不使水流太急，以防损伤鱼苗。出苗的方法是，将鱼苗集中于网箱的一角，用小容器快速量出鱼苗总杯数，抽出几杯计数，计算出每杯鱼苗平均数。出苗时，水温差不能超过 2 ℃。下塘前的鱼苗可先喂一次蛋黄（将鸡蛋或鸭蛋煮熟，取出蛋黄，用筛绢或双层纱布包住在水中揉成蛋黄水，泼给鱼苗吃），每 10 万 ~ 20 万尾鱼苗喂蛋黄 1 个。

第二节　其他鱼类的人工繁殖

一、鲤鱼的人工繁殖

鲤鱼的品种很多，如红鲤、镜鲤、丰鲤、建鲤、黄河鲤鱼等都是广大养殖户喜欢养殖的对象。其中，丰鲤、建鲤为杂交品种，具有生长速度快、疾病少等特点。鲤鱼在流水或静水中都能自然繁殖，但因受到环境条件的影响，产卵不集中，鱼卵易被其他鱼类或敌害生物吞食，成活率低。人工繁殖可以使其集中产卵，提高受精率、孵化率和鱼苗成活率，做到有计划的生产。

1. 亲鱼培育

（1）亲鱼来源：从江河、湖泊、水库、坑塘中捕捞的鲤鱼及池塘中饲养的鲤鱼中选留的鱼均可以作为亲鱼用。好的品种都是人工饲养，经过多次选择后培育成的亲鱼。

（2）亲鱼的选择：雌鲤鱼的性成熟年龄一般在 2 龄以上，体重 1.0 kg 以上；雄鲤鱼性成熟年龄在 1 龄以上，体重约 0.5 kg 以上。鲤鱼亲鱼雌雄鉴别见表 4-6。

表 4-6　鲤鱼亲鱼雌雄鉴别

季节	性别	体形	腹部	珠星	生殖孔和肛门
非生殖季节	雌	背高、体宽、头小	大而较软	无	肛门略向后凸出，生殖孔周围有辐射褶，肛门前区有平行纵褶皱
	雄	体狭长、头较大	狭小略硬	无	肛门略向内凹陷，肛门前区无平行纵褶皱
生殖季节	雌	背高、体宽、头小	成熟时膨大而柔软	胸鳍没有或有很少珠星	肛门和生殖孔略红肿、凸出
	雄	体狭长、头较大	狭小而硬，成熟时轻挤有精液流出	胸鳍、腹鳍和鳃盖上有珠星，手摸有粗糙感	肛门和生殖孔不红肿、略凹陷，生殖孔较小

（3）亲鱼培育：为了繁殖工作的方便，鲤鱼亲鱼一般是专塘养殖。亲鱼池面积为 666.7 ~ 2 000 ㎡，水深 1.5 m 左右，也可混养少量鲢鱼和鳙鱼，以控制浮游生物过度繁殖。放养密度为 100 ~ 160 kg/㎡，越冬后产卵前（水温 15 ℃以下）雌雄要分养，以防止水温升高，亲鱼自然产卵。在培育期，应提供充足饲料。

产卵前用优质饲料强化培育，以便性腺发育。产前适当加注新水，改善水质，对亲鱼的性腺发育有利。

2. 自然产卵受精　鲤鱼的性腺发育和生殖过程对环境条件的要求不像草鱼、青鱼、鲢鱼、鳙鱼那样严格，在全国各地的各种自然水体，均能自然繁殖。在人工饲养条件下，也能自行产卵。

（1）产卵池和孵化池的选择：产卵池应选择避风、向阳、交通方便、注排水方便、池底淤泥少、周围环境安静的地方。面积为666.7 m² 左右，水深 1 ~ 1.5 m。放养亲鱼前 10 ~ 15 天，用生石灰清塘，清除敌害生物和其他野杂鱼类。进塘水要求水质优良。可用鱼苗饲养池兼作孵化池，孵化池面积为 666.7 ~ 1 300 m²，水深约 1.0 m。池底淤泥少，也要预先用生石灰清塘，加水时严防野鱼和敌害进入池中。用鱼苗池兼作孵化池可以减少出苗、搬运等操作。

（2）做好鱼巢：人工供给受精卵附着的物品称为鱼巢。做鱼巢的材料要求质地软，不伤鱼体，分枝细，不易腐烂，不含毒质。常用的鱼巢有水草、杨柳树的须根、棕榈皮和金鱼藻、聚草等。杨柳树须根必须煮沸、晒干，除去单宁酸等有毒物质后用作鱼巢。鱼巢应固定、牢固，浸入水面以下 15 cm。

（3）配组产卵：雌雄鱼配对比例为 1:1。通常水温升到18 ℃时，开始产卵繁殖。在华南地区，性成熟和产卵期为 2 ~ 3 月，长江流域为 3 ~ 4 月，东北地区为 5 ~ 6 月。鲤鱼产卵的时间一般从半夜开始至第二天上午 8 ~ 9 时，下午一般不产。产卵时雄鱼追逐雌鱼，沿池边游动，遇到鱼巢就围绕鱼巢追逐，鱼体经常露出水面，尾部击水出声，此时雌鱼产卵，雄鱼排精，受精卵黏到鱼巢上。

3. 人工催产授精　鲤鱼自然产卵，往往受天气变化的影响，或因亲鱼成熟不够整齐，一次产卵不多，拖的时间长，给工作造成不便。可以根据生产安排进行人工催产，在水温稳定在 18 ℃

以上，天气晴好，并在几天内不降温时进行。选择成熟度好的亲鱼，雌雄按1∶1配比，在下午4～6时给亲鱼肌内注射催产剂。雌鱼注射催产剂剂量为：鱼类脑垂体4～6 mg/kg，或绒毛膜促性腺激素1 000～1 500 u/kg。或者采用一次注射，选用LHRH－A$_2$注射量为2 μg/kg或者LHRH－A$_3$＋PG＋HCG，剂量为LHRH－A$_3$ 2 μg/kg＋PG 1～2 mg/kg＋HCG 200 u/kg。雄鱼催产剂用量减半。催产剂需用适量的生理盐水溶解。将亲鱼放入产卵池或孵化环道中，最好再冲水1～2小时，放入鱼巢，一般当晚或次日早晨产卵。也可用干法人工授精，方法如前所述。

4. 孵化 鲤鱼产黏性卵，受精卵的孵化可采用池塘孵化、淋水孵化和脱黏流水孵化三种不同的方法。

（1）池塘孵化：目前生产上直接使用鱼苗培育池进行孵化，以减少鱼苗转塘的麻烦和损失。将黏有鱼卵的鱼巢放入池中水下10 cm固定后即可孵化，每666.7 m^{2}水面可放30万～50万粒卵（以下塘鱼苗20万为准）。鱼苗刚孵出时，不可立即将鱼巢取出，此时鱼苗大部分时间附着在鱼巢上，靠卵黄囊提供营养，到鱼苗能主动游泳觅食时，才能捞出鱼巢。

（2）淋水孵化：将黏附鱼卵的鱼巢悬吊在室内，用淋水的方法使鱼巢保持湿润。孵化期间，室温保持在20～25 ℃。此法能人为控制孵化时室内温度、湿度，观察胚胎发育情况，具有孵化速度一致，减少水霉病感染，孵化不受天气变化影响等优点。当胚胎发育到到发眼期时应立即将鱼巢移到孵化池内孵化，注意室内与水池温度相差不超过5 ℃。淋水孵化时要注意：①室内温度要保持在20～25 ℃；②及时淋水，且淋水的水温要与室温相近；③要恰当地掌握孵化时间，适时将鱼巢移入鱼苗池或孵化池中孵化。

（3）脱黏流水孵化：鲤鱼的黏性卵在人工授精后的2～3分钟，通过去黏性处理，便可用四大家鱼的孵化设备进行流水孵化。此法可以避免受敌害生物侵袭，而且水质清新，溶氧丰富，适于大规模生产，又不用制作鱼巢，节约材料和省时。但在脱黏过程中，卵膜易受脱黏剂悬浮颗粒的损伤，在保证不缺氧的前提下，应尽量减慢流水孵化器的水流，防止鱼卵受伤害。常用于孵化的鱼卵脱黏方法有以下几种。

1）泥浆脱黏法。先用黄泥土与水混合成稀泥浆水，一般 5 kg 水加 0.5 ~ 1 kg 黄泥，经 40 目网布过滤。将泥浆水不停翻动，同时将受精卵缓慢倒入泥浆水中，待全部受精卵撒入后，继续翻动泥浆水 2 ~ 3 分钟。最后将脱黏受精卵移入网箱中洗去多余的泥浆，即可放入孵化器中流水孵化。

2）滑石粉脱黏法。将 100 g 滑石粉加 20 ~ 25 g 食盐溶于 10 L 水中，搅拌成悬浊液，即可用来脱除有黏性的鲤鱼卵 1 ~ 1.5 kg。操作时一边向悬浊液中慢慢倒入鱼卵，一边用羽毛轻轻搅动，经 30 分钟后，受精卵呈分散颗粒状，达到脱黏效果。经漂洗后放入孵化器中进行流水孵化。

二、团头鲂人工孵化

团头鲂又名武昌鱼，性情温和，属于静水湖泊生活的类型。为草食性鱼类，生长快，适应性强。其肉质细嫩，味道鲜美，营养丰富，深受广大消费者喜爱。它的人工繁殖主要包括亲鱼培育、药物催产和人工孵化等几个阶段。

1. 亲鱼培育

（1）亲鱼选择：团头鲂性成熟年龄为 2 ~ 3 龄，性成熟体重在 0.5 kg 以上。产卵繁殖季节为每年的 5 ~ 6 月。在湖泊、水库或池塘中捕捞成鱼时，选留体质健壮且鳞鳍完整、无病无伤的 3 龄以上、体重在 0.5 kg 以上的个体作为亲鱼，放入亲鱼培育池中，也可由鱼种选育而成。选留亲鱼时，要注意雌雄比例，要求雄鱼数量要略多于雌鱼，一般雌雄比例在 1:（1.5 ~ 2.5）。

（2）雌雄鉴别：性成熟雄鱼头部、胸鳍和尾柄有大量"追星"，手摸有粗糙感；腹部狭小，性成熟时，轻压腹部精巢部位有乳白色精液流出；胸鳍第1根鳍条较粗，稍尖，呈波浪性弯曲。雌鱼无"追星"或仅在眼眶骨和背部出现少量追星，腹部明显膨大柔软，生殖季节泄殖孔红肿，向外突出，胸鳍第1根鳍条较细而平直。

（3）亲鱼的放养与饲养：用作繁殖的亲鱼体重应在0.5 kg以上，年龄为2～4龄，健康、无伤。培育池的面积一般在666.7 m²左右，水深保持1.2 m，可放养100～150 kg的团头鲂并适当配养4～6尾鲢鱼亲鱼，以调节水质。早春时，团头鲂亲鱼经过越冬，体重略减，并且这时青饲料还很少，应主要喂精饲料，使鱼体尽快恢复肥壮。等水草和陆草长出后，要逐渐改喂青饲料，此时精饲料、青饲料的比例约为1：1.6。催产前15～20天停喂精饲料。精饲料为豆饼、麦芽等，青饲料为苦草、轮叶黑灌、莴苣叶等。青饲料的投喂量以每天4～6小时吃完为度，每尾亲鱼一天的精饲料最多为25～30 g，池中要经常加注新水，以促进鱼的性腺发育。在接近产卵期，水温达到16～17 ℃时，要将、雌雄鱼分开，以防止水温升高，亲鱼自然产卵。

2. 催产孵化

（1）自然产卵法：雌、雄亲鱼并池后，当水温20 ℃以上时，选择晴朗无风的天气，将性成熟的团头鲂亲鱼按雌雄1：2的比例配组，给予适当的水流刺激。团头鲂就可以在亲鱼池中自行产卵，按前述方法固定好鱼巢，就能达到人工繁殖的目的。

（2）药物催产法：对团头鲂有效的催产剂是鲤鱼脑垂体、绒毛膜激素和LHRH－A，药物注射时间为下午6～7时，亲鱼肌内注射催产剂。雌鱼注射催产剂剂量为：鲤鱼脑垂体6～8 mg/kg，或绒毛膜促性腺激素1 000～1 500 u/kg，或促黄体激素释放激素类似物60～80 μg/kg。雄鱼催产剂用量减半。催产剂需用适量的0.7%

的生理盐水溶解。注射完催产剂后，将亲鱼放入产卵池或孵化环道中，冲水 1～2 小时，放入鱼巢，效应时间为 8 小时左右，一般当晚或次日清晨产卵受精。也可用人工脱黏流水孵化，方法如前所述。

（3）孵化：团头鲂受精卵孵化方法基本上与鲤鱼一样，可在鱼苗池中进行，每 666.7 m^2 放卵 20 万～25 万粒。也可以在鲢鱼、草鱼产卵池中进行孵化。出苗时，因团头鲂身体嫩弱，所以要求操作时要特别细心。

第五章　鱼苗和鱼种培育

鱼苗又称水花、鱼花、海花等，一般统指刚孵化的仔鱼。饲养到全长 1.7~2.4 cm 时，又称为乌仔。达到 3.3 cm 以上就统称为鱼种了。通常将全长 3.3~5 cm 的鱼种叫夏花，各地因出池时间不同，又叫秋片、冬片或春片等。现在，养成鱼种一般分三个阶段，即乌仔培育阶段（从鱼苗下塘培育到乌仔）、夏花培育阶段（从乌仔分塘到夏花）和鱼种培育阶段（从夏花分塘后，培育成大规格鱼种）。

第一节　鱼苗、鱼种的生物学特征

一、鱼苗种类和质量鉴别

1. 形态特征与鉴别　主要养殖鱼类的鱼苗可根据其形态大小、鳔的形成与大小、体色和色素的分布等进行鉴别（表 5-1）。

2. 夏花鱼苗的质量鉴别　夏花鱼苗因受到鱼卵质量、孵化过程中的环境条件及饲养管理的影响，体质有强有弱。优质夏花鱼苗的鉴别方法见表 5-2。

表 5－1　鱼苗的形态特征与鉴别

种类	体形	体色	头部	眼	尾部	鳔（腰点）	色素（青盘）	栖息水层和游泳情况
青鱼鱼苗	体长，略呈弯曲（称"驼背鱼"）	淡黄色	头纵扁而长，略呈三角形，较草鱼苗的头尖尖长	大而黑，呈倒"八"字形排列	有不规则的小黑点，呈芦花状	椭圆形，距较狭长，头部较草鱼苗稍远	灰黑色，明显，直至尾端，在鳔处略向背面拱曲	游于水之中、下层边缘，游时头略向下，时游时停，较安静
草鱼鱼苗	较青鱼、鲢鱼、鳙鱼短，但比青鱼鱼苗胖	淡橘黄色	头较短而大，略呈方形	较青鱼鱼苗小，黑色，平行排列，眼间距大	尾小，如笔尖	椭圆形，较狭长而小，距头部近	明显，起自鳔前，达肛门之上（尾部有红黄色血管）	栖息底层层边缘，游时头略低，时游时停
鲢鱼鱼苗	身体挺直，仅小于鳙鱼苗和青鱼鱼苗	灰白色（较大时灰黑色）	圆形，下颚突出	不凸不凹，平行排列，眼间距较近	上下叶有二黑点，上小下大	椭圆形，距头部较鳙鱼苗为近	自鳔前到尾部，但不到精素末端	喜居水上层，游时活泼，时游时停
鳙鱼鱼苗	体较大，肥胖	嫩黄色	圆形，略大，下颚突出	比鲢鱼苗大，眼间距亦较阔	蒲扇形，下叶有黑点	椭圆形，较鲢鱼苗大，距头部远	黄色，较直	居水中、上层，较鲢鱼苗低，游时头略向下，持续游动

续表

种类	体形	体色	头部	眼	尾部	鳔（腰点）	色素（青盘）	栖息水层和游泳情况
鲫鱼鱼苗	短小，楔形，鳔后部分逐渐削细	淡黄色	较大	小，"八"字形，眼间距宽			粗，黑色	中下层，游动缓慢，头略向下，不喜光
鲤鱼鱼苗	粗，鳔后逐渐缩小	浅褐黄色	较大	呈三角形，向两侧突出	尖细	长圆形	灰黑色	底层，游时不活泼
鳊鱼鱼苗	体较大，肥胖	淡黄色（仅在眼至鳔间稍呈淡土黄色）	—	深黑色	下叶有黑点	较小，约与眼相等，位于身体前1/3处	鳔后起至尾部	中上层，游时不活泼，前进时头尾摆动
鲮鱼鱼苗	短小，胖	稍呈土红色	吻钝圆，宽	圆，深黑色	尖短	圆形		下层，游时头向下，活泼灵敏

表5-2 夏花鱼苗质量的鉴别方法

鉴别方法	优质	劣质
体色	群体色素相同，无白色死鱼，身体清洁，略带微黄色或稍红	群体色素不一，为"花色苗"
游动情况	在鱼篓内，将水搅动产生漩涡，鱼苗在漩涡边缘逆水游动	鱼苗大部分被卷入漩涡
抽样检查	在白瓷盘中，口吹水面，鱼苗逆水游动。倒掉水后，鱼苗在盘底剧烈挣扎，头尾弯曲成圈	口吹水面，鱼苗顺水游动。倒掉水后，鱼苗在盘底挣扎无力，头尾仅能扭动

二、鱼苗、鱼种的食性变化

1. 鱼苗的食性变化 刚孵化出的鱼苗，消化系统发育尚不完全，主要靠吸收卵黄囊中的卵黄营养维持生命，称为内源性营养性阶段。2 天后，卵黄囊由大变小，鱼苗一面继续吸收利用卵黄的营养，一面开始从外界摄取食物，称混合性营养阶段。再过1 天，卵黄囊完全消失，消化系统已经基本发育完成，开始摄食。鱼苗除了能吃豆浆等人工饲料外，也能摄食水中的浮游生物，称外源性营养阶段。

鱼苗下塘时，体长为 7～10.5 mm，主要吞食轮虫、无节幼体及小型枝角类。鱼苗长至乌仔阶段，鲢鱼、鳙鱼的小型鳃耙逐渐发育得很细密，体长达到 12～15 mm 时，鲢鱼、鳙鱼已逐渐从吞食轮虫、无节幼体和小型枝角类等转变为滤食部分浮游植物；草鱼、青鱼和鲤鱼除了摄食浮游动物外，还吃一些较大型生物，如枝角类、桡足类及底栖生物。鱼苗下塘后培育 10～15 天，鱼苗体长至 16～20 mm，鲢鱼、鳙鱼食性明显分化，鲢鱼以食浮游植物为主；鳙鱼以食浮游动物为主。鱼苗长至夏花阶段，体长达

21～33 mm，食性基本接近成鱼。体长 31～100 mm 时，摄食器官和滤食器官的形态和功能都逐渐发育完善，全长 50 mm 左右时就与成鱼相同。草鱼、青鱼、鲤鱼的上下颌活动能力增强，可以挖掘底泥，有效地摄取底栖动物；鲢鱼和鳙鱼由吞食转为滤食，鲢鱼由吃浮游动物转为主要吃浮游植物，鳙鱼由吃小型浮游动物转为吃各种类型的浮游动物。草鱼、青鱼、鲤鱼始终都是主动吞食，草鱼由吃浮游动物转为吃草，草鱼、团头鲂开始摄食少量青饲料（浮萍），体长达到 45～70 mm，可以吃食紫背浮萍，100 mm 以上可以吃各种水草和陆草。青鱼由吃浮游动物转为吃底栖动物螺、蚬，鲤鱼由吃浮游动物转为主要吃摇蚊幼虫和水蚯蚓等底栖动物。

2. 鱼种的食性变化 夏花鱼苗分塘后，鱼种的食性更接近成鱼。草鱼、青鱼、鲤鱼、团头鲂除了仍吞食枝角类浮游动物外，也可以大量摄食幼嫩植物或人工配合饲料；鲢鱼、鳙鱼摄食水中培育的各种浮游植物和浮游动物，也可以摄食部分人工投喂的精饲料，如麦麸等。

三、鱼苗、鱼种的生活习性

鱼苗初下塘时，各种鱼苗在池塘中是均匀分布的，当鱼苗长到 15 mm 左右时，各种鱼苗所栖息的水层随着它们食性的变化而各有不同。鲢鱼、鳙鱼因滤食浮游生物，所以多在水域的中上层活动；草鱼食水生植物，喜欢在水的中下层及池边浅水区成群游动；青鱼和鲤鱼除了喜食大型浮游动物外，主要吃底栖动物，所以栖息在水的下层，也到岸边浅水区活动，长到 33 mm 以上时逐渐转向深水。

鱼苗、鱼种的生长和代谢受温度影响很大，当水温降到 15 ℃以下时，主要养殖鱼类的食欲明显减弱；水温低于 7～10 ℃时，几乎停止或很少摄食；最适生长温度为 20～32 ℃，水温高于 36 ℃时，生长会受到抑制。

由于鱼苗、鱼种对水质适应能力比成鱼差，因此对水质条件要求比较严格。首先对溶解氧要求高，鱼苗、鱼种的代谢强度比成鱼高得多，因此对水中的溶氧量要求高，青鱼、草鱼、鲢鱼、鳙鱼、鲤鱼等摄食和生长的适宜溶解氧量在 5～6 mg/L 或更高；水中溶解氧应在 4 mg/L 以上，低于 2 mg/L，鱼苗生长受到影响；低于 1 mg/L，会造成鱼苗浮头、死亡。因此，鱼苗、鱼种池必须保持充足的溶氧量。对 pH 值适宜范围小，最适 pH 值为 7.5～8.5，与成鱼接近。对盐度适应能力差，成鱼可在 5% 盐度中正常发育，而鱼苗则在盐度 3% 的水中生长缓慢，成活率很低；鲢鱼鱼苗在 5.5% 的盐度中不能存活。

四、鱼苗、鱼种的生长特性

鱼苗、鱼种的生长与饲料（包括天然饲料与人工饲料）、水温、水质（溶解氧、pH 值、盐度）等的变化都有密切的关系，不能抛开这些环境条件单独地去考量。

1. 鱼苗的生长特征 具有较强的生长能力，鱼苗阶段的新陈代谢十分旺盛。鱼苗到夏花阶段，相对生长率最高，是生命周期的最高峰。据测定，鱼苗下塘 18 天内，体重增长的倍数为鲢鱼 162 倍，鳙鱼 82 倍，草鱼 66 倍，青鱼 42 倍。饲料不足或水质不良时，鱼苗消瘦，生长缓慢。因此，在鱼苗培育阶段要强化施肥和投饵，保证充足的天然饲料和人工饲料，还要经常加注新水，合理密养，才能使鱼苗生长快，成活率高。

2. 鱼种的生长特征 鱼苗阶段，鱼体的相对生长率较高，鱼种阶段有显著下降，在 100 天的培育期间，每 10 天体重约增加 1 倍，但绝对增重量则显著增加，平均每天增重为鲢鱼 4.19 g，鳙鱼 6.3 g，草鱼 6.2 g，与鱼苗阶段绝对增重相比达数百倍。在体长增长方面，平均每天增长数为鲢鱼 2.7 mm，鳙鱼 3.2 mm，草鱼 2.9 mm，鲢鱼鱼种体长增长为鱼苗阶段的 2 倍多，鳙鱼为 4 倍多。影响鱼种生长速度的因素很多，除了遗传性状外，与养殖环境条件密切相关，主要有放养密度、食物、水温和水质等。

第二节　鱼苗培育

鱼苗是指鱼类受精卵正常发育、孵化脱膜后，生长到体长 30 mm 左右这段时期的鱼体。鱼苗长到全长 30 mm 左右时，又称为夏花鱼苗。水花下塘饲养 15 ~ 20 天，养成全长 30 mm 左右的过程称为鱼苗培育。

一、池塘的选择、准备

1. 池塘选择　选择鱼苗池的原则是有利于鱼苗生活、饲养管理和捕捞方便。选择背风向阳、长方形池（东西走向），面积为 0.067 ~ 0.15 hm²，水深 1 ~ 1.5 m（前期 50 ~ 70 cm，后期 100 ~ 120 cm），池底平坦，淤泥量适中（厚约 15 cm），水源充足，注排水方便，水质清新，无污染的鱼池作为鱼苗培育池。

2. 池塘清整　选择好鱼苗培育池后，要进行池塘修整和药物清塘。池塘修整时先把池水排干，经过日晒，疏松土壤，同时整修加固损坏的池塘，堵塞漏洞裂缝，平整塘底，铲除杂草，挖出过厚的淤泥，加速有机质分解，提高池塘肥力。药物清塘一般多用生石灰或漂白粉。使用生石灰清塘时可分干法清塘和带水清塘两种方法进行。干法清塘时先把池水排至 5 ~ 10 cm，在池底四周挖若干小坑，将生石灰倒入小坑内，加水化开后，不待其冷却即向全池边缘和池中心均匀泼洒，用量一般为 75 ~ 150 kg/0.067 hm²。为了提高清塘效果，次日可用铁耙将池塘底泥耙动一下，使生石灰与底泥充分混合。干塘清塘时不用把水完全排干，否则泥鳅钻入泥中杀不死。带水清塘是在水深 1m 左右，将溶化好的石灰浆趁热向池中均匀泼洒。用量一般为 150 ~ 250 kg/0.067 hm²。用生石灰清塘注水后 8 ~ 10 天，才能向池内放鱼苗。

清塘应选择在晴天进行。在阴雨天气中，清塘的药物不能充分发挥其作用，操作也不方便，清塘的效果不佳。

二、鱼苗放养

1. 放鱼苗前水质检查　放苗前 1 ~ 3 天要对池水水质做一下检查。其目的一是测试池塘药物毒性是否消失，从清塘池中取一盆底层水放几尾鱼苗，经 0.5 ~ 1 天鱼苗生活正常，证明毒性消失，可以放苗。二是检查池中有无有害生物，用鱼苗网在塘内拖几次，俗称"拉空网"。如发现野鱼、蝌蚪、水生昆虫等敌害生物，及时清除。三是观察池水水色，一般以灰白色（主要是轮虫）、黄绿色、淡黄色为好。池塘肥度以中等为好，透明度 25 ~ 30 cm，浮游植物生物量 20 ~ 50 mg/L。如池水中有大量大型枝角类出现，每立方米用 0.5 mL 敌百虫溶液，全池泼洒，并适当施肥。

2. 培育适口饲料　鱼苗下池时能吃到适口的食物是鱼苗培育的关键技术之一，也是提高鱼苗成活率的重要环节，在生产实践中应引起重视。具体操作是在清塘后，在鱼苗下池前 7 天左右注水 50 ~ 60 cm，并立即向池中施放有机肥料，培育天然饲料，使鱼苗下池后便可吃到足够的适口食物，这种方法又称"肥水下塘"。鱼苗下塘时，池水透明度保持在 30 ~ 40 cm 为宜。

鱼苗的生长速度和轮虫的生物量之间有一定的相关性。轮虫的生物量在 0 ~ 30 mg/L 的范围内，鱼苗的日增重率随轮虫数量的增多而加快，两者呈正相关；轮虫的生物量在 32 ~ 160 mg/L 的范围内，轮虫的数量越多，鱼苗的日增重率越低，两者呈负相关。因此，应适当控制轮虫的生物量。鱼苗下塘时，轮虫的生物量为 20 ~ 30 mg/L（7 000 ~ 10 000 个/L）较适宜。

3. 放养密度 培育池及鱼苗准备好后，即可进行放养。方法是先将鱼苗放在容器内，待鱼苗活动正常后，泼洒蛋黄水（煮熟的鸭蛋或鸡蛋蛋黄，用 2 层纱布裹住，在容器内漂洗），使其饱食（肉眼可见鱼苗消化道中显一浅黄色线条），10 ~ 20 分钟后，在上风处放鱼苗入塘。放鱼苗时，将容器倾斜放入池水，缓慢倒出，用手拨散鱼苗。

放养密度各地差异很大，一般根据出池规格大小而定。鱼苗培育大都采用单养的形式，由鱼苗直接养成夏花，每 0.067 hm^2 放养 10 万 ~15 万尾；由鱼苗养成乌仔，每 0.067 hm^2 放养20 万 ~ 30 万尾。在鱼苗长到乌仔时要及时分塘。如果 1 次培育7 cm 以上鱼种，每 0.067 hm^2 放养 8 万 ~10 万尾；如果要在短时间内 1 次养成 10 cm 以上鱼种，每 0.067 hm^2 水面放养 5 万 ~7 万尾为宜。

4. 鱼苗注意事项 鱼苗放入培育池时应注意以下事项：①鱼苗发育到鳔充气，能自由游泳，能摄食外界食物时方可下塘；否则，过早下塘易造成鱼苗大批死亡。②经长距离运输的鱼苗，须先放在鱼苗暂养箱中暂养0.5 小时以后，方可下塘。③鱼苗下塘前先喂食，即"饱食下塘"，以提高鱼苗下塘后的觅食能力和成活率。将鸭蛋放在沸水中煮 1 小时以上，越老越好。然后取出蛋黄，用双层纱布包裹后，在盆内漂洗出蛋黄水，均匀泼洒在鱼苗暂养箱内，待鱼苗饱食后，肉眼可见鱼体内有一条浅黄线，方可下塘。一般每 10 万尾鱼苗喂 1 个鸭蛋黄。④注意试水，确保清塘药物的毒性完全消失。⑤注意温差不能太大。鱼苗下塘前所处的水温与池塘水温相差不能超过 3 ℃；否则，应将装鱼苗的氧气袋放入鱼苗池中 2 小时左右，调节鱼苗容器中的水温，使其接近于池塘水温后，方可下塘。⑥注意池中是否残留敌害生物。

三、饲养管理

鱼苗至鱼种的培育虽然时间很短，但其成活率和体质状况对整个鱼种的培育效果影响很大，因此必须认真对待。在培育过程中，要保持良好的水质，有充足的饲料（包括天然饲料和人工饲料），及时防治鱼病和敌害，才能取得良好的培育效果。日常的管理工作主要是施肥、投饵、注水和巡塘。

1. 投饵和施肥 鱼苗培育前期，主要培育天然饲料来满足鱼体生长所需的营养物质。施肥为主，投饵为辅。这个时期的长短视混养密度和鱼体生长速度而定。后期，鱼苗长大，应投喂商品饲料，数量以刚吃完或略有剩余为度。

几种饲料和肥料的施用方法：

（1）豆浆：施用豆浆不仅可供鱼苗摄取营养，还能迅速肥水。黄豆磨浆前须先加水浸泡 5 ~ 6 小时，至两片子叶中间微凹为佳，此时出浆率最高，然后磨成浆（1.5 kg 黄豆约磨成 25 kg 豆浆），滤出豆渣，立即投喂。豆浆泼洒必须均匀，少量多次。一般每天泼洒 2 ~ 3 次，每 0.067 hm^2 水面每天需用 3 ~ 4 kg 黄豆磨成的浆，5 天后增至 5 ~ 6 kg，以后根据水质肥度再适量增加。分 2 次投喂，第 1 次在上午 9 ~ 10 时，第 2 次在下午 3 ~ 4 时。按"三边二满塘"的投饲法进行投喂，即上午和下午满塘洒，四边也洒，中午再沿边洒 1 次，泼洒豆浆要做到"细如雾，匀如雨"。

（2）有机肥：在养殖密度适当的情况下，单用有机肥即可满足草鱼、鲢鱼、鳙鱼夏花鱼苗的营养需要。常用的有机肥有人粪、猪粪和牛粪等。肥水养殖鱼苗，如果不施豆浆，第 2 天就应按每 0.067 hm^2 水面 15 ~ 22.5 kg 的量全池泼洒腐熟的有机肥，一般上午 9 ~ 10 时泼洒，以后每隔 2 天追肥 1 次。

2. 适时注水 鱼苗下塘前 3 ~ 5 天注水 40 ~ 50 cm，即半池水；鱼苗下池 5 ~ 6 天后注水 15 ~ 20 cm；以后每隔 4 ~ 5 天加水 1 次，经过几次加水，使池水达到最大深度 1 m 以上。分期注水的目的是扩大鱼苗的活动范围，改良水质，增加池水的含氧量，有利于浮游生物生长繁殖，促进鱼苗生长。注水应严格过滤，防止野杂鱼和有害生物进入池内。

3. 勤巡塘 养鱼人员要坚持每天早、中、晚巡塘，做到"三查""三勤"。即早上巡塘查鱼苗是否浮头，勤捞蛙卵；午后巡塘查鱼苗活动情况，勤除池埂杂草；傍晚巡塘查鱼苗池水质，勤做记录，安排第 2 天的投饲、施肥、加水等工作。还要随时检查、消灭有害生物，检查有无鱼病发生，以便及时防治。巡塘的时间基本上与亲鱼池的巡塘相同，重点在早晨和傍晚。

四、鱼苗的拉网锻炼和出塘

鱼苗下塘后饲养半个月左右，体长已经达到 17～28 mm，这时食量增加，活动范围扩大，如在池塘中继续饲养，密度就显得太大了，生长也会减慢或停滞，应及时分塘饲养，转入第二阶段夏花鱼种饲养阶段。鳊鱼、鲂鱼和鲴类的乌仔，身体嫩弱，分塘不易太早。鱼苗分塘前要进行拉网锻炼。

1. 拉网锻炼 鱼苗出池前几天，要拉网锻炼 2～3 次。其目的是使鱼苗密集在一起，受到挤压刺激，分泌大量黏液，排除粪便，适应密集的环境，有利于出池计数和运输，提高运输和放养的成活率。在锻炼时可顺便检查鱼苗的生长情况，估计鱼苗产量，以便做好分配计划。拉网锻炼应选择晴天的上午 10 时左右进行，拉网前不要投饵和施肥，阴雨、闷热天气不拉网。拉网速度要慢，与鱼的游动速度相一致，并且在网后用手向网前撩水，促使鱼向网前进方向游动，否则鱼体容易贴到网上，特别是第 1 次拉网，鱼体质差，更容易贴网。

拉网锻炼方法：第 1 次拉网，将夏花鱼苗围集在网中，检查鱼的体质，估计数量后即放回池内，或略提出水面 10～20 s 估看一下数量后迅速放回池中，1 小时后投喂 1 次熟豆浆。

如果鱼苗活动正常，隔天第 2 次拉网。将鱼苗转入网箱中，或将鱼种密集于网中，让其顶水自动进入网箱内，将网箱在池中徐徐推动，以免鱼浮头，密集 2 小时左右（视鱼忍耐程度而定）放回池内，1 小时后投喂 1 次熟豆浆。这次拉网应尽量将鱼种捕尽。如果鱼种是自养自用，不运输，第 2 次拉网进箱密集锻炼后，即可以分池饲养。若要长途运输，应进行第 3 次拉网锻炼。

2. 出塘　第 2 次拉网后，若要长途运输，隔 1 天再拉第 3 次网。之后将鱼苗捕起，转入网箱，约 30 分钟后，清除网箱底部污物，用鱼筛分出不同规格的鱼苗分装网箱，便可计数出池。长途运输前，应将鱼苗放入水质较清的池塘网箱中"吊养"12 小时，第 2 天清晨便可装运。

夏花鱼苗计数一般采用碗量法和数个法。碗量法是先确定 1 碗的个数（抽样数碗内鱼苗的平均数），然后乘以碗数，即得总数。数个法时用小盘（或碗）舀鱼苗，每 5 个 1 次（称 1 手），一直数下去，此法适宜少量鱼苗计数。出池完毕之后，可以计算鱼苗成活率。

鱼苗成活率（%）= 出池夏花数/入池水花数 ×100%

算出每个池塘的成活率后，就可以计算所有池塘的总成活率，也可以分别计算出各种鱼的成活率。

第三节　鱼种培育

鱼种培育是指将夏花鱼苗培育 3 ~ 5 个月，养成全长 10 ~ 17 cm 幼鱼（秋片，或冬片，或春片）的过程。可以作为一级一次养成，如果要求的鱼种规格更大，就应当再增加一级或二级，随着鱼体长大，逐渐降低放养密度。

一、鱼种放养

1. 前期准备工作　鱼种池要求面积为 0.2 ~ 0.4 hm²，水深

1.5～2 m。鱼池的清整、注水、施肥等与鱼苗培育阶段相似。夏花鱼苗的放养也要做到肥水下塘,通过施基肥培养枝角类和桡足类等较大型的浮游动物,使入池后的夏花鱼苗立即就能吃到适口饲料。基肥的施放时间,一般在夏花鱼苗放养前 10 天左右,每 666.7 m² 施放有机肥 200～400 kg,也可以添施少量氮、磷等无机肥料。如每 666.7 m² 施氨水 5～10 kg 或硫酸铵 2.5～5 kg,过磷酸钙 1～1.5 kg。经施基肥后,水质清澈,对放养草鱼夏花特别有好处。最好在养草鱼鱼种的池塘中,预先培养浮萍或小浮萍以提供草鱼的适口饲料。

2. 放养密度 夏花鱼苗放养的密度主要依据计划养成鱼种的规格来决定,鱼种培育中放养夏花的密度,各地差异很大。少则每 666.7 m² 放养 3 000～5 000 尾,多则每 666.7 m² 放养 2 万～3 万尾。这是由于池塘条件、饲料供应、出塘早晚和生产上要求鱼种出池规格不同等条件决定的。同样的出塘规格,鲢鱼、鳙鱼的放养量可较草鱼、青鱼大些,鲢鱼可较鳙鱼大些。池塘面积大,水较深,可增加放养量。

3. 混养 主要养殖鱼类在鱼种培育阶段,不同品种的鱼的活动水层、食性和生活习性已明显分化。因此,可以进行适当的搭配混养,以充分利用池塘水层和饲料资源,发挥池塘的生产潜力。同时,混养还为密养创造了条件。在混养的基础上,可以加大池塘的放养密度,提高单位面积鱼产量。在考虑搭配时,要确保不与主养鱼争食。如草鱼与鲢鱼或鳙鱼混养,草鱼的粪便及残饵分解后使水质变肥,繁殖的浮游生物可供鲢鱼、鳙鱼摄食,鲢鱼、鳙鱼吃掉部分浮游生物,又可使水质不致变得过肥,从而有利于喜在较清水中生活的草鱼的生长。如果将鲢鱼、鳙鱼等量混养在一起,鳙鱼就要受到排挤,生长不好。

在混养时应注意下列几点:第一,生活在同一水层的鱼,要注意它们之间的搭配比例,如鲢鱼与鳙鱼、草鱼与青鱼之间的关系。一般鲢鱼、鳙鱼不同池混养，草鱼、青鱼不同池混养，因鲢鱼比鳙鱼、草鱼比青鱼争食力强，后者因得不到足够的饲料而成长不良。即使要混养也必须以前者为主养鱼，后者只许放少量，如鳙鱼放养 20% 以下。第二，鱼种池的主养鱼应根据生产需要来确定，混养比例则按鱼的习性、投饵施肥情况及各种鱼的出塘规格等来决定。一般主养鱼占 70% ~80%，配养鱼占 20% ~30%。混养时，应先放主养鱼，后放配养鱼。

二、饲养管理

1. 投饵　鱼苗培育时期鱼体逐渐长大，摄食量增加，且生产中大都采取密养方式。因此，靠天然饲料已不能满足池鱼摄食的需要，须以投喂人工饲料为主、施肥为辅。加强投饵是培养大规格鱼种，提高单位面积鱼产量的最重要手段。培育草食性鱼类，要求枝角类成团，萍半塘，且后期要投喂青饲料和精饲料；培育鲢鱼、鳙鱼，要适当施追肥；对于肉食性鱼类，还要适当增投适口饲料。豆饼、花生饼、菜籽饼、麦麸、米糠、豆腐渣，以及目前普遍使用的配合饲料，都是鱼种喜欢吃的饲料，各地可根据具体条件选择使用。

生产上做到"四定"投饵，是提高饲料的利用率、养好鱼种的关键。

（1）定时：投饵必须定时进行，养成鱼类按时吃食的习惯，正常天气，一般在上午 8 ~9 时和下午 2 ~3 时各投饵 1 次。

（2）定位：投饵必须有固定的位置，使鱼类集中在一定的地点吃食。这样不但可减少饲料的浪费，而且便于检查鱼的摄食情况和发病情况，便于清除剩饵和进行食场消毒。

（3）定质：投喂的饲料必须新鲜，不腐烂变质，防止引起鱼病。

（4）定量：每日投饵要有一定的数量，要求做到适量和均匀，防止过多或过少、忽多或忽少。

2. 施肥 以鲢鱼、鳙鱼为主养鱼的池塘主要靠施肥，适当辅以投喂麦麸、饼粕类精饲料。以草鱼或青鱼鱼种为主养鱼，如果搭配鲢鱼、鳙鱼数量少时可以不施肥，搭配多时可以少量施肥。主养鲤鱼鱼种的不用施肥。肥料的数量、方法与鱼苗培育相同。

3. 日常管理

（1）巡塘：鱼种培育过程只需每天早晨巡塘 1 次。中午、晚上结合投饵、清理食台等工作再巡视鱼塘。早晨巡塘主要观察水色和鱼的动态。

（2）注意防逃：雨季时注意池塘中水位上涨情况，检查注排水口的拦鱼设施。

（3）疾病防治：根据巡塘观察的结果，发现鱼病，及时采取防治措施。应经常清除池内杂草、腐败杂物，经常清扫食场。最好每 2～3 天清理 1 次，每半个月用 0.25～0.5 kg 漂白粉对食场及附近区域消毒 1 次，预防病害发生。

（4）检查鱼种的吃食情况：每天下午 3 时左右检查食台，了解饲料是否被吃完，以确定第二天的投饵量。

（5）适时加注新水，改善水质：夏花鱼苗饲养过程中，每月应加注新水 2～3 次。每次加 10 cm，随着鱼体增长，逐渐加大水深，必要时排出部分旧水，再灌入新水。

第六章　池塘养鱼技术

池塘养鱼是指在一些人工开挖或者是天然形成并经过人工整治的水体中饲养鱼类，再根据池塘养殖鱼类的生态、生理要求，通过施肥培育天然饲料和人工投喂商品颗粒饲料，在科学采用"混、密、轮"等综合技术措施的基础上，加强饲养管理，使养殖鱼类将饲料转化成主体蛋白质，养成食用鱼，供应市场的过程。

第一节　养鱼池塘的环境条件

养鱼的池塘需要具备一定的环境条件。这些条件影响着鱼产量的高低，影响着养鱼户养殖的效益。了解这些条件，可以帮助我们去评价一个养鱼池的好坏，更重要的是可以按照好的养殖环境去改造现有池塘，使它更符合养鱼的要求，进而提高养殖者的经济效益。

一、水源和水质

俗话说"鱼儿离不开水"，水是养鱼的最基本条件。高产鱼池要求水源充足，水质良好，溶氧量高，注、排水方便，交通便利。没有受到污染的河水、湖水和水库里的水都是养殖的良好水源。井水也是很好的水源，它的优点是硬度大，不混浊，没有敌害生物；缺点是水温偏低，二氧化碳和氮气的含量高。这些不足可以通过曝气的方法加以改善。曝气的方法是使水先流经较长的渠道再流入池塘。至于温度较低，则可用少加、勤加的办法避免它的影响。目前，我国许多高产、精养池塘养殖主要使用井水作为其养殖水源。

二、面积和水深

池塘面积以能满足鱼类生活和生长的需求为宜，一般为 $0.5 \sim 1.5\ hm^2$。池塘面积大，受风面大，易使水面形成波浪，促使空气中更多的氧气溶于水中，增加水中的溶氧量，对改善水质，促进池塘物质循环十分有利。但也不能过大，太大的池塘往往会带来生产和管理上的麻烦。如果池塘面积太小，水质不稳定，池塘生物变化大，对鱼类的栖息和摄食都不利。

水深是获得池塘高产的重要条件之一。池水深，蓄水量大，水质稳定，水温不会剧烈变化，放养量也会增加，因此有"一寸水，一寸鱼"的说法。但池塘过深，下层光合作用弱，上下层水对流困难，下层溶氧不足，妨碍池塘物质循环，生产力反而不高。一般精养鱼池水深应保持在 $2.5\ m$ 左右，最好不超过 $3.0\ m$。

三、土质

池塘的土质最好是壤土，黏土也可以，沙土最差。池底要保持适量的淤泥。适量的淤泥对肥水有重要作用，能不断地向池水提供营养物质并保持水质肥沃。从长期的实践经验和研究看，池塘淤泥的厚度保持在 $10 \sim 15\ cm$ 比较合适。

四、池塘形状、坡度和周围环境

池塘方向可根据地形以南北向较好，这样日照时间长，有利于池塘生物的生长、繁殖。而且，在鱼类生长的主要季节，夏季，吹东南风较多，池水易起波浪，起到自然增氧的作用。池形应以长方形，长与宽的比例以5:3为宜。池塘坡度以1:2.5或1:3为好。池底要求平坦，略向排水方向倾斜，高度差10~20 cm，呈"龟背形"。池塘埂面宽度为4~6 m，中心埂面宽度为8 m。池塘周围要开阔，不要有高大建筑物和树木。

五、池塘清整与改造

池塘清整和药物清塘的方法与亲鱼培育池和鱼种培育池相同；池塘改造就按照池塘基本条件进行就可以了。放养鲢鱼、鳙鱼比例较大的池塘，注意清塘后5~6天要施基肥。

第二节　鱼种及培育池的准备

鱼种是养鱼的基础，是成鱼养殖成功的关键。我们应该有这样一个概念，池塘养鱼是一个连续的过程，鱼苗生产的好坏影响鱼种的生产，而鱼种生产的好坏，又直接影响到成鱼的产量，所谓"好种才有好收成"。池塘养鱼要求鱼种种类齐全，数量充足，规格合适，健壮无伤。鱼种主要依靠自己培育，尽量避免从外地购进鱼种。

一、鱼种规格

鱼种混养规格较多，如草鱼规格有0.75 kg/尾、0.5 kg/尾、0.25 kg/尾、15~25 g/尾和当年提早繁殖培育的"抛头鱼"5种；鲢鱼、鳙鱼规格有50 g/尾、250 g/尾；鳊鱼、鲂鱼规格有20~50 g/尾、100 g/尾；鲤鱼规格有25~50 g/尾。鲫鱼一般放养3~7 cm长的鱼种。

二、鱼种质量

鱼种质量主要表现在规格大小、体质强弱和遗传性能好坏三方面。大规格鱼种不仅成活率高，而且绝对增长量也大；鱼种体质好坏可从体重和外观加以判断，同种同龄鱼种要求规格一致，发育良好，鱼体鳞片完整，背部肌肉厚，色泽鲜明，游泳活泼，逆水性强，无病伤，体表无寄生虫；遗传方面最重要的是生长速度和抗病能力，这由亲鱼的品种和品系决定。

三、鱼种来源

池塘养鱼所需鱼种应该由本单位自己生产解决。我国幅员辽阔，各地气候、养殖种类、养殖方法各不相同，鱼种池的面积与成鱼池的面积比例也不相同。可根据池塘总面积和主养鱼类型，有计划地建造鱼种池，一般鱼种池面积占鱼池总面积的 20% ~ 25%。鱼种的来源有两种：

1. 利用鱼种池培养　鱼种池主要培育 1 龄鱼种，就是将夏花鱼种根据养殖需要培育成秋片、冬片等，以满足池塘养殖需要。

2. 利用成鱼池塘套养鱼种　所谓套养，就是同一鱼类不同规格的鱼种同池混养。在成鱼池中合理套养鱼种，可以挖掘成鱼的生产潜力，培育大量的大规格鱼种，既节约了大量鱼种池，又节省了劳力和资金，提高了养鱼户经济收入。

四、鱼种池的清整

鱼种池的准备与清整工作和亲鱼培育池和鱼种培育池相同。

五、鱼种放养时间

提早放养是池塘养殖高产的措施之一。要求在水温较低（6~10℃）的时候进行，一方面在低温下鱼种活动较弱，可减少放养过程中鱼体受伤；另一方面可以提早开食，延长生长期。

鱼种放养时要注意进行鱼病检查、鱼体消毒，避免鱼病传播。

第三节　合理混养与密养

混养是指在同一池塘同时进行多种鱼类的饲养。其优点是通过利用各养殖鱼种之间的互利关系，合理利用池塘的水体和饲料，增加鱼种放养密度，培养大规格鱼种，充分发挥池塘水体的生产潜力。池塘高密度养殖技术是在混养的基础上进行的，具体要综合考虑池塘条件、鱼种质量、养殖技术、饲料质量与供应，以及养殖资金保障等方面。

一、混养的生物学基础

根据我国养殖淡水鱼类在池塘的栖息水层可分为中上层鱼类、中下层鱼类和底层鱼类。主养鱼类鲢鱼、鳙鱼、草鱼、青鱼、鲮鱼、鲤鱼、鳊鱼、鲂鱼、鲫鱼等之所以能够混养，主要由不同的栖息特点及食性所决定。

1. 栖息特点　从栖息特点看，鲢鱼、鳙鱼为上层鱼，草鱼、鳊鱼、鲂鱼为中下层鱼，青鱼、鲮鱼、鲤鱼、鲫鱼为底层鱼。因此，将这些鱼混养在同一池塘中，可充分利用池塘不同的水体空间，增加单位面积的混养量，从而提高池塘鱼产量，增加经济效益。

2. 食性　从食性看，鲢鱼、鳙鱼主要吃浮游生物；草鱼、鳊鱼、鲂鱼主要吃草类；青鱼吃螺、蚬等底栖动物；鲮鱼吃有机碎屑及着生于底泥表面的藻类；鲤鱼、鲫鱼吃底栖动物，也吃一些有机碎屑。将这些不同鱼类混养在一起，能充分地利用池塘中的各种饲料资源，提高池塘的生产潜力。

3. 池塘鱼类混养的原则　在混养中，要注意把握几个基本原则：一要互为有利，不能危害对方；二要充分利用水体的立体空间，提高鱼产量；三要充分利用水体的饲料资源，节省投入成本，增加效益；四要互相促进，增加效益。

二、混养比例和放养密度

各种鱼的混养比例和密度可根据肥料与饲料供应情况、混养模式、池塘条件及鱼种规格等确定。

在传统养鱼中，"肥水鱼"和"吃食鱼"的比例为6∶4；采用配合饲料精养，可增加"吃食鱼"的混养数量，其比例一般为4∶6。以草鱼为主体混养鲢鱼、鳙鱼，混养比例为2∶1或2∶2；以草鱼、团头鲂为主体混养鲢鱼、鳙鱼，草鱼、团头鲂的比例为1∶3或1∶4，草鱼、团头鲂与鲢鱼、鳙鱼的比例为1∶1，鲢鱼、鳙鱼的比例任何时候均为4∶1或5∶1。其中，草鱼的允养量为100 m² 水面 100 ~ 150 kg；鲢鱼的允养量为每 100 m² 水面 20 ~ 30 kg；鳙鱼的最大允养量为每 100 m² 水面 4.5 ~ 6.0 kg。以鲤鱼为主体混养其他鱼的比例为6∶4或7∶3，甚至有很多地方以鲤鱼为主体，混养比例达到8∶2，鲤鱼的允养量为每100 m² 水体90 ~ 180 尾。由于鲤鱼争食性很强，在以主养老口草鱼的池塘，鲤鱼的搭配规格应控制在25 g/尾，每100 m² 水面数量不超过30 尾。以青鱼为主体鱼的池塘，鳊鱼的搭配数量一般为每100 m² 水面30 尾。以鲫鱼为主体鱼，允养量为150 ~ 220 尾。不论以哪种鱼为主体鱼，若与银鲫和白鲫混合搭配养殖，每100 m² 水面，规格为40 ~ 50 g/尾的白鲫混养数为30 ~ 45 尾，规格为15 ~ 20 g/尾的银鲫混养数为60 ~ 90 尾。此外，罗非鱼是很好的搭配鱼种，规格为5 ~ 10 g 的越冬鱼种，搭配数量一般为每100 m² 水面45 ~ 75 尾。

三、混养模式

目前我国池塘养鱼主要有以下几种混养模式:

1. 以草食性鱼类为主体鱼的混养模式　通过给草食性鱼类投喂草食,利用草鱼、鲂鱼的粪便肥水,搭配饲养鲢鱼、鳙鱼等。这种混养模式以青饲料为主,可适量添加部分精饲料。由于饲料来源较容易解决,产量和经济效益较好,该混养模式在我国较普遍。

例:以草鱼为主体鱼的混养模式见表 6-1。

表 6-1　以草鱼为主体鱼的混养模式(单位: 666.7 m²)

放养鱼类	放养				收获			
	规格(g)	尾数	重量(kg)	成活率(%)	规格(kg)	尾数	重量(kg)	增产量(kg)
草鱼	500	150	75	90	2.0	135	270	195.0
鳊鱼	20	400	8.0	90	0.175	360	62.5	54.5
鲢鱼	45	300	13.5	95	0.5	285	142.5	129.0
鳙鱼	33	80	2.7	95	0.5	76	38.0	35.3
鲤鱼	25	100	2.5	95	0.25	95	23.8	21.3
鲫鱼	25	80	2.0	100	0.25	80	10.0	8.0
罗非鱼	20	300	6.0	90	0.175	270	43.7	37.7
合计		1 410	109.7			1 301	590.5	480.8

2. 以滤食性鱼类为主体鱼的混养模式　即以鲢鱼、鳙鱼为主体鱼,适当混养其他鱼类,特别是混养摄食饲料碎屑能力较强的鱼类,如鲫鱼、银鲴等。这种模式以施肥为主,同时投喂草料。由于肥源广,成本较低,我国不少地区池塘养鱼以这种模式为主。

例:以鲢鱼、鳙鱼为主体鱼的混养模式见表 6-2。

表6-2　以鲢鱼、鳙鱼为主体鱼的混养模式（单位：666.7 m²）

养殖鱼类	放养			收获				
	规格（g）	尾数	重量（kg）	规格（g）	毛产量（kg）	净产量（kg）	净增肉倍数	占净产（%）
鲢鱼	120	240	30	600	132	130	3.99	43.33
	10	260	2.6	125	30.6			
鳙鱼	125	60	7.2	600	33.5	33	4.18	11
	10	70	0.7	125	7.4			
草鱼	120	100	12	1 000	72	73	5.21	24.34
	10	200	2	120	15			
鲤鱼	50	80	4	750	52	51	10.2	17
	10	100	1	50	4			
鲫鱼	夏花	200	0.5	100	13.5	13	26	4.33
合计		1 310	60		360	300		100

3. 以杂食性鱼类为主体鱼的混养模式　以鲤鱼或鲫鱼为主体鱼的混养模式见表6-3、表6-4。前者北方多见，后者南方多见。以鲤鱼为主体鱼的养殖类型以投精饲料为主，养殖成本较高，产量高；以鲫鱼为主体鱼的养殖类型以施肥为主，养殖成本较低。

表6-3　以鲫鱼为主体鱼的混养模式（单位：666.7 m²）

品种	放养				收获			净产量（kg）
	规格（g）	数量（尾）	重量（kg）	成活率（%）	规格（g）	数量（尾）	重量（kg）	
鲫鱼	60	1 000	60	95	350	950	332.5	272.5
	夏花	1 000	2	70	50	700	35	33
鲢鱼	100	200	20	90	750	180	135	115
鳙鱼	100	40	4	95	750	38	28.5	24.5
草鱼	250	50	12.5	70	1 500	35	52.5	40
团头鲂	100	150	15	90	350	135	47.3	32.3
合计		2 440	113.5	81.5		2 038	630.8	517.3

表6-4 以鲤鱼为主体鱼的混养模式（单位：666.7 m²）

品种	放养			收获		
	规格(g)	数量(尾)	重量(kg)	规格(g)	产量(kg)	净产(kg)
建鲤	50~200	1 500	165	673	930	765
鲢鱼、鳙鱼	100~200	200	35	1 000	173	138
草鱼	50~150	250	21	650	120	99
鲂鱼、鲫鱼	30~50	200	8	200	35	27
合计		2 150	229		1 258	1 029

4. 池塘高密度养殖模式 我国各地成鱼养殖都有适合当地的养殖模式，这里介绍 666.7 m² 净产量 1 000 kg 高密度养殖模式，见表6-5。该混养模式要求较高的养殖条件与养殖技术和优质的饲料及充足的资金保障。

表6-5 666.7 m² 净产量 1 000 kg 密养模式

主养鱼类	种类	尾重量(g)	数量(尾)	重量(kg)	占总放养量百分率(%) 尾数	占总放养量百分率(%) 重量	成活率(%)	尾重量(g)	毛产量(kg)	净产量(kg)	轮捕	增重倍数
鲤鱼	鲤鱼	125	1 300	163	57	75	90	800	936	773	3	6
	鲢鱼	100	400	40	30	20	90	600	216	176		5
		10	300	3			75	100	22	20		8
	鳙鱼	100	100	10	13	5	90	650	59	48		6
		10	200	2			75	100	15	13		8
	合计		2 300	218	100	100			1 248	1 030		6

续表

主养鱼类	种类	放养						计划产量			轮捕次数	增重倍数
		尾重量（g）	数量（尾）	重量（kg）	占总放养量百分率（%）		成活率（%）	尾重量（g）	毛产量（kg）	净产量（kg）		
					尾数	重量						
草鱼	草鱼	125	1 200	150	52	73	85	900	918	768		6
	鲢鱼	100	400	40	30	21	90	600	216	176		5
		10	300	3			75	100	23	20		8
	鳙鱼	100	100	10	18	6	90	700	63	53	2	6
		10	300	3			75	100	23	20		8
	合计		2 300	206	100	100			1 243	1 037		6
罗非鱼	罗非鱼	50	2 000	100	85	74	95	500	950	850		10
	鲢鱼	100	350	35	15	26	90	750	236	201	3	7
	合计		2 350	135	100	100			1 186	1 051		9
鲢鱼、鳙鱼与鲤鱼并重	鲢鱼	100	700	70	52	50	90	600	378	308		5
		200	250	50			95	550	131	81		3
		10	350	4			75	200	52	48		17
	鳙鱼	150	150	23	12	14	90	650	88	65		4
		250	50	13			95	600	29	16	3	2
		10	100	1			75	250	19	18		18
	鲤鱼	100	800	80	32	32	90	750	540	460		7
	草鱼	100	100	10	4	4	85	800	68	58		7
	合计		2 500	251	100	100			1 305	1 054		5

续表

主养鱼类	种类	放养					成活率（%）	计划产量			轮捕次数	增重倍数
		尾重量（g）	数量（尾）	重量（kg）	占总放养量百分率（%）			尾重量（g）	毛产量（kg）	净产量（kg）		
					尾数	重量						
鲢鱼、鳙鱼与草鱼并重	鲢鱼	100	850	85	52	60	90	600	459	374	3	5
		400	250	100			95	650	155	55		5
	鳙鱼	100	150	15	10	11	90	650	88	73		6
		400	50	20			95	750	36	16		2
	草鱼	100	600	60	31	25	80	1 000	480	420		8
		350	50	18			90	1 250	56	38		3
	鲤鱼	75	150	11	7	4	90	750	101	90		9
	合计		2 100	309	100	100			1 375	1 066		5

注：引自胡石柳《鱼类增养殖技术》，化学工业出版社。

第四节　池塘饲养管理

池塘养鱼的一切物质条件和技术措施，最终都是通过池塘的饲养管理才能凑效，才能获得高产，获得最佳经济效益和社会效益。

一、池塘管理的基本要求

对于高产精养池塘，在鱼类主要生长季节，池塘饲养管理的过程实质上是一个不断解决水质和饲料这一对矛盾的过程。也就是说，要获得高产，既要不断地为养殖鱼类创造一个良好的生活环境（改善水的理化条件），又要不断地提供丰富的、优质的饲料，更要不断地促进它们之间的转化（池塘的物质循环）。大量投饵、施肥，造成水中有机质含量增加，耗氧过大，造成鱼类缺氧浮头；不投饵、施肥，浮游生物减少，滤食性、杂食性鱼类生长缓慢。处理好这个矛盾，生产上提出的要求是：水质保持"肥、活、爽"，投饵保持"匀、好、足"。

"肥"：表示水中浮游生物多，营养盐类丰富；"活"：池塘水色经常变化，容易消化的浮游生物优势种交替出现，数量多；"爽"：表示池水中透明度适中（25～40 cm 为宜）。"匀"：表示一年中投饵要均匀，不能忽多忽少；"好"：表示饲料质量好，营养全面；"足"：表示 1 年投饵量要适当，不能使鱼过饥或过饱。

二、池塘日常管理的基本内容

1. 勤巡塘　每天坚持早、中、晚巡塘，黎明时观察池鱼有无浮头现象；日间检查池鱼活动和吃食情况；黄昏时检查池鱼全天吃食情况及有无残饵，观察有无浮头征兆。炎热的夏季，为了防止浮头、泛池，还须在半夜前后巡塘。

2. 做好鱼池清洁卫生　随时除草去污，保持池水清洁。

3. 适时加注新水　池水透明度直接反映水的肥度，可根据池水透明度灵活施加追肥或注排池水，以保证水既肥又清新，含氧量较高，有利于鱼类的摄食和生长。池水水量也不是一成不变。养殖初期，池水不宜太深，应控制在 1～1.5 m，以后通过补水，使水深保持在 2.5 m 左右。

4. 定期检查鱼体，预防疾病发生　每隔一定时间应抽查鱼类生长情况，以评价养殖效果，调整下一阶段的饲养管理水平；发现鱼病，要及时采取防治措施。

5. 防治鱼类浮头与泛池　水温高，水质过肥，池鱼常常在黎明或半夜以后浮头；傍晚下雷阵雨、闷热天气，鱼类易浮头甚至泛池；梅雨季节易浮头。要合理使用增氧设备，及时解救。

6. 做好池塘日志，健全养鱼档案　池塘日志是有关池鱼情况和养鱼措施等的简明记录，可据以分析情况，总结经验，为进一步养鱼制订计划，改进技术提供参考。池塘日记主要包括放养情况、天气情况、投饵施肥情况、鱼吃食情况、鱼病防治情况、鱼体成长及捕捞情况等。

第七章　网箱养鱼

网箱养鱼是利用合成纤维或金属材料制成网箱，放置在江河、水库、湖泊等水域面积大的水体中，最大限度地利用水体自然资源，采用人工控制、强化投饵手段的一种快速、高产的养鱼技术。它具有适应性广、生长快、高产、食用鱼品质好、有效利用江河湖库大水面资源等特点。在淡水鱼养殖中具有广阔的发展前途。

第一节　网箱养鱼的原理与特点

一、网箱养鱼高产的原理

网箱养鱼就是在较大的水体中，箱内水体通过网目、水流不断与外界交换，形成了一个"活水"养鱼的良好环境。网箱养鱼高产的原理：①在风浪、水流作用下，网箱内外水体不断交换，从而确保养殖期间箱内水体清新、活爽；②在养殖过程中，箱内无排泄物及残饵积储，放养密度大也不会造成缺氧和水质恶化；③箱内外水体不断交换，便于浮游生物、腐屑的补充，为滤食性鱼类提供源源不断的饲料；④鱼养在网箱内，活动量相对减少，呼吸频率降低，能量消耗减少，有利于营养物质的转化和积累，有利于促进鱼类生长，缩短养殖周期；⑤网箱便于管理，成鱼起水方便，回捕率高。

二、网箱养鱼的特点

1. 网箱养鱼的优点 网箱养鱼有以下优点：①可以有效保护养殖鱼类免受其他凶猛鱼类的危害，从而大大提高养殖成活率；②网箱养殖不需要占用土地造池，不受水面限制，节约大量农田和资金；③网箱养殖放养密度大，生长快，产量高，单位产量为池塘的 10 倍以上；④饲养管理方便，遇到不利因素时可随时将网箱拖到水质更好的水域养殖。

2. 网箱养殖的缺点 网箱养鱼有以下缺点：①存在高风险，如受大风、暴雨等自然灾害的影响较大；②由于网箱设置于自然水体中，在暴雨季节易受到其他物体的撞击而损坏，导致网破鱼逃，造成经济损失；③发生鱼病时，操作不便，治疗较困难；④鱼种放养、饲养及成鱼运输没有池塘中方便。

第二节　网箱的构造、类型及制作

一、网箱构造

养鱼网箱一般由网身、框架、浮子、沉子、盖网、固着器等部分组成。若网箱成批排列在离岸不远的水域中，还应配有栈桥或浮码头等设施。

1. 网身 网身是网箱蓄鱼并防止其外逃的主要部分。目前，我国常用的网身材料主要有合成纤维锦纶（PA）、聚乙烯（PE）、金属网等。目前生产上使用最普遍的是聚乙烯，它具有强度大、耐腐蚀、价格低等特点。用金属网片制作的网箱挺直，滤水性好，不易被侵袭破坏。常用的金属网片多由铁丝编结而成，网眼分矩形、龟甲形和菱形三种，铁丝表面涂油漆以防生锈。箱体较重，操作不方便。

2. 框架 用毛竹、杂木、金属等材料嵌合成"口"字形或"田"字形，装上已织好的网片，即成网箱。

3. 浮子、沉子和固定器 常用的浮子大多为塑料浮子或金属储油桶等。网箱底部的沉子有水泥块、铁块、砖块等，可根据网箱大小确定其挂系数量。固定器，目前多用毛竹在水下打桩，用绳子拴系，固定网箱，也可以用水泥墩或铁锚固定网箱。

4. 盖网 防止养殖鱼类从网箱口逃逸，用来盖住网箱口的网片。

5. 栈桥或浮码头 栈桥由脚桩、梁、枕木、跳板等构成，或用水泥桩作为支架，铺钢筋混凝土预制板。

在水位落差比较大的水域或网箱离岸较远时，可用油桶作浮子制成浮码头。固定浮码头时，若离岸较近，可在岸上打桩，固定浮码头的一端，另一端用钢索铁锚固定；若离岸较远，可采用抛锚固定。

二、网箱类型

根据网箱的设置方式不同，养鱼网箱可分为浮动式、固定式和下沉式三大类。

1. 浮动式网箱 是目前使用最为广泛的一种网箱。借浮子和网箱框的浮力使网箱飘浮于水面，网身大部分沉于水下，将一部分网身（网口部分）浮出水面，整只网箱可以随时浮动。这种网箱的有效容积不变，水质较好；缺点是网箱形状不易固定。适宜于设置在水深而风浪不大的湖泊、水库库湾内。

2. 固定式网箱 即用竹、木桩、水泥桩固定的网箱。网箱不随水位浮动，容积随水位涨落而变化，适宜于设置在风浪较大的水域。

3. 下沉式网箱 整个网身沉入水面之下。只要网箱不碰水底就行，网箱的容积固定不变。在不宜设置浮动式网箱和固定式网箱、风浪较大的水域中可设置下沉式网箱。一般将网箱下沉到离水面1m以下较为合适。设置较深，因阳光入射少，浮游生物量少，不利于鱼类生长。

三、网箱制作

1. 网箱设计 设计网箱时，应从网箱形状、深度、面积及网目大小等方面考虑。

（1）网箱形状：除了给食性网箱仍保留为正方形外，考虑到节约网材，目前我国网箱形状多向长方形、圆形方向发展。

（2）网箱规格：目前，我国淡水养殖用网箱常见的有三种，大型网箱面积在$300 \sim 500 \ m^2$，高度为$5 \sim 8 \ m$；中型网箱面积在$64 \sim 128 \ m^2$，高度为$3 \sim 5 \ m$；小型网箱面积在$1 \sim 20 \ m^2$，高度为$1.5 \sim 3 \ m$。大型网箱中水体交换不均，易发生网破等现象，我国大部分地区现多采用中、小型网箱。各地可根据养殖规模、生产要求等各方面综合考虑，确定网箱大小。

（3）网箱深度：考虑到阳光透射能力、水流、风浪、鱼群活动等情况，网箱的深度一般以$2 \sim 4 \ m$为宜。鱼种所用的网箱深度，水库为$2 \sim 4 \ m$，湖泊为$2 \sim 3 \ m$。

（4）网目大小：网目大小的确定可参照下面的关系式：

$$\alpha = 0.13 L$$

式中：α——网目单脚的长度；

　　　L——为养殖鱼的全长。

如养殖全长分别为$5.5 \ cm$、$10 \ cm$的鲢鱼和鳙鱼夏花鱼苗，依照上述公式，α分别为$0.715 \ cm$、$1.3 \ cm$，网目最大值应为$1.43 \ cm$和$2.6 \ cm$。

网目大小与其他鱼类鱼种全长的关系式为：草鱼，$\alpha = 0.105 L$；鲤鱼，$\alpha = 0.13 L$；团头鲂，$\alpha = 0.20 L$；罗非鱼，$\alpha = 0.16 L$。

2. 制作网箱 首先应根据所需网目的大小选择网线。如网目为 1 cm，网线应为 2×2 股；网目为 1.5~2.0 cm，网线为 2×3 股；网目为 2.5~3.5 cm，网线为 3×3 股。然后依据所设计网箱的大小，自行编结一定长度和宽度的网片。如所需网箱为 6 m×6 m×3 m，编结好的网片伸展后的长度和宽度就应该是 6 m 和 3 m。网目误差要求不超过 ±0.1 cm。网片水平方向的缩结系数为 0.5~0.6，垂直方向为 0.7~0.8。最后用直径为 3~6 mm 的聚乙烯绳逐目将网片套接牢固，并在四角留出一定长度的绳子做成套环，用于固着网箱或悬挂重物。钢绳穿过之处再用聚乙烯线逐目扎紧、扎死。

四、网箱设置

1. 设置地点的选择 设置地点应注意：①网箱设置地点的水位不宜过浅或过深，过浅箱底着泥，影响水流交换和排泄物的流出，过深网箱不易固定，一般以水深 3~7 m 较好。②要避开水草丛生区，因为水草丛生容易造成水体溶氧不均或缺氧。③水流畅通，水质新鲜，避风向阳，流速在 0.05~0.2 m/s 范围内，风力不超过 5 级的回水湾为好。④养殖鲢鱼、鳙鱼的网箱，应选择在库湾、湖汊、有生活污水注入的进水口，以及河渠的汇集处，此处浮游生物含量丰富，是设置网箱养殖鲢鱼、鳙鱼的理想场所。

2. 网箱的布局 网箱布局以增大网箱的滤水面积和有利于操作管理为原则。通常网箱箱距 4~5 m 及以上。河道中网箱可"一"字形排列，串联 2 个以上网箱为一组，保持组距不少于 15 m。湖泊、水库中的网箱，应按"品"字形、梅花形或"八"字形排列。

第三节 网箱养殖技术

一、养殖水域的选择

选择养殖水域，应从光照、透明度、溶解氧、温度、饲料生物、水流、水深、风浪和风向等方面综合考虑。我国水库、湖泊、江河水域广阔，为网箱养殖的发展创造了条件，在选择养殖水域时，应尽可能考虑周全一些，以免造成不必要的损失。

第一，设置网箱的水域要避风向阳，底部平坦，要求常年水深 3 m 以上，不妨碍交通和水利设施。

第二，水面较开阔，水位平衡，水的流速在 0.2 m/s 以下。

第三，水质清新，没有污染，养殖鲢鱼、鳙鱼的网箱要选择水质较肥的水域。

第四，最好靠近村落附近或交通便利的地方，且离岸较近，便于管理和起捕。

二、养殖鱼类的选择

网箱养殖鱼类必须具备肉味鲜美，生长快，养殖周期短，饲料要求不高，适合本地水温，易养殖，抗病力强，鱼种来源易解决等优点。适宜于我国网箱养殖的鱼类主要有草鱼、鲤鱼、鲢鱼、鳙鱼、团头鲂和罗非鱼等。目前，一些名、特、优养殖品种也在我国各地不同水域中开展网箱养殖，如美国鮰、鳜鱼、加州鲈鱼等，并且取得了较好的经济效益。

三、放养密度、规格及搭配比例

1. 放养密度 放养密度和搭配比例要根据网箱大小，水质好坏，鱼种饲料来源，养成的规格及养殖技术的高低而定。鱼种网箱，一般水域放养鲢鱼、鳙鱼夏花鱼苗的密度为 $50 \sim 200$ 尾/m³，较肥水质可放 $200 \sim 300$ 尾/m³，出箱规格可达 13 cm 左右。其搭配比例鳙鱼可占总量的 $50\% \sim 70\%$。成鱼网箱，放养 $20 \sim 100$ 尾/m³，其鱼种重量一般按 5 倍的增重率计算，即要求产 500 kg 成鱼的网箱一定要放足 100 kg 鱼种，并要求一次放足。其搭配比例多以草鱼为主，另搭配 10% 左右的鳊鱼、鳙鱼或罗非鱼。

2. 放养规格 一般鱼种网箱，放养规格在 5 cm 以上，宜大不宜小。成鱼网箱，选择放养鱼种规格时，要选择最佳快速生长期的。目前，我国鱼种网箱放养规格为：草鱼 $150 \sim 250$ g/尾，鲢鱼、鳙鱼 $100 \sim 200$ g/尾，鲤鱼 $50 \sim 100$ g/尾，团头鲂和罗非鱼 $25 \sim 50$ g/尾。这样规格的鱼种放入网箱，一般可获得 $5 \sim 10$ 倍的生长倍数，且在当年生长周期结束时，均可达到商品鱼要求。鱼种规格要求尽量整齐。

3. 搭配比例 网箱养殖肉食性鱼类，主要依靠人工投喂饲料，一般不提倡混养，因此不存在搭配比例问题。水库、湖泊网箱养殖滤食性鱼类时，为了充分利用网箱内食料生物，鲢鱼、鳙鱼通常占混养总数的 85% 以上，鲢鱼、鳙鱼的比例为 2∶8 或 3∶7，草鱼的混养量一般不宜超过 5%，还可搭配少量的青鱼、团头鲂等。

4. 投放时间 培育鱼种的网箱，6 月底 7 月初放养夏花鱼苗，以延长生长期。养殖 2 龄和成鱼的网箱鱼种应在冬至到立春前放养完毕。最好选择晴天，水温 10 ℃ 左右时投放，冰冻期间，不能投放，以防冻伤。水温太高，鱼体易受伤发病。

5. 鱼种放养应注意事项 鱼种放养应注意以下几点：①网箱在下水前要仔细检查网衣是否有破损，并要求鱼种下箱前 10 天下水，使网箱软化和产生一些附着物，以防止鱼种入箱后擦伤鱼体。②鱼种要求规格整齐、体质健壮、无病无伤，最好是本地培育，避免长途运输。③鱼种进箱前要进行鱼体消毒，可用食盐水（3% ~5% 浸洗 3 ~5 分钟）、高锰酸钾溶液（20 mL/m³ 浸洗 10 分钟），也可以用硫酸铜 + 漂白粉，食盐 + 小苏打等药物浸洗，具体用量见鱼类病害预防与治疗部分。

四、网箱养殖饲养管理

1. 投饲

（1）投饵率及投喂次数：坚持"四定投饵"的原则，并根据鱼类吃食情况掌握投饲的速度和投饲量，根据季节不同确定投饵率。网箱鱼群的重量天天增加，因此，给食率必须经常调整。网箱养殖的投饵率及投喂次数可参考表 7 – 1。

表 7 – 1　网箱养殖的投饵率及投喂次数

日期（月）	4月初至 5月中旬	5月中旬至 7月中旬	7月中旬至 8月中旬	8月中旬至 9月中旬	9月中旬至 10月底
投饵率（%）	2	2.5	3	3	2.5
日投喂次数	2	3	3	4	3

（2）投饲技术：鱼种放养后 1 ~2 天开始投食驯化。刚驯化时，每天驯食 2 次，即上午 9 时一次，下午 5 时一次，投饲前先敲网箱的钢制框架或浮筒，用适度的响声将其诱集到水面食台附近后再进行投饲。一般经一周左右驯食后，80% 以上的鱼类都能上浮抢食。坚持定质、定量投饵。定质：饲料要新鲜、适口，不投腐烂变质饲料。定量：根据鱼的大小和数量、摄食情况和天气变化确定投饵量。

网箱养鱼投饲效果与周围环境密切相关，投饲量应灵活掌握。如遇到大风大浪，水质混浊，阴天水温突然下降，水中溶解氧降低，应适当减少投饲量。水温高而鱼类摄食旺盛时，则应适当增加投饲量。

2. 日常管理

（1）网箱检查：网箱下水前，要仔细检查，及时修补损坏处。鱼种放养后，每天清晨和傍晚都应将网箱的四角轻轻拉起，仔细观察网衣（特别是观察离水面约 30 cm 处的网衣）是否有破损现象，发现破损及时修补或更换。

（2）清除污物：坚持每 3~5 天洗刷网箱网衣一次，保持网箱箱体清洁及箱内外水体交流畅通；坚持经常清除网箱箱底残饵，防止残饵、粪便发酵，滋生病菌。

1）人工清洗。当网箱上的污物较少时，可直接提起网衣，抖落污物或在水中漂洗；当污物较多时，则可用竹片抽打网衣，使污物脱落。

2）机械清污。有条件的地方，可将网箱吊起，用喷水枪或潜水泵射出强大水流冲落污物。使用以上两种方法清洗网箱时，操作必须仔细，以免伤鱼破网。

3）生物清洗。即在网箱内适当增放一些喜食藻类和有机碎屑的鱼类，如鲤鱼、鲫鱼、鲮鱼、罗非鱼等，利用其刮食附着生物的特性，清除网箱污物，以保持网箱清洁、网目畅通。

（3）鱼病防治：坚持"无病先防，有病早治"的原则。在鱼病流行季节，每 10~15 天用食盐水，浓度为 3%~5%；或二溴海因，浓度为 0.4 mL/m³ 泼洒一次，两种药物可交替使用。泼洒时用塑料薄膜将网箱围住，1~2 小时后将塑料薄膜移开。定期投喂土霉素药饵，按每千克饲料用药 2 g 制成药饵，连续投喂 5~7 天；或用干的黄柏、黄芩、黄连、板蓝根合剂每 100 kg 饲料加 500 g，打粉后再加 500 g 食盐制成药饵，连续投喂 7 天。

（4）注意天气变化：在大风、暴雨天气，风浪较大或上游洪水来临时，要注意及时加固和升降网箱，避免网箱破损逃鱼。

第八章　名特优淡水品种养殖技术

第一节　泥鳅的养殖技术

泥鳅又名鳅、鳗尾泥鳅、真泥鳅，是一种广泛分布于中国、日本、朝鲜和东南亚国家的常见小型淡水鱼类。在我国，除了青藏高原外，全国各地的河川、沟渠、稻田、堰塘、湖泊、水库均有天然分布。泥鳅具有分布广、繁殖能力强、抗逆性强、易养殖等特点。

一、泥鳅的经济价值和生物学特性

(一) 泥鳅的经济价值

泥鳅是一种分布非常广泛的小型经济鱼类，其肉味鲜美，营养丰富，可食部分含蛋白质18.43%、脂肪2.96%，并有滋阴补气的功效，有"天上的斑鸠，地下的泥鳅"的誉称，是我国的传统外贸出口水产品。

泥鳅有多种药用功能。《本草纲目》中记载，鳅有暖中益气的功效，对治疗肝炎、小儿盗汗、皮肤瘙痒、跌打损伤、手指疗、乳痛等都有一定的疗效。现代医学认为，经常吃泥鳅还可美容，防治眼病、感冒等。因此，泥鳅既是营养品，又是保健食品。

近年来，由于工农业污染和水环境遭到破坏，泥鳅的自然产量急剧降低，而市场需求却日趋增大，因此人工养殖悄然兴起。

泥鳅生命力很强，对环境的适应性高，饲料易得，养殖占地面积少，用水量不大，易于饲养，便于运输，成本低，收益大，见效快。目前，我国各地泥鳅养殖业已经开始向集约化、商品化、规模化、无公害的方向发展。养殖泥鳅已经成为农民脱贫致富奔小康的一条重要途径。

（二）泥鳅的生物学特性

1. 生活习性 泥鳅（图 8 - 1）体呈长筒形，头小，口为马蹄形，有口须 5 对，体被细小圆鳞并深陷皮内，全身深灰色，并布满黑色斑点。泥鳅是温水性鱼类，其适宜养殖水温为 15 ~ 28 ℃，最适生长水温为 25 ~ 28 ℃。水温高于 30 ℃ 或低于 10 ℃ 即潜入泥中。泥鳅的生长发育速度非常快，当年繁殖的幼鱼当年可以长到 10 cm 以上，并达到性成熟。泥鳅对环境适应能力强，除鳃呼吸外，还可以用皮肤或者肠呼吸。耐低氧能力很强，离水后仍能生存 1 ~ 6 小时。

图 8 - 1 泥鳅

2. 食性 泥鳅是杂食性鱼类，幼体以浮游动物为食；成体则用口吸吮底泥，从中摄取有机质碎屑和底栖动物，也摄食各种藻类。泥鳅在一天中有 2 个摄食高峰，即上午 7 ~ 10 时和下午 4 ~ 6 时。

3. 繁殖习性 泥鳅 1 ~ 2 冬龄即达性成熟。每年当水温上升到 18 ℃ 以上时，开始发情产卵，繁殖期为 4 ~ 9 月，但以 5 ~ 7 月，水温为 25 ~ 26 ℃ 时最盛。泥鳅的怀卵量多少与体长有关，每尾雌鳅怀卵量为 7 000 ~ 40 000 粒。卵一般产在水深不到 30 cm 的浅水区的水草上，具黏性。刚产出的卵直径约 0.8 mm，吸水后卵膜可膨胀到 1.3 ~ 1.5 mm，无色透明。经 2 ~ 3 天孵化出鳅苗。

二、泥鳅的人工繁殖技术

（一）亲鳅的选择

用于繁殖的亲鳅可从池塘、湖泊、稻田捕捉，也可从人工养殖的成鳅中选留。亲鳅要求体质健壮，无病无伤。雄鳅体长10 cm以上，体重10～15 g；雌鳅体长15 cm以上，体重20 g以上，且腹部膨大、柔软、有弹性。雌雄比例1：（2～3）。雌、雄亲鳅的特征为雌泥鳅胸鳍较短，前端钝圆成扇形，生殖季节腹部特别膨大；雄泥鳅胸鳍较长，前缘尖端向上翘起，生殖季节挤压腹部有白色精液从生殖孔流出。

（二）产卵繁殖

1. 自然产卵繁殖　开春后，繁殖前15天，用生石灰消毒产卵池（面积为20～30 m²），然后注入新水。待药物毒性消失后，将选留的亲鳅按雌雄比例1：（2～3）放入池中，并适当投喂少量饼粕、糠麸、鱼粉等饲料或人工配合饲料。当水温上升到18 ℃时，在产卵池中放入用棕片、水草、网片等扎成的鱼巢。泥鳅一般喜欢在晴天的早晨产卵。当亲鳅基本完成产卵后，立即将有鱼卵的鱼巢取出，放入孵化池或孵化容器中孵化。产卵池放入新的鱼巢，供亲鳅继续产卵。

2. 人工催产繁殖　为了使亲鳅集中产卵，便于生产管理，也可采用人工催产。当水温上升到18 ℃以后，每尾雌亲鳅注射鲤鱼脑垂体1个或注射绒毛膜促性腺激素800～1 000 IU；雄亲鳅注射剂量为雌亲鳅的一半。注射后，雌雄按1：2的比例放入产卵池中，并投放鱼巢。经注射催情剂的亲鳅，在20 ℃的水温条件下，约经20小时就发情产卵。卵产完后，立即取出鱼巢放入孵化池中孵化。另外，经人工催产的泥鳅亲鳅，也可用人工授精的方法获得受精卵。

三、泥鳅人工养殖技术

1. 泥鳅池的建造　我国大部分平原地区都适合养殖泥鳅。鳅池建设时要注意泥鳅的潜土性和逃逸性，做到防逃、易捕。选择水源充足，水质良好，排灌方便，光照好，交通便利的地方建池。鳅池四周要做防逃网，进水口、排水口要装拦网，以防泥鳅逃跑和野杂鱼、敌害生物进入。在养殖池中央，挖一个集鱼坑，其大小为全池面积的 5% 左右，深 30 cm，给泥鳅提供躲避场所，并便于捕捞及越冬。

2. 泥鳅苗饲养　刚孵出的泥鳅苗以吸收腹部的卵黄囊为营养。3～4 天后，卵黄吸收完毕，泥鳅苗开始活动、摄食，此时才能将其从孵化池或孵化器中移入种苗池中饲养。

（1）培育池准备及放养：培育池为水泥池或土池，面积 30～50 m²，池深 70 cm 左右。如用水泥池，池底要铺 20 cm 肥泥，水深 20～30 cm。培育池在使用前 7～10 天用生石灰消毒，池底铺 10 cm 左右的腐熟粪肥作为基肥，注入新水 20～30 cm，待水色变绿色，透明度 20 cm 左右，放入鳅苗进行培育。放苗密度为：半流水养殖，每 100 m² 放养 15 万～20 万尾；静水养殖，每 100 m² 放养 8 万～10 万尾。

（2）泥鳅苗管理：

1）投饵施肥。入池后的前 7 天，每 10 万尾鱼苗每天投喂 1 个熟鸡蛋黄，投喂时，先将熟鸡蛋黄包在双层纱布中，在盛有清水的盆中搓碎后均匀撒入池中。可根据不同条件采用豆浆培育（泼洒豆浆）或施用经发酵腐熟的畜禽类粪便、绿肥等有机肥或无机肥培育水质，以培育鳅苗喜食的饲料生物。培育期间要保持水质肥爽，为泥鳅幼苗提供丰富的天然饲料。养殖期间要防止其他鱼类、青蛙及水生生物进入种苗池。

2）及时分池。泥鳅苗长至 3～4 cm 时，要及时进行分池，以降低密度，加快生长。分池操作和家鱼的夏花鱼苗相似，先用夏花网将鳅苗捕起，放入捆箱中进行密集锻炼。拉网捕苗时注意拉网速度要慢，操作要细致，以防止弄伤鳅苗。鳅苗经拉网锻炼后运到其他准备好的池塘中饲养。分池饲养密度为每 100 m² 放养 100～200 尾。再经过 3 个月的饲养，泥鳅体长达 10 cm 时，即可进行成鱼养殖或上市出售。

3）清除敌害，防治疾病。防敌害如水蜈蚣等，除杂草，预防疾病发生以提高鳅苗成活率和质量。

4）泥鳅苗越冬管理。在北方地区，泥鳅的生长期较短，泥鳅种苗需越冬后第 2 年才能养殖成鳅。水温降至 10 ℃ 以前，要选择背风向阳、蓄水较深、不渗漏、保肥力强的池塘进行并塘越冬。水温降至 10 ℃ 时，泥鳅开始进入冬眠期。越冬时，泥鳅的混养密度是常规放养密度的 2～3 倍。

3. 泥鳅成鱼养殖　成鳅养殖是指将体长 5～8 cm、体重 2～4 g 的鳅种培养成 15 g 以上的食用鳅。下面介绍成鳅的池塘养殖、网箱养殖技术要点。

（1）池塘养殖：

1）池塘条件。池塘面积 600～2 000 m²，养殖成鱼泥鳅用水泥池或土池都可以，只要池塘水源充足，保水力强，排灌方便就可以了。池深 90～110 cm，水深 50～60 cm，池底保留约 20 cm 厚的肥泥，池内设集鱼坑和饲料台。养殖前先清塘消毒，并注入 40～50 cm 水高，注水后施入适量腐熟粪肥。清塘后约 7 天待药物毒性消失，池水变肥以后就可以放养泥鳅了。

2）放养密度。放养量视鳅种规格、鳅池条件、饲养技术水平而定。规格 5～8 cm 的鳅种，放养密度为 80～150 尾/m²，有流水条件的养殖池可适量增加。鳅种放养前用 8～10 mg/L 的漂白粉溶液浸泡 3～5 分钟消毒，或用 3% 的食盐水浸泡 5～10 分钟。

3）投饵。采用泥鳅专用颗粒饲料投喂。鳅种刚入池时，要进行驯化，驯化方法同其他养殖鱼类，一般驯化一周左右，就可以正常投饵了。坚持"四定"投饵，投饵量，4~6月为总体重的3%，7~8月为总体重的5%，9~10月为总体重的3%。

4）日常管理。水质要求"肥、活、嫩、爽"，透明度控制在30 cm左右，溶解氧保持在3 mg/L以上，pH值7.6~8.5。要定期加注新水，使池水既肥又爽；经常检查食台，了解泥鳅吃食情况，以便调整投喂量。及时捞出残余饲料。饲养期间要经常巡塘，做好防逃、防病工作。发现漏洞要及时堵塞。

（2）网箱养殖：具有放养密度大、网箱设置水域选择灵活、单产高、管理方便和捕捞容易等优点，是一种集约化养殖方式。

1）网箱设置。网箱由聚乙烯制作而成，一般网目为40目网眼。网箱大小为20~50 m²，网箱框架为竹竿搭制，网箱水下部分为1.5 m，水上0.3 m，箱底距池底约0.5 m。

泥鳅苗种放养前15天放置网箱，使网箱壁附着藻类，移植水花生，占网箱面积的1/3。箱体底部铺垫10~15 cm的泥土。网箱设置在池塘、湖泊、河边等浅水处。

2）放养密度。一般放养5 cm以上的鳅种2 000~3 000尾/m²，并根据养殖水体条件适当增减。鱼种规格尽量保持一致，放养前用3%的食盐水溶液浸洗5~10分钟。

3）投饵。投喂人工配合饲料。

4）日常管理。经常检查网箱是否破损；勤刷网衣，保持箱体内外水流通畅；注意观察泥鳅的活动情况、吃食情况；注意预防和治疗泥鳅病害。

第二节　黄鳝的养殖技术

一、黄鳝的经济价值和生物学特征

（一）黄鳝的经济价值

黄鳝味道鲜美，营养丰富，经分析测定是一种高蛋白、低脂肪、低胆固醇的营养食品；含有丰富的人体所需的钙、磷、铁等微量元素和多种维生素等营养成分，有极高的食用价值；是深受国内外消费者喜爱的美味佳肴和保健滋补品。鳝鱼体内还富含DHA/EPA 和其他药用成分，因而在深加工和保健品开发上具有极大的发展潜力。黄鳝的药用价值较高。据《本草纲目》记载，黄鳝有补血、补气、消炎、消毒、除风湿等功效。黄鳝的肉、头、皮、骨、血均可入药。我国民间常用黄鳝医治虚劳咳嗽、湿热身痒、肠风痔漏、口眼歪斜、颜面神经麻痹、慢性化脓性中耳炎、消化不良等症。近年还有研究报告指出，黄鳝可有效地治疗糖尿病。

黄鳝是我国重要的水产品出口品种之一，国外市场紧俏，日本、韩国每年需进口 20 万吨，美国市场则对我国规格为 150 g/尾的黄鳝需求量很大。据调查了解，目前国内市场年需求量近 400多万吨，冬季的上海、杭州、宁波一带每天需求量达 100 吨。人工饲养黄鳝具有占地少、用水量小、饲料来源广、管理简便、病害少、成本低的特点。近年黄鳝养殖发展很快，比较典型的是湖北等地的池塘、网箱养殖和安徽淮南等地的工厂化养鳝，产量较高，效益好。

（二）黄鳝的生物学特征

黄鳝（图 8 - 2）俗称鳝鱼、长鱼、无鳞公主，属合鳃目、合鳃科、黄鳝亚科。在我国分布广泛，是一种重要的经济鱼类。

1. 习性 黄鳝为底栖鱼类，适应能力强。喜栖于湖泊、水库、河流、池塘、沟渠、稻田等淡水水域，黄鳝体呈蛇形或鳗形，前端管状，尾部偏

图 8 - 2 黄鳝

侧，尾端尖细。黄鳝体表无鳞，没有胸鳍和腹鳍，背鳍和臀鳍退化成低皮皱状且与尾鳍相连接。鳃严重退化，无鳃耙。在水中不能靠鳃呼吸，即使在溶氧丰富的水体中，黄鳝也把头伸出水面进行呼吸。

黄鳝是变温动物，喜穴居，生活适温是 15 ~ 30 ℃，最适宜的温度为 24 ~ 28 ℃，当水温降到 10 ℃ 以下时，开始穴居冬眠。黄鳝可以通过口咽腔和皮肤直接呼吸空气中的氧气，故黄鳝耐氧能力强。

2. 食性 黄鳝是以动物性食物为主的杂食性鱼类，喜活饵，贪食。在缺少饲料时，会相互残食。幼苗阶段，主要摄食轮虫、枝角类、桡足类；鱼种阶段主要摄食水生昆虫、摇蚊幼虫等，也摄食有机碎屑及人工配合饲料；成鳝食性杂，捕食螺类、河蚌、虾类、小鱼等，也喜食人工配合饲料。

3. 生殖特征 黄鳝的繁殖比较特殊，有性逆转现象。从出生到第一次性成熟时，为雌性，以后随年龄增长，进入雌雄同体并逐渐过渡到完全雄性。

二、黄鳝的繁殖技术

（一）繁殖习性

通常水温稳定在 22~25 ℃及以上，即每年 5~9 月为繁殖期，6~7 月是盛期。在生殖季节，产卵前，雌、雄亲鳝在穴居洞口附近吐泡沫筑巢，然后将卵产于巢上，雄鳝在卵上排精，受精卵在泡沫中发育。全长为 25 cm 的雌鳝怀卵量为 200~800 粒；产卵后，雌鳝离开，雄鳝则在巢附近守护受精卵，直到孵化。

黄鳝受精卵孵化时间的长短与水温有密切关系，当水温在 28~30 ℃时，从卵子受精至仔鳝孵出需 5~7 天；25 ℃左右时，需 9~10 天。刚孵出的仔鳝全长 10~15 mm，身体弯曲，卵黄囊较大，孵出后 11 天左右，仔鳝全长达 30 mm，卵黄囊消失，胸鳍退化并消失，可钻泥营穴居生活。黄鳝有护幼习性，直到仔鳝卵黄囊消失并能自由觅食，雄鳝才离鳝苗而去。

（二）黄鳝的雌雄鉴别

黄鳝的雌雄鉴别方法见表 8-1。

表 8-1　雌雄黄鳝性别特征

部位	繁殖季节雌鳝（♀）	繁殖季节雄鳝（♂）
体长	35 cm 以下为雌鳝	40 cm 以上多为雄鳝
头部	细小，无隆起	较大，隆起明显
体背色斑	青褐色，色带不明显	褐色素斑点明显的 3 条平行色带
腹部	膨胀透明，淡橘红色，一条紫红色横条纹	无明显肿胀，有血状斑纹

（三）亲鳝的选择与培养

1. 亲鳝来源与选择　应选择种系纯正、身体细长而圆、体质健康、无病无伤、体色为黄褐色或青灰色的黄鳝为宜。雌鳝要求体长 25 cm 以上，个体重 70 g 以上；雄鳝要求体长 40 cm 以上，个体重100 g以上。亲鳝的来源一是靠捕捞、购买野生鳝种，二是选用人工专门培育的鳝种。

2. 自然繁殖　选择达到或接近性成熟、体质健壮的黄鳝放入池中，亲鳝池最好是水泥池，也可以用土池。池子面积应根据繁殖规模来定，一般面积为10~20 m²，深为1 m左右。雌雄比例为1:2，雄多雌少；若人工授精，则为（2~3）:1，雄少雌多。每立方米放8~10尾。

在繁殖前1~2个月，要精心管理，培育亲鳝的放养密度一般为雄鳝2~3尾/m²，雌鳝7~8尾/m²。饲料以投喂优质活饲料为宜，如小鱼、小虾、蝌蚪、幼蛙、蜻蜓幼虫、蚯蚓、蝇蛆等。黄鳝对陆生昆虫也喜欢摄食。也可以投喂人工配合的精饲料。培育期间注意加注新水，保持良好水质；在池中放一些水生植物，如浮莲、凤眼莲等，起遮阳和保护作用。水泥围墙高出水面60~70 cm，以防黄鳝逃逸。另外，在黄鳝产卵期间，要注意保持安静，要在繁殖池中放一些丝瓜筋、柳树根等柔软多须之物，供鳝鱼产卵、鳝苗隐藏和栖息。

3. 人工繁殖　在人工养殖条件下，当水温稳定在20 ℃以上时，通常是5月底或6月上旬（南方地区会早一些），亲鳝池中就会有少数黄鳝开始打洞配对，此时，可进行人工繁殖。

（1）亲鳝的培育：培育亲鳝的放养密度一般为雄鳝2~3尾/m²，雌鳝7~8尾/m²。饲料投喂同上。要注意经常换水，亲鳝放养前用3%~5%食盐水浸洗5分钟，预防水霉病，消除体表寄生虫。

（2）催产剂选用及注射：在6月上旬至7月初，选择性腺发育好的黄鳝进行人工催产。选用促黄体素释放激素类似物（LHRH-A）或绒毛膜促性腺激素（HCG），用量依据黄鳝个体大小而有增减，采用一次注射。一般情况下，体重50 g左右的雌鳝，每尾注射LHRH-A 5~10 mg，50~250 g的雌鳝，每尾注射

LHRH – A 10 ~ 25 mg，或注射 HCG 800 ~ 1 000 IU/kg；雄鳝注射剂量减半，雄鳝的注射时间须比雌鳝推迟 24 小时左右。用蒸馏水或生理盐水配制，每尾亲鳝注射的催产剂液量为 1 mL。注射好的雌性亲鳝放入网箱中暂养，水深保持 30 ~ 40 cm，注意经常充注新水，暂养 40 ~ 50 小时后，即可观察亲鳝的成熟及发情情况。选择发育好、待产卵的亲鳝进行人工授精。

（3）人工授精：将选好的亲鳝取出，一手用干毛巾握住前部，另一手由前向后挤压腹部，部分亲鳝即可顺利挤出卵，但也有些亲鳝会出现泄殖腔堵塞现象，此时可用小剪刀在泄殖腔处向里剪开 0.5 ~ 1 cm，然后再将卵挤出，连续 3 ~ 5 次，挤空为止。放卵容器可用玻璃缸或瓷盆，将卵挤入容器后，即把雄鳝杀死，取出精巢，可取一小部分在 400 倍以上的显微镜下观察，如精子活动正常，即可用剪刀把精巢剪碎，放入挤出的卵中，充分搅拌［人工授精时的雌雄配比视卵量而定，一般为(3 ~ 5):1］，然后加入林格溶液 200 mL，放置 5 分钟，再加清水洗去精巢碎片和血污，放入孵化器中静水孵化。

（4）人工孵化：常用的孵化容器有孵化缸、孵化桶、孵化环道等，在孵化过程中要保持水质清新，无污染，pH 值以中性为好。创造一个与黄鳝自然繁殖（即借助泡沫浮于水面）类似的环境，水深以 10 cm 为宜。水温保持 25 ~ 30 ℃，孵化期间要注意换水，换水时水温温差不要超过 5 ℃。

三、黄鳝的养殖技术

（一）鳝鱼池建造

鳝池一般选在地势稍高的向阳背风处，黄鳝对环境适应性强，对水体、水质要求不高。可利用不宜养殖其他鱼类的废弃水体、水坑养鳝。家庭养殖池宜选在住宅附近，便于管理。鳝池大小以养殖规模而定，苗种池面积一般为 12 m² 左右；成鳝池面积一般以 15 ~ 30 m² 为宜，大的也可以达到 100 m²。家庭养殖的面积以 10 ~ 15 m²，池深 70 ~ 100 cm 为宜。

鳝池分水泥池和土池两类，具体技术指标是：池深 70 ~ 100 cm，水深 10 ~ 20 cm，淤泥深 20 ~ 30 cm，水面离池顶距离 30 ~ 40 cm，水池设进排水口并用筛绢或聚乙烯网罩住。

鳝池建好后，可模拟黄鳝生长的自然环境，在池塘底部垫 10 cm 左右的秸秆，秸秆上放 20 ~ 30 cm 厚的黏土、石块、砖头，人为造成一些洞穴；池中可以种植一些水生植物，如水葫芦、水花生等，以改善池塘生态环境。水生植物的种植面积占池塘面积一半以下。

（二）黄鳝苗种培育

1. 鳝苗放养密度　鳝苗放养前，要对鳝池进行清整，方法同鱼苗、鱼种培育。刚孵化的鳝苗，不能摄食，依靠吸收卵黄囊维持生活。约 7 天后，卵黄囊消失，可喂煮熟的蛋黄 2 ~ 3 天。将鳝苗移入培育池，每平方米放 300 ~ 450 尾。一般选在晴天的上午 8 ~ 9 时或下午的 4 ~ 5 时下池，并注意盛苗容器里的水温与苗种池中的水温温差不能超过 3 ℃。

2. 投饵　鳝苗入池头 2 天，散喂水蚯蚓碎片，或以浮游生物（枝角类、桡足类和部分大型轮虫）和水蚯蚓打成浆投喂；入池 3 天后，开始投喂整条水蚯蚓，日投饵量占鱼体重的 3% ~ 5%，每天投喂 4 ~ 6 次，逐渐形成固定食场。半个月后，黄鳝体长达到 3 cm，此时有条件时可以分养，每平方米放 200 ~ 250 尾。用蚌肉、蚯蚓、各种动物血及下脚料加工成糊状饲料均匀撒入池中，辅以少量的瓜果皮、蔬菜、饼粕类等饲料；也可以将它们与鳗鱼配合饲料搅匀后投喂。每天投喂 2 次，日投饵量占鱼体重的 3% ~ 6%。

3. 日常管理　黄鳝苗种喜水质清爽、肥活和含氧量丰富的水体。因此，要及时加注新水，当发现黄鳝经常将头伸出水面，摄食减少，即说明水中缺氧，应及时更换池水。可以在鳝池中适当放养一些泥鳅，泥鳅的上下窜动，可防止黄鳝相互缠绕。注意观察鳝鱼的活动情况，发现疾病及时预防与治疗。

（三）成鳝养殖

黄鳝成鱼养殖普遍采用的养成模式有网箱、池塘两种方式，具体采用哪一种养殖方式可根据当地及养殖者自身的具体条件而定。成鳝养殖是指将体重 10～15 g 的鳝种养到 80～100 g 的商品鳝，完成这一过程，须掌握鳝种放养、饲料投喂和饲养管理等环节。

1. 池塘养殖

（1）水泥池养殖：

1）水泥池建设。先在平地上下挖 40 cm，挖成土池。水泥池池壁用砖或石块砂浆砌成，用水泥抹底，池壁高出地面 30～40 cm，池边墙顶做成"T"或"厂"字形出檐，池底铺 20～30 cm 深的河泥，其他要求同鳅池的建造。

2）苗种的选择与放养。为确保高产高效，要注意培育和选用优良品种。选苗方法：一是将鳝苗倒入装有半箱水的箱内，加水至箱体的八成高，体质差的鳝苗会不断上浮或干脆将头伸出水面，头不下沉，鳃部膨大发红，应该淘汰，反之则选留；二是肉眼观察，发现腹部有明显红斑、头部与尾部发白、肛门红肿充血、手抓无力挣扎、口腔有血的鳝苗，应淘汰，反之则选留。黄鳝放养量应根据鳝池大小、饲料来源、苗种规格及饲养水平等不同而异。一般每平方米放养体重 25 g 的幼鳝 80～150 尾，即每平方米放养幼鳝 2～3 kg，最多每平方米放养幼鳝 5～6 kg。同一养殖池中切忌大小混养。鳝池中可搭配养殖泥鳅，放养量为 10～15 尾/m²。

3）投饵。黄鳝是偏动物性的杂食性鱼类，喜食鲜活的动物性饲料，如蚯蚓、蝇蛆、蝌蚪、小鱼虾、蚕蛹、螺蛳、河蚌肉、动物下脚料，以及麦芽、麦麸、米饭、瓜果皮、菜饼和鳗鱼配合饲料等，其中以蚯蚓为最爱。若人工饲养黄鳝，其饲料要因地制宜，多渠道筹集。

人工养殖鳝种已形成了白天群集摄食的习惯。如果是野生鳝种，还需要驯饲。一般在鳝种入池后的第 3 天开始进行投饵驯化。根据当地资源，选用鳝鱼喜食的蚯蚓、淡水虾、蚌肉、小杂鱼等鲜活饲料，定时、定位驯化鳝苗集中摄食。正常情况下投喂鲜饲料一周后，可使用全价饲料和鲜活饲料混合投喂，进行转食驯化。如果选好鲜料和黄鳝全价料后，就不要再随意变更饲料的种类。

投饵方法：黄鳝驯食成功后，进入正常饲养管理阶段。在黄鳝的饲养过程中，投饵要遵循"四定"原则，并根据"四看"（看季节、看天气、看水色、看鱼情）情况适时增减投饵量。每天可投喂 2 次，黄鳝觅食的习惯，以下午投喂为主。下午投喂量占全天投食量的 80% 左右，早上投喂量占 20%，以第 2 天清晨基本没有剩余为原则。一般养殖前期，日投饵量为黄鳝总体重的 3%~4%，养殖中期为 5%~7%，养殖后期降为 3%~4%。适宜黄鳝生长的温度是 15~30 ℃，当水温低于 15 ℃或高于 30 ℃时应停止投喂，饲料要新鲜、不变质。

4）日常管理。主要做好以下工作：一是要求水质"肥、活、嫩、爽"，定期换水；二是水温达到 28 ℃时要采取降温措施，如在池边种植丝瓜、扁豆等植物；三是要保持水位 10~12 cm，加注新水时要注意温差不超过 5 ℃；四是注意观察鳝鱼活动，发现浮头及时解救；五是做好防逃、防病、防敌害工作。池中还可以投入少量的鳅苗，密度为 30~50 尾/m²，可以有效地清除残食，起到控制水质肥瘦的作用，还可以改善鳝池通气条件和鳝鱼之间相互缠绕的现象。

（2）土池饲养：选择土质坚硬的地方建池，从地面向下挖

30～40 cm。用挖出的土作埂，埂高 40～60 cm，埂宽 60～80 cm。池埂和池底都要夯实。池底铺一层油毡，再在池底及四周铺设塑料薄膜，池底上堆 20～30 cm 厚的淤泥或有机质土层，可防止池水渗漏和黄鳝打洞逃逸。池子建成后可在池内种植一些水生植物，如水葫芦、水花生、慈姑、浮萍等，在池四周也可以种植一些攀缘植物，如丝瓜、扁豆等，搭棚遮阳。有条件的还可在室内建冬季保温池，缩短养殖周期。具体饲养管理方法可参考水泥池养成模式的饲养管理方法。

2. 网箱养殖

（1）网箱制作与设置：

1）网箱制作。选用优质聚乙烯无结节网片制成，高 1.2 m，长宽以（4～6）m×（2～3）m 为宜的长方形或正方形网箱，一般每个网箱面积 6～20 m²。网眼大小按放养鱼种的规格大小选择。四周用毛竹固定，露出水面 40 cm，按池塘形状依次排列，网箱之间用毛竹搭架，便于投饲管理。

2）网箱设置。选择水源充足，水质良好，无污染，排灌方便，交通便利的池塘、河沟、水库等水域养殖。网箱面积一般以占养殖总面积的 30%～50% 为宜。用木桩、铁丝或毛竹竿将网箱固定在进水口附近，箱底离池底 40 cm，箱顶高出水面 50 cm，箱体入水深 0.8 m，网箱可单排或多排，网箱间隔为 80 cm 以上，行距以能行驶饲料船为宜，以方便水体交换、水质调控、投饵管理和渔船行驶。

3）放养前准备工作。网箱应在放养黄鳝苗种前两周下水安装，使箱衣着生藻类并软化，以免擦伤鳝体。新制网箱用 40 mg/L 高锰酸钾溶液浸泡 20 分钟后再将其投入水中。然后将水花生、水葫芦等水草洗净，并用 3%～5% 食盐水浸泡后移植于箱中。每只网箱设 2～3 个食台。

（2）苗种选择与放养：

1）苗种选择。选择体表颜色呈淡黄色或深黄色且带有点、线状明显的大黑花斑，体形细长而圆，头较小，体表无伤，活动力强，体质健壮，规格相对整齐的鳝种，进行网箱养殖。

2）放养。放养时间是 4～5 月或 7～8 月，每平方米放养 25～30 g/尾的鳝种 2～3 kg；要求每只网箱放养鳝种规格一致，以免差异太大而相互残杀。放养前用 3%～5% 的食盐水浸泡消毒 5～10 分钟，减少疾病发生。另外，每只网箱可放养泥鳅 1 kg，用于清除网箱中的剩饵和防止鳝体相互缠绕。

（3）饲养管理：

1）投饵。鳝种入箱后 2 天不投喂，让黄鳝体内食物全部消失，处于饥饿状态，第三天开始投喂蚯蚓、螺蛳肉、小杂鱼等，蚯蚓 50%，螺蛳肉 30%，小杂鱼 20%。将蚯蚓或螺肉等饲料放置于食台上，每天傍晚 5～6 时进行，日投喂量为鳝鱼体重的 1%～3%，随着时间的推移，逐渐减少蚯蚓和螺蛳肉投喂量，增加小杂鱼、配合饲料的投喂，每天上午 7～8 时和下午 4～5 时各一次。日投喂量可逐渐增加到鳝鱼体重的 6%～8%，具体投喂量要根据天气、水温、水质、黄鳝的活动情况灵活掌握，原则上以投喂后 2 小时左右吃完为宜。每天吃剩的饲料要及时捞出以免污染水质。实践证明，使用鲜鱼加配合饲料养殖黄鳝效果更好。

2）检查网箱。经常检查网箱是否完好，发现破漏及时修补，以免黄鳝逃逸。

3）做好鱼病预防和治疗。网箱要定期消毒，养殖期间 5～10 月每半个月用漂白粉挂袋一次，每只网箱挂 2～3 袋，每袋放药 150 g，或用漂白粉 10 mg/L 全池泼洒。每半个月投喂中药三黄粉 3～5 次，用量为 50 kg 黄鳝用药 0.5 kg，再加食盐 0.5 kg，拌饵投喂，每天 1 次。

第三节 黄颡鱼的养殖技术

黄颡鱼俗称嘎鱼、嘎牙子、黄姑、黄腊丁、黄鳍鱼等，分布在我国河川、湖泊、沟渠等水域中，营底栖生活，杂食性，是我国优质的名贵鱼类。以各种底栖的无脊椎动物、小杂鱼、虾等为饵，对生态环境的适应性较广，对营养和其他环境因素的要求不高。因此，在大部分的养殖水域中均可进行养殖。

一、黄颡鱼的经济价值和生物学特征

（一）黄颡鱼的经济价值

黄颡鱼肉质细嫩、味道鲜美、少细刺、营养丰富、药用价值较高，在国内外市场深受欢迎，特别是大规格的鲜活鱼供不应求。据分析，每100 g鱼可食部分中含蛋白质16.1 g、脂肪2.1 g、碳水化合物2.3 g、钙154 mg、磷504 mg，且含人体必需的多种氨基酸，尤以谷氨酸、赖氨酸含量较高，营养价值高，深受广大消费者欢迎。

黄颡鱼除具有较高的营养价值外，还具有利小便、消水肿、消炎、镇痛、祛风、醒酒等药用功能。《本草纲目》记载："煮食消水肿，利小便。"姚可成的《食物本草》中也记载，吃黄颡鱼"主益脾胃和五脏，发小儿痘疹"。

黄颡鱼在我国各大城市的市场需求量较大，市场价格已上升为40~60元/kg。黄颡鱼除在国内畅销外，在日本、韩国、东南亚等国家也有巨大的市场潜力，可出口创汇。黄颡鱼是一种前景很好的新型优良养殖品种。

（二）黄颡鱼的生物学特征

1. 形态特征 黄颡鱼（图8-3）体长，腹平，体后部稍侧扁。头大且平扁，吻圆钝，口大、下位，上下颌均具绒毛状细齿，眼小。须4对，大多数种上颌须特别长。无鳞。背鳍和胸鳍均具发达的硬刺，胸鳍短小。体青黄色，大多数种具不规则的褐色斑纹，各鳍灰黑带黄色。

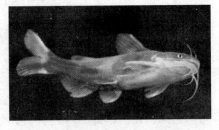

图8-3 黄颡鱼

2. 生活习性 黄颡鱼多在静水或江河缓流中活动，为底层鱼类。在池塘中，白天潜于水底，晚上出来觅食。对环境的适应能力较强，在不良环境条件下也能生活。该鱼属于温水性鱼类，生存温度0~38 ℃，最佳生长温度25~28 ℃。最适pH值范围6.8~8.5，耐低氧能力一般，水中溶解氧在3 mg/L以上时生长正常，低于2 mg/L时出现浮头，低于1 mg/L时会窒息死亡。

3. 食性与生长 黄颡鱼是以肉食性为主的杂食性鱼类。夜间进行觅食，食物主要是池塘里的小鱼、虾、昆虫（特别是摇蚊幼虫）、小型软体动物和其他水生无脊椎动物。其食性随环境和季节变化有所差异，在春、夏季节常吞食其他鱼的鱼卵、小型底栖生物；到了寒冷季节，食物中小鱼较多，而底栖动物渐渐减少。规格不同的黄颡鱼，食性也有所不同，体长2~4 cm，主要摄食桡足类和枝角类；体长5~8 cm的个体，主要摄食浮游动物及水生昆虫；超过10 cm以上的个体，除摄食天然动物外，喜欢摄食人工配制的颗粒饲料。

黄颡鱼自然生长速度较慢，常见个体重200~300 g。在自然水域，1龄鱼可长到体长56 mm，体重5.7 g；2龄鱼可长到体长98.3 mm，体重20.6 g；3龄鱼可长到体长135.5 mm，体重36.1 g；

4龄鱼可长到体长160.1 mm，体重58.2 g；5龄鱼可长到体长177.7 mm，体重81.3 g。黄颡鱼雄鱼一般较雌鱼大。1～2龄鱼生长较快，以后生长缓慢，5龄鱼仅长到250 mm。在人工饲养条件下，生长快，当年就可以达到上市规格。

二、黄颡鱼的人工繁殖技术

（一）亲鱼选择与雌雄鉴别

黄颡鱼的亲鱼主要来源于江河、湖泊、水库，也可以在养殖池中选育。亲鱼应选择品种纯，个体大，体质健壮，鳍条完整，无病无伤，性腺成熟，2龄以上的个体；雌性亲鱼个体达100 g以上，雄性亲鱼个体达200 g以上。

亲鱼雌雄性别易区分，一般成熟个体的雄鱼体形长、大，臀鳍前有一突出0.5～0.8 cm的生殖突，泄殖孔在生殖突顶端；雌鱼体形较短、粗，腹部膨大而柔软，没有生殖突，生殖孔和泌尿孔分开，生殖孔圆而红肿。

黄颡鱼2～3龄达到性成熟，黄颡鱼产卵季节为每年5～7月，水温21～28 ℃，产卵在水底层。在自然条件产卵前，雄鱼先用胸鳍在水底清扫杂质污泥，形成一浅蝶形鱼窝，然后雄鱼射精，雌鱼产卵。一个鱼窝直径为20～25 cm，深为10 cm左右。产卵、受精于洞穴内。雄鱼在洞口保护鱼卵孵化，并经常拨动巨大的胸鳍，使穴中水流动，促进受精卵孵化。有其他鱼接近洞口时，雄鱼就扑向入侵者，驱赶入侵的鱼类。雄鱼守护到仔鱼能自行游动，在此期间几乎不摄食。雌鱼产卵后离巢觅食。

（二）亲鱼池条件

黄颡鱼亲鱼池面积0.14～0.17 hm²，总的要求是：水深1.5～2.5 m，池底平坦，以沙质底为好，排注水方便，如有常流水更佳，水质清新，水草丰盛，透明度25～30 cm，pH值7.2～8.0。

（三）亲鱼培育

1. 亲鱼放养　放养前用 3% ~4% 食盐水浸洗消毒 10 分钟后再入池。一般放 1 500 ~ 2 250 kg/hm²，放养密度为每公顷 1 800 ~ 2 250 尾，雌雄比例为 1∶1.2，3 月上旬拉网，将雌、雄亲鱼分池培育。

2. 投饵　当水温 15 ℃以上时开始投饵，投喂新鲜的小鱼、虾等，用绞肉机将小鱼、虾制成肉糜，也可以投喂人工配合饲料。一般日投饵量为亲鱼体重的 3% ~6%。4 月下旬至 5 月上旬，每天投 2 次，投喂量为鱼体重的 2% ~3%；5 月中旬以后，每天喂 3 次，投喂量为鱼体重的 4% ~6%，投喂饲料量一般以 1 小时吃完为宜。

3. 做好水质管理　前期水深 0.8 ~ 1.2 m，后期为 1.2 ~ 1.5 m，定期加注新水，每次加 10 ~20 cm，透明度控制在 30 ~ 40 cm，溶解氧 4 mg/L 以上，pH 值为 6.8 ~8.5。

（四）人工繁殖

1. 催产剂　常用催产药物有脑垂体（PG）、绒毛膜促性腺激素（HCG）、地欧酮（DOM）、促排卵素 2 号（LHRH – A₂）或多巴胺（RES）等。采用 2 种或 3 种混合注射，剂量随温度、黄颡鱼成熟情况而适当增减。雌鱼常用催产剂量为 20 mg/kg DOM + 1 500IU/kg HCG +16μg/kg LHRH – A₂；雄鱼所用催产药物一般与雌鱼相同，剂量为雌鱼的 1/2 ~2/3。

2. 催产剂的注射　雌鱼采用 2 次注射法，第 1 次注射总量的 1/10，第 2 次注射剩余剂量；雄鱼采用 1 次注射，于雌鱼第 2 次注射时一起注射，剂量减半，两次注射时间差为 8 ~12 小时。注射方法有两种：胸鳍基部注射或背部肌内注射，通常采用胸鳍基部注射，注射时进针 2 ~3 mm，注射方向与体轴腹面为 45°。注射的药量应控制在 0.1 ~0.2 mL/尾。注射第 2 针后，将亲鱼放入准备好的产卵池中，产卵池为 4 m×2.5 m×1 m 的长方体水泥池，水深为 0.6～0.7 m，定期加注新水，用棕片做鱼巢，棕片吊在竹竿上扎成排后用砖块压在池底铺平。水温 25～28 ℃，效应时间为 13～20 小时。黄颡鱼产卵分次产完。

3. 人工授精　人工授精的方法如下：①将达到效应时间的雌亲鱼体表用干毛巾擦干，轻压腹部，使卵流入干燥容器内。②取精巢：将成熟雄亲鱼体表擦干，剪开腹部，将腹部靠近生殖孔两侧的乳白色、树叉状精巢取下，置于小研钵中，用剪刀快速剪成糊状。③同时用 0.7% 生理盐水将剪成糊状的精巢与卵子混合，并使之能充分接触。一般雌雄比例为 1.2∶1。

4. 人工孵化　受精卵自然孵化：黄颡鱼受精卵为黄色、黏性，沉于巢底。采用微流水孵化，孵化期间在 10 mg/L 亚甲基蓝溶液中浸泡消毒 2～3 次，孵化温度控制在 23～28 ℃。受精卵一般经 56～60 小时开始脱膜，并沉到池底。黄泥浆脱黏孵化法：用黄泥浆 4～5 kg（黄泥∶水 =1∶5），放入盆内，用手不断搅动，同时将 20 万～30 万粒人工授精卵粒轻轻倒入黄泥浆中，经过 5～6 分钟后，将脱黏后的卵粒按每立方米水体可放入 40 万～60 万粒卵于孵化环道进行流水孵化，孵化池壁要保持光滑，水质清新，溶解氧达 5 mg/L 以上，环道内水流速度以保证受精卵能均匀翻动即可，经常洗刷过滤纱窗。受精卵经过 2～3 天就可以孵化出仔鱼。

三、黄颡鱼的养殖技术

（一）黄颡鱼鱼苗培育

1. 暂养　黄颡鱼在出膜后即进入暂养池进行暂养。暂养池用小水泥池或用 40～50 目的网片做成的小网箱均可。暂养的水泥池水深在 0.6～0.8 m，要求底部光滑，有进出水口，用 40 目以上的网布和纱绢拦住进出水口以防敌害入侵，将带卵黄囊的仔鱼放入水泥池中，每立方米水体放养 1.5 万～2 万尾。小网箱暂养深度为 0.3 ~ 0.8 m，每平方米放 0.8 万 ~ 1.2 万尾。暂养黄颡鱼鱼苗的水体，要求水质清，水体溶解氧丰富。

2. 鱼苗培育池准备 黄颡鱼鱼苗培育池不宜过大，以 0.07 ~ 0.14 hm² 为宜。培育池水深保持在 0.8 ~ 1.2 m。培育池应选在靠近水源，且水源充足、水质清新、注排水方便、通风向阳的地方。培育池池底以黏土底质较好，淤泥不宜过深，平均深度最好不超过 10 cm。

鱼苗在下池前 10 ~ 15 天，要用生石灰或漂白粉对鱼苗培育池进行彻底的清塘消毒，杀灭池水中的寄生虫及虫卵、霉菌等敌害。然后每平方米池塘施发酵的粪便 450 ~ 600 g，培育大量的浮游动物，使鱼苗在下池时有足够的饲料满足其营养需要。

3. 鱼苗放养 鱼苗下塘时水深一般为 40 ~ 60 cm。放养密度可根据养殖条件、出池规格来确定。在鱼苗培育期间，要适当加大放养密度。鱼苗的放养密度为 5 万 ~ 8 万尾。黄颡鱼鱼苗的培育，一般采用专池专养，还可以在鱼苗下池后 15 天左右，每 666.7 m² 搭配规格为 8 ~ 12 cm 的白鲢 400 ~ 500 尾。

4. 投饵 黄颡鱼鱼苗在体长为 3 cm 以下时，其摄食方式以滤食为主；而体长在 3 ~ 6 cm 时，其摄食方式是吞食和滤食并存；而体长在 7 cm 以上时，其摄食方式主要为吞食。

依据鱼苗食性的特点，黄颡鱼鱼苗转入培育池后，开始在培育池的四边、四角或搭设的饲料台周围，集中投喂绞碎的鱼肉或螺蚌肉等；待鱼苗长到 3 ~ 5 cm 时，即可将粉状配合饲料用水搅拌成团状后直接投喂到鱼池中的饲料台上。

投喂要定时，使鱼苗养成按时集中摄食的习性。投饵做到少量多次，当水温在 20 ~ 32 ℃ 时，每天投喂 3 ~ 4 次。当鱼苗体长达到 4 ~ 5 cm 时，可投喂粒径为 1.2 ~ 1.5 mm、破碎了的人工配合颗粒饲料。黄颡鱼鱼种配合饲料的营养标准是：粗蛋白 40% ~ 45%、粗脂肪 6% ~ 8%、碳水化合物 20% ~ 23%、纤维素 3% ~ 5%。投喂量要适中，以鱼苗在 1 小时内吃完为度，让鱼吃饱、吃好。

5. 日常管理　日常管理包括：①水质管理：要定期注入新水，使池水水质经常保持"肥、活、嫩、爽"，鱼苗培育的初期，池水水深以 40 ~ 60 cm 为好，每隔 3 ~ 5 天注水 1 次，每次加水 5 ~ 10 cm，以后逐渐加深到 1.3 ~ 1.5 m。②坚持每天早晚巡塘，每天投饵要遵循"四定"和"四看"原则，并定期清理食台，每 10 天用漂白粉消毒一次。③经常清除池边杂草和池中腐败污物，及时清理池中的蝌蚪、水蛇、水蜈蚣、水蚤、龟鳖、水鸟等敌害。④做好鱼病预防，减少疾病发生。

（二）黄颡鱼的成鱼养殖技术

1. 池塘养殖

（1）养殖池准备：主养黄颡鱼池塘应选择水源充足，水质清新、无污染的池塘。面积以 0.2 ~ 0.7 hm² ，水深以 1.5 ~ 2 m 为宜。

在鱼种放养前半个月，每公顷用生石灰 1 500 ~ 1 800 kg 或漂白粉 60 ~ 90 kg 进行消毒。消毒后第 2 天加水到 0.8 ~ 1.0 m，第 3 ~ 4 天每公顷施入发酵腐熟的畜禽粪 5 000 ~ 6 000 kg，以繁殖天然饲料，确认毒性完全消失后，放入鱼种。

（2）鱼种放养：放养的鱼种一般是人工繁育的鱼种或从天然水域捕捞的野生鱼种，在每年的 3 ~ 4 月放养。一般每公顷放养尾重 10 ~ 20 g 的鱼种 3.0 万 ~ 7.5 万尾，并搭配尾重 100 g 左右的团头鲂 1 500 ~ 2 250 尾/hm² ；尾重约 50 g 的鳙鱼 750 ~ 1 200 尾/hm² ；尾重约 50 g 的鲢鱼 3 000 尾/hm² 。鱼种放养时用 3% ~ 4% 的食盐水浸洗，灭杀鱼体表的细菌和寄生虫。鱼种应选择规格整齐、色泽鲜艳、体表光滑无伤、体质健壮的个体。

（3）投饵饲喂：黄颡鱼是以动物性饲料为主的杂食性鱼类，可人工投喂小鱼、小虾、螺蚌肉、畜禽下脚料、鱼粉等动物性饲料，也可投喂豆饼、菜籽饼、玉米、豆渣等植物性饲料。近年来，使用配合饲料进行驯养取得了成功。实践证明，人工配合饲料完全可以替代鲜活饲料进行黄颡鱼的成鱼饲养。人工配合饲料可参照下述配方配制：鱼粉 30% ~ 40%，菜饼 10% ~ 35%，豆饼 20% ~ 30%，次粉 15% ~ 18%，米糠 10% ~ 15%，诱食促长添加剂、维生素、矿物质添加剂 2% ~ 5%。尾重 20 g 以前，用鱼肉拌粉状配合饲料，加水捏成团状投喂；尾重 20 ~ 50 g，投喂粒径 1.5 mm、粗蛋白含量 35% ~ 40% 的配合饲料；尾重 50 g 以上，改投粒径 2.5 mm、粗蛋白含量 30% 左右的配合饲料。

黄颡鱼苗种放池 2 天后开始进行人工驯化，可用投饵机投喂驯化，一般 3 ~ 7 天就能上台摄食。如果投放的鱼种已经驯化，入池第 2 天即可投饵。根据黄颡鱼集群摄食的习性，在池塘中设置固定的食台，一般每公顷设食台 15 ~ 30 个。养殖期间严格做到"四定"投饲：一是定位。饲料要投喂在食台上，不要随鱼群变动位置。二是定时。每天上午 7 ~ 8 时，喂日饵量的 1/3，下午 5 ~ 6 时喂 2/3，每次喂 30 分钟，并按"慢、快、慢"的节奏投饲，避免浪费。三是定量。日饵量随水温变化和鱼的生长适时调整，日投饵率为 3% ~ 8%，一般以投饵后 1 小时大部分鱼吃饱离开食台为度。四是定质。确保饲料新鲜不变质。

（4）日常管理：坚持早、中、晚三次巡塘，观察鱼类活动、摄食与生长情况，发现问题及时处理；保持水质"肥、活、嫩、爽"，经常加注新水，适时开增氧机，以保持水质清新，溶解氧充足。适宜黄颡鱼生长的 pH 值范围在 6.8 ~ 8.5，由于长期投饲，池塘水质会使 pH 值呈弱酸性，在生长季节，每半个月左右用生石灰 1 次，每次用量为 20 ~ 30 g/m^3，以改良水质使其呈弱碱性。注意做好鱼病预防与治疗。

2. 池塘套养

（1）套养池及放养：选择套养池面积 0.2 ~ 1 hm^2，水深 1.5 ~ 2.0 m，套养密度应根据池塘主养鱼类和混养其他鱼类及饲料情况而定。一般套养主要有两种方式：一是池塘中放养了部分鲤鱼、鲫鱼、罗非鱼等杂食性鱼类的，则少放黄颡鱼，以套养体长 3~5 cm 以上的夏花鱼种 2 250~4 500 尾/hm² 或 25 g/尾的冬片 4 500 尾/hm² 为宜，不单独投喂饲料，经过一个生长季节，每公顷产量可达 300~600 kg；二是在没放养罗非鱼、鲫鱼、鲤鱼等杂食性鱼类的池塘中，套养体长 5 cm 左右的黄颡鱼鱼种 6 000~9 000 尾/hm²，年底可获 50~80 kg。

（2）套养管理：池塘套养黄颡鱼的饲养管理除按池塘主养鱼的饲养管理外，还要定期加注新水，使池水透明度保持在 30~35 cm，pH 值 7.5~8.0，同时适时开动增氧机，以确保溶解氧充足，保持水质"肥、活、嫩、爽"。在套养黄颡鱼的池塘，用药防治鱼病时，要严格控制用药量，因为黄颡鱼是无鳞鱼，不耐药，用药量过大会影响黄颡鱼生长，甚至中毒死亡。

3. 网箱养殖

（1）网箱设计：

1）水域选择。选择在水流缓慢（流速 0.1~0.2 m/s），水质良好，水的透明度在 30 cm 以上，溶解氧量在 5 mg/L 以上，pH 值 7~8.5，常年水深在 5 m 以上，环境安静，底部平坦无杂物，离岸相对较近的湖泊、水库、河沟等水体中开展网箱养殖。

2）网箱设置。网箱由聚乙烯制作而成，为带盖的六面体封闭式双层网箱，外层网目 3 cm，内层网目 1.5 cm。网底网目为1.5 cm，网箱面积 12~24 m²，箱深 2~3 m。设置时用楠竹或木板、钢筋制作框架，将网箱安置于框架内，用圆柱体的泡沫作为浮子，网箱底部用鹅卵石作沉子。网箱没入水中部分为 1.5 m，露出水面部分为 0.5 m，箱与箱之间的距离一般要求在 2~3 m。

（2）鱼种放养：鱼种在进箱前 15 天将网箱放入水中，使箱壁黏附藻类，保持光滑，减少鱼种入箱后摩擦受伤。在春节前后开始投放鱼种，因此时水温低，鱼体不易受伤。鱼种下箱前需用3%~5% 的食盐水浸洗鱼体。鱼种放养密度以黄颡鱼的规格大小、养殖条件、养殖技术而定，一般规格为 4 ~ 5 cm 或体重 20 g 左右的鱼种每平方米放 150 ~ 200 尾。

（3）饲料投喂：网箱养殖最好投喂人工配合饲料或自制配合饲料。饲料要求蛋白质含量，鱼种达到 35% ~ 38%，成鱼达到 30% ~ 32%，以满足其不同阶段的营养需要。鱼种下箱后第 2 天就可以进行投饵驯化，开始投喂黄颡鱼喜欢的小鱼、小虾和蚯蚓于食台上，加少量的配合饲料。从第 3 天开始逐渐地增加配合饲料量，减少小鱼、小虾和蚯蚓的投喂量，每天投饵要按时进行，每次投料前，轻敲料桶或网箱框架，使鱼形成条件反射。一般在 5 ~ 9 月每天投饵 3 次，上午 9 ~ 10 时 1 次，下午 3 ~ 5 时 1 次，晚上 8 ~ 9 时 1 次，日投饵率在 3% ~ 6%；在 3 ~ 4 月和 10 月以后每天投饵 2 次，上午、下午各 1 次，投饵率 2% ~ 3%。具体投喂量以黄颡鱼在 2 小时内吃完不剩为宜。

（4）日常管理：注意观察鱼的活动和摄食情况，以合理调整投饵量；经常检查网箱，看是否有破损，如有，应及时修补，防止逃鱼；每周清洗一次网箱周围的附着物，保持箱内外水体对流；注意水域的水体变化，灵活调整箱体位置，特别是在大风、暴雨季节要加固网箱或及时升降网箱，防止网破逃鱼；做好鱼病预防，定期投喂药饵；做好网箱养殖日志。

第四节　鳜鱼的养殖技术

鳜鱼又名翘嘴鳜、桂鱼、桂花鱼、季花鱼等，在分类学上属于鲈形目、鮨科、鳜亚科、鳜属，广泛分布于我国的几大水系中。鳜鱼肉质细嫩、味道鲜美、蛋白质含量高，是一种名贵水产品，深受消费者青睐。

一、鳜鱼的经济价值和生物学特征

（一）鳜鱼的经济价值

鳜鱼是淡水名贵鱼类中的珍品。鳜鱼自古以来就以肉质细嫩、味道鲜美、爽口，细刺少，老少皆宜而驰名中外。其蛋白质含量超过畜类，并含有人体必需的氨基酸和多种维生素，一向被视为高级菜肴。在香港市场上，鳜鱼被列为四大名贵鱼之一，近年来需求量与日俱增。早在我国古代鳜鱼就被列为席上珍品，鳜鱼自古有滋阴补阳、养颜润肤之说，其胆囊也可以入药。它是名特优水产品养殖中最有前途的品种之一。

（二）鳜鱼的生物学特征

1. 形态特征　鳜鱼（图 8-4）体呈纺锤形，侧扁，背部隆起，口大、端位，下颌稍突出，上下颌骨、犁骨和口盖骨都有大小不等的尖齿。前鳃盖骨后缘锯齿状，下缘有 4～5 个齿状棘，后鳃盖骨后缘有 1～2 个扁平的棘。鳞片为细小的圆鳞，背鳍较长，分为两部分，前部有 11 个硬棘。胸鳍圆形，腹鳍近胸部，尾鳍也为圆形。体色为黄褐色或黄绿色，腹部灰白色。体侧分布有许多不规则的斑

图 8-4　鳜鱼

块或斑点。自吻端穿过眼眶至背鳍基前下方有 1 条棕黑色条纹。第 6～7 背鳍棘下方通常有一暗棕色的纵带。背鳍、臀鳍和尾鳍上有棕色斑点连成带状。

2. 生活习性　栖息于静水或缓慢流水中，喜欢生活在水草

繁茂、水质清新的湖泊、河流及水库的岩缝中，藏身于水底石块之后，或繁茂的草丛之中。生活适温 7 ~ 32 ℃，水温低于 7 ℃时，活动呆滞，潜入深水层越冬。春季水温回升到 7 ℃以上时开始在水草丛中觅食，白天一般潜伏于水底较少活动，夜间活动频繁，四外寻觅食物。在适温范围内，随着水温升高，生长速度加快；当水温高于 32 ℃时，食欲减退，生长缓慢。

3. 食性与生长 鳜鱼属底栖型凶猛性鱼类，贪食，主要捕食小鱼、小虾。刚开口的仔鱼即可捕食其他鱼类的仔苗，体长 20 cm 后主要摄食小鱼和小虾，体长 25 cm 以上时则以鲤鱼、鲫鱼为食，体长 31 cm 的鳜鱼可吞食体长 15 cm 的鲫鱼。鳜鱼生长速度快，在饲料充足条件下，1 冬龄个体可达 300 ~ 500 g，2 冬龄个体平均体重可达 900 g 以上。

4. 繁殖习性 鳜鱼可在江河、湖泊和水库中自然产卵繁殖。在人工养殖的条件下，可进行人工催产繁殖。每年的 5 月中旬至 8 月为鳜鱼的生殖季节，6 月为生产期，适宜水温 22 ~ 30 ℃。鳜鱼产出的卵为漂流性卵，能黏附在水草上。雄性 1 冬龄成熟，雌性 2 冬龄成熟，属多次产卵类型。

二、鳜鱼的人工繁育技术

（一）亲鱼准备

1. 亲鱼的来源与选择标准 亲鱼来源有两种途径：一是在冬、春季节从天然水域中捕获；二是选择人工养殖的成鱼。在繁殖季节来临前，将天然水域捕获的直接用于生产，催产成功率往往很低，但卵质较好。生产上使用的亲鱼应尽可能在越冬前起捕，通过延长强化培育时间，使其性腺发育达到催产标准。用作人工繁殖的亲鱼应逐尾进行严格挑选，要求体质健壮、形体好、无病无伤，选用个体大、2 ~ 3 龄、体重 1 ~ 2.5 kg 的为好。

雌、雄鳜鱼在幼体时较难辨别。性成熟的鳜鱼，可以通过其头部及生殖孔等部位进行性别鉴别（表8-2）。

表8-2 鳜鱼雌雄鉴别方法

部位	雌鳜鱼	雄鳜鱼
下颌	圆弧形，超过上颌不多	较尖长，超过上颌很多
生殖孔	生殖孔与泌尿孔分开，呈"一"字形，由前向后依次排列为肛门、生殖孔和泌尿孔	生殖孔与泌尿孔合并一个，称为泄殖孔，位于肛门后方，外表看生殖区有两个孔
腹部	膨大，柔软，轻压有卵粒流出	不膨大，轻压有乳白色精液流出

2. 池塘培育亲鱼 培育亲鱼的池塘一般要求面积为 2 000 ~ 3 500 m^2，水深 1.5 ~ 2 m，塘底淤泥要少。亲鱼经消毒处理后，放入亲鱼池培育。放养密度视池塘里小鱼、小虾的数量而定，一般每 666.7 m^2 放养 15 ~ 25 尾，雌雄比例 1:（1.2 ~ 1.5）。繁殖前集中进行专池强化培育，加强饲养管理。

培育期间应投喂小杂鱼、虾、鲢鱼、鲫鱼等鱼种，饲料鱼投放要适时、足量，投喂前用5%食盐水浸洗3~5分钟，以防带入细菌和寄生虫。从3月起，每5~7天定时冲换水一次，以保证水质清新，溶氧充足。经 50 ~ 60 天的培育即可进行催产。条件允许，如能结合对亲鱼池进行降水增温、注水保温、流水刺激的生态催熟办法，或利用热水资源培育亲鱼，科学合理地调控水温，可促使亲鱼性腺发育更趋理想。

（二）人工催产

1. 催产季节 在人工培育条件下，由于环境条件适宜，饲料充足，一般都选择5月中下旬进行人工催产，其效果较好。温室内的鳜鱼亲本是经逐步升温强化培育的，一般在3月底至4月初达到性成熟，此时即可进行催产。最适水温为 25 ~ 28 ℃。

2. 催产剂的使用 目前常用的催产剂有绒毛膜促性腺激素（HCG）、促黄体生成素释放激素类似物（LHRH - A）和马来酸地欧酮（DOM）等。使用剂量：1 次注射，如选用 LHRH - A 和 HCG，每千克雌鱼注射量为 LHRH - A 50 μg 加 HCG 500 IU，雄鱼注射量减半；2 次注射：若使用 DOM + LHRH - A 时，每千克雌鳜鱼注射量为 DOM 5 mg 加 LHRH - A100 μg，雄鱼减半，分 2 次注射。在温度较低或亲鱼成熟度稍差时，剂量可适当增加，反之可适当降低。第 1 次注射与第 2 次注射相隔时间一般为 8 ~ 12 小时。水温较低时，相隔时间可适当延长，2 次注射的效果一般好于 1 次注射。采取胸腔注射，方法同家鱼人工繁殖。

3. 效应时间 生产上主要是根据注射次数和水温推算亲鱼发情、产卵的时间。采用 1 次注射，水温 18 ~ 19 ℃ 时，效应时间为 38 ~ 40 小时；水温在 24 ~ 27 ℃，效应时间为 23 ~ 28 小时。采用 2 次注射时，水温在 22 ~ 26 ℃ 时，效应时间为 16 ~ 20 小时；水温在 27 ~ 31 ℃，效应时间为 9 ~ 11 小时。另外，效应时间与水流也有一定的关系，水流在 15 ~ 20 cm/s 时效果较好。

4. 发情与产卵 亲鱼注射催产剂后，将雌、雄鳜鱼配组放入产卵池中，让其自然产卵，雄鱼可略多于雌鱼，一般雌雄比例为 1:1.2，亲鱼密度为 2 ~ 4 kg/m³。亲鱼在催产剂的作用下，加上定时冲水刺激，经过一段时间，就会出现兴奋发情的现象。初期，几尾鱼集聚紧靠在一起，并溯水游动，而后，雄鱼追逐雌鱼，并用身体剧烈摩擦雌鱼腹部，到了发情高潮时，雌鱼产卵，雄鱼射精，卵精结合成受精卵。此时，可进行集卵，方法同家鱼人工繁殖。将受精卵集中在集卵箱内，然后分批收集取出鱼卵。放入孵化容器内孵化。收卵工作要及时而快速，避免大量鱼卵积压池底（或集卵箱底），造成不必要的损失。鱼卵收集完毕后，将亲鱼捕出，放回亲鱼池。

（三）人工孵化

1. 孵化条件 鳜鱼受精卵可利用家鱼人工繁殖孵化设施进行孵化，也可在密眼网箱中孵化。一般大规模生产使用环道孵化，小批量生产用孵化桶或孵化缸效果好。鳜鱼受精卵与家鱼卵相比，其体积小、比重大，容易沉入水底而造成窒息死亡。因此，溶解氧、水流和稳定的水温（不低于 21 ℃）是主要条件。鳜鱼胚胎要求水中溶氧在 6 mg/L 以上，流速要求达到 25 ～ 30 cm/s，以保持鱼卵不下沉堆积，尤其是在鱼苗将孵出至孵出期间掌握好流速、流量，必要时可以采取人工搅动的方法，有效防止鱼卵沉积或鱼苗聚集，提高孵化率。

2. 孵化密度　每立方米水体可孵化受精卵 5 万 ～ 10 万粒。用孵化缸或孵化器孵化鳜鱼苗，每立方米水体孵化受精卵 10 万 ～ 20 万粒。用网箱孵化，密度为每立方米水体 3 万 ～ 5 万粒。

3. 孵化时间　鳜鱼的胚胎发育较家鱼慢，一般水温 21 ～ 25 ℃时，需 43 ～ 62 小时；水温 26 ～ 28 ℃时，需 32 ～ 38 小时；水温 28 ～ 30 ℃时，需 30 小时。孵化的最适水温是 22 ～ 29 ℃。另外，水质对孵化出膜时间也有影响。水质良好，溶氧量高，孵化时间较短；反之，孵化出膜时间延长。刚出膜的鳜鱼，身体细嫩，卵黄囊较大，经 50 ～ 103 小时卵黄耗尽，开始转入外源性营养阶段。

4. 孵化管理　鳜鱼卵孵化过程中应加强日常管理，保持水温稳定，控制水流速度，防止鱼卵患水霉病。一般水流速度不应低于 20 cm/s。刚孵出的仔鱼嫩弱，还没有游泳能力，易下沉，因此水流应略微加大；当仔鱼能平游时，要适当降低流速，以减少体能消耗。

三、鳜鱼的养殖技术

（一）鳜鱼鱼苗培育

把刚孵化出膜的仔鳜，经过 20 天左右的专池培育，长成体长 3 cm 左右的鱼苗，这一阶段称为鳜苗培育。

1. 培育方式　培育方式有流水培育和静水培育两种方式。流水育苗成活率比静水高，但生长速度比静水稍慢，生产上往往将两种形式相结合进行。

（1）流水培育：利用孵化鱼苗的原孵化环道（缸）培育鳜苗，是目前生产单位采用的主要方法。育苗初期，鳜苗放养密度一般为 5 000 ~ 10 000 尾/m^3，随着个体长大而逐渐稀释，一般每 5 天左右分养稀释 1 次，宜选择在晴好天气的上午 10 时左右进行。鳜苗贪食，最好在转环道（缸）前数小时停止喂食，避免鳜苗暴食而造成不必要的损失。

（2）静水培育：培育鳜苗的水池一般以水泥池为好，面积 30 ~ 50 m^2，水深保持在 0.8 ~ 1 m，有进、排水设施。在池底可设置一些模拟自然水域的人工岛礁，为鳜苗创造一个自然的捕食环境。底部要有一定的倾斜度，便于排水，排水口设集苗坑。鱼苗放养前，培育池要进行清理消毒，放养密度一般为 7 000 尾/m^{3}左右。当鳜鱼鱼苗长至 1.5 cm 左右时，可移入池塘或网箱中继续培育。

2. 饲料投喂　鳜鱼是典型的肉食性鱼类，开口即摄食活鱼苗，饥饿时可相互残食。因此，科学准确掌握鱼苗开口摄食时间，选择好饲料鱼，及时供应适口饲料是鳜鱼鱼苗培育成败的关键之一。在鱼苗培育生产中，一般把鳜鱼开口摄食到体长为 0.7 cm 的这个阶段称为鳜鱼鱼苗开口期，时间为 3 ~ 5 天，宜选择体形扁长、游泳能力较弱的鲂鱼、鳊鱼、鲴鱼、鲮鱼等鱼苗作为开口饲料，以刚脱膜 8 ~ 16 小时的活鱼苗为最佳，因为此时的饲料鱼易被鳜鱼整尾吞食。如果投喂老口鱼苗，鳜鱼鱼苗只能利用饲料鱼尾部一小部分，剩余部分常挂在鳜鱼鱼苗口边，不仅影响运动，而且容易在水中腐烂、分解，恶化水质，甚至暴发鱼病。随着鳜鱼鱼苗的发育生长，饲料鱼的规格要相应增大。不同日龄的鳜鱼鱼苗其饲料鱼的种类和规格均不同，见表 8 - 3。

表8-3 开口期鳜鱼鱼苗的适口饲料及日摄食量

日龄	全长（mm）	饲料鱼类	每尾鱼的日摄食量/尾
3	4.9~5.0	团头鲂	2
4	5.0~5.15	团头鲂	3~4
5	5.2~6.0	团头鲂或草鱼	4~6
6	6.1~6.8	草鱼	4~7

3. 日常管理 夏花期间，鳜鱼鱼苗细嫩弱小，必须实行精细管理。彻底消毒水体，杜绝病原体带入育苗池；严格控制水质，及时排污清污；及时培育饲料鱼，与鳜鱼鱼苗培育需求相衔接。培育期间，随着鱼体的长大，经常分池，稀释密度，控制水流，减少鳜鱼鱼苗顶水游动的体力消耗；定期向培育池泼洒药物，切实做好鱼病防治工作，从而有效地提高鳜鱼鱼苗成活率。

经过13~20天的饲养，鳜鱼鱼苗长到2.5~3.5 cm，这时的鳜鱼鱼苗磷片已长出，形态与成鱼类似，即可转入大规格鱼种培育阶段。

（二）鳜鱼鱼种培育

将3 cm左右的鳜鱼鱼苗育成6~10 cm的鳜鱼鱼种，称为鱼种培育阶段。

1. 池塘专池培育

（1）池塘条件与放养：选择沙质底，淤泥少，池塘面积以0.1~0.2 hm² 为宜，水深1.2 m以上，灌排水方便，水质清淡、不混浊，无污水流入，并有少量沉水性水草的鱼池。新开池要视土质而定，酸性池及池水易混浊的池不适宜饲养鳜鱼。采用人工投饵的方法饲养，放养密度一般为4.5万~6.0万尾/hm²。放养鳜鱼鱼苗前须彻底清塘，严格消毒。在放养时应搭养适量的大规格鳙鱼、白鲢，以控制池水的肥度。

（2）饲料：鳜鱼鱼种每日饲料鱼摄入量与其体重、水温、溶解氧等有密切关系。鳜鱼鱼种放养后，根据池塘中鳜鱼鱼种的生长速度、成活率及存塘量，参考气温变化等因素，按池养鳜鱼总量的5%～10%投放饲料鱼。在投喂饲料鱼时，要注意大小规格不同的饲料鱼配比，以供大小不同的鳜鱼鱼种选择适口饲料。一般采取5天投1次的方法，因为投放饲料鱼后2～3天内，饲料鱼的活动比较迟钝，有利于鳜鱼鱼种捕食，时间间隔太长易造成鳜鱼鱼种捕食困难和增加体能消耗。

（3）日常管理：坚持每天早、中、晚各巡塘1次，即早晨观察鱼类活动，是否有浮头情况发生；午后查看水色、水质变化情况；傍晚观察、巡查鳜鱼鱼种摄食等情况是否正常；定期加注新水，保持水质清新。饲养鳜鱼鱼种的池塘，初期水位宜浅些，以50～70 cm为好。以后，逐步提高池塘水位。每次注水20～30 cm，并使池水保持最高1.2～1.5 m。适时开动增氧机，保证溶解氧充足是提高鳜鱼鱼种生长速度和成活率的重要措施。鳜鱼对酸性水质十分敏感，所以应每隔一段时间泼洒生石灰水以调节pH值。同时，注意做好鱼病防治。

（4）鱼种并塘越冬：秋末冬初，水温降至10℃左右时，鳜鱼鱼种基本上停止摄食，即开始并塘。规格10～15 cm的鳜鱼鱼种囤养密度为4.5万～7.5万尾/hm²。鳜鱼鱼种并塘后仍应加强管理，使水质保持一定的肥度，并在塘中投放一定数量的饲料鱼供其摄食。严冬冰封季节，还应采取破冰增氧措施，防止鱼种池缺氧。

2. 网箱培育

（1）网箱设置：选择水质清新、无污染，水面宽阔，水位稳定，透明度60 cm以上，溶解氧5 mg/L以上，水深3 m以上，避风向阳，常年有微流水的湖泊或库湾设置网箱。网箱大小以6～12 m²为宜。网箱采用双层聚乙烯无节网片，网目规格应根据鳜鱼鱼种规格和饲料鱼大小而定。网箱箱底距水底至少在0.5 m

以上，放养密度为 300～450 尾/m³。具体放养密度视养殖水平、环境条件、饲料鱼来源等情况确定。

（2）饲料投喂：饲料鱼以鲢鱼、鳙鱼为主，收购的野杂鱼为辅。每 2 天投喂 1 次，日投饵量掌握在鳜鱼总重的 4%～6% 范围内。适口饲料鱼体长为鳜鱼体长的 30%～60%，投喂前应对饲料鱼进行消毒处理。

（3）日常管理：网箱网目较小，容易造成网箱网目堵塞。因此，要勤刷箱体，每 2 天刷洗箱体 1 次，使网箱内外水体交换通畅，以保持网箱内水质清新。洗刷时，仔细观察网衣是否有破损，发现网箱破损应立即补好，避免逃鱼。每 15～20 天进行 1 次药物消毒，预防病害发生。

（三）鳜鱼的成鱼养殖技术

1. 池塘单养

（1）池塘条件：鳜鱼主养池塘应以 0.4～0.6 hm² 为宜，要求选择背风向阳、沙壤土底质、淤泥较少或没有淤泥的新开池塘。池底应平坦，略向排水口倾斜，水深 1.5～2 m，灌排水系统完善，水源充足、清新、无污染，水质良好。放养鱼种前必须进行清整、消毒，同时应在池塘四周种植一些水生植物，如水花生、水葫芦、轮叶黑藻等供鳜鱼栖息。

（2）鱼种放养：目前普遍采用的养殖形式是利用鳜鱼夏花直接养成商品鳜鱼和先培育成大规格鱼种再放养的分步放养法。

采取夏花直接养成商品鳜鱼是将 3 cm 左右的鳜鱼鱼种直接下塘，直至养成商品鱼上市。此法适宜于小规模养殖。池塘按常规清塘消毒后，施放基肥培育浮游生物。饲料鱼一般为白鲢、鲫鱼、鲮鱼，每公顷放养 1 500 万～2 250 万尾刚孵化的水花培育成饲料鱼。培育 10～15 天，饲料鱼苗长到 1.5～2.0 cm，先将池水排去一半，再灌进新水，使池水清爽，就可以放养约 3 cm 规格的鳜苗。一般放养 1.5 万～1.8 万尾/hm²。分步放养法是先将规格约为3 cm的鳜鱼夏花培育成体长8~10 cm的大规格鱼种,再转入成鱼饲养阶段。一般放养1.0万~1.2万尾/hm²。此法适宜规模养殖。

(3) 饲料投喂:及时投放补充饲料鱼,凡是没有硬棘的小鱼虾均可作为鳜鱼饲料。以选择体形细长、鳍条无棘、成本低廉、繁殖容易的品种为好,如鲢鱼、鳙鱼、鲮鱼、罗非鱼等,麦穗鱼、虾虎鱼等野杂鱼也都是鳜鱼的好饲料。如看到鳜鱼成群在池边追捕饲料鱼,则说明池中饲料鱼已基本吃完。池塘主养鳜鱼,密度较高,其不同生长阶段对饲料鱼的摄入量有一定差异,同时随着个体生长,饲料需求量更大。在实际生产中,应采用养成池培育、配套池培育、自然水域捕捞、购买等方法,以确保饲料鱼总量能较好地满足鳜鱼生长需要。所投饲料鱼规格以鳜鱼体长的30%~60%最为适口。投喂次数一般应根据水温、鳜池饲料鱼密度、生长速度、天气等灵活掌握。

(4) 日常管理:定期加注新水,保持水质清新。养殖初期,每10~15天加注新水1次。7~9月,随着水温升高,每5~7天加水1次。在整个养殖期间,一般每隔10~15天泼洒1次生石灰,浓度为15~30 g/m³,以调节水中pH值。同时,要根据天气变化和水质情况适时开增氧机,闷热或有雷阵雨时及时开机增氧。在养殖期间,保持水体透明度在40 cm左右。鳜鱼病害的防治应做到"以防为主,防重于治"。在生产过程中做好病害防治工作,一要控制好水质,经常加水、换水、增氧和定期抛撒生石灰;二要经常用漂白粉或硫酸铜等药物全池泼洒进行预防,能有效防止鳜鱼暴发性病害的发生,避免不必要的经济损失。

2. 网箱养殖

(1) 网箱设置:应选择水位较稳定、落差不大、避风向阳、水深3 m以上、有流水或微流水、水质清新且无污染、溶解氧充足、交通便利的水库、湖泊、河沟等水域进行养殖。网箱采用单层聚乙烯无节网片，网片眼目要小于 2.0 cm，制成 8 ~ 30 m² 的网箱，箱四角可用竹、木等固定，箱底应离水底 30 cm 以上，箱口最好为敞口式，以便投喂饲料鱼，上口也应高出水面 30 cm 左右，按"一"或"品"字形排列。

（2）鱼种放养：一般可在 6 月底 7 月初进箱，其规格为 8 ~ 10 cm，每平方米 20 ~ 25 尾为宜。鱼种放养前用 3% ~ 5% 的食盐水或高锰酸钾溶液浸洗 5 ~ 10 分钟。

（3）饲料投喂：根据每生产 1 kg 鳜鱼需饲料鱼 6 ~ 8 kg 来安排。饲料鱼的培育方法同常规鱼夏花和冬片鱼种培育方法，所不同的是饲料鱼规格应同鳜鱼的规格相适应，确保饲料适口。投喂的饲料鱼体长应为鳜鱼体长的 40% 以下，日投喂量为鳜鱼体重的 15% 左右，一般每 3 天投喂 1 次，投喂前应用 3% ~ 5% 的食盐水对饲料鱼浸洗 5 ~ 10 分钟，确保饲料鱼不带病进箱。

（4）日常管理：坚持每天巡箱，注意水质及箱体情况，及时补充饲料鱼，发现问题，及时解决；保持网箱内外的环境卫生，捞除漂浮物、死鱼，每半月洗刷网箱 1 次，以防异物堵塞网眼造成箱内缺氧；做好日常生产记录工作；做好鱼类病害防治工作。

第五节 乌鳢的养殖技术

乌鳢隶属于鳢形目、鳢科、鳢属，又名黑鱼、乌鱼、生鱼，为底栖肉食凶猛性鱼类。我国除西北高原外，北起黑龙江省，南至海南省的河流、湖泊、水库、池塘等各种类型的水体皆有分布。目前，乌鳢在国际市场上属于畅销品，经常出现供不应求的现象。因此，人工养殖大有前途。

一、乌鳢的经济价值和生物学特征

（一）乌鳢的经济价值

乌鳢是经济价值较高的淡水名贵鱼类，有"鱼中珍品"之称。乌鳢肉多而白嫩，味鲜美，富有营养。据分析，每百克含蛋白质 19.8 g、脂肪 1.4 g、钙 57 mg、磷 163 mg、铁 0.5 mg、硫胺素 0.03 mg、核黄素 0.25 mg、尼克酸 2.8 mg，并含人体所需的锌等营养元素。乌鳢不仅具有很高的营养价值，而且具有极高的药用价值。它具有除瘀生新、滋补调养、补脾、补血滋乳汁、促进伤口愈合、利水消肿之功效。乌鳢历来深受东南亚各国的欢迎，是我国重要的外贸出口水产品之一。

乌鳢对环境的适应能力强，在农村的中小池塘、水沟、浅水池沼等水体都能养殖，苗种容易解决，疾病少，成活率高。养殖乌鳢是促进外贸出口，养鱼户增产、增收的一个重要途径。

（二）乌鳢的生物学特征

1. 形态特征　乌鳢（图 8-5）身体细长，前部圆筒状，后部侧扁，头尖而扁平，颅顶、颊部及鳃盖上均覆盖着鳞片。口大且为端位，下颌稍突出。上下颌、犁骨、口盖骨均生有尖锐的细齿。头两边鳃弧上部有"鳃上器"，有呼吸空气的本领。背鳍和臀鳍基部都很大且长，胸鳍和腹鳍呈浅黄色，胸鳍基部具有黑斑点，尾鳍圆形。乌鳢体黑色、圆鳞，上有许多斑点很像蝮蛇花纹，头如蛇

图 8-5　乌鳢

头。同龄乌鳢个体相比，雌性个体一般小于雄性个体。

2. 生活习性　乌鳢属底栖鱼类，喜居水草丛生的静水或微

流水水域。乌鳢对养殖水环境要求不高，常能在其他鱼类不能生活的环境中生存。水中缺氧，它可以依靠鳃上器在空气中呼吸。其生存温度为 0 ~ 40 ℃，生长适温 15 ~ 30 ℃，冬季有蛰居水底埋在淤泥中越冬的习性。乌鳢跳跃能力很强，成鱼能跃出水面1.5 m 以上，6.6 ~ 10 cm 的鱼种，能跃离水面0.3 m 以上。因此，在池中饲养要注意防逃。

3. 食性　乌鳢为凶猛鱼类，肉食性且贪食，在食物缺乏时有残食同类的现象。食物的组成随个体的增大而改变。30 mm 以下的幼鱼以浮游甲壳类、桡足类、枝角类及水生昆虫为食。80 mm 以下幼鱼以昆虫、小鱼虾类为食。成鱼则以小型野生杂鱼为主食，如鲫鱼、鲌鱼、泥鳅等。乌鳢贪食，并且有自相残食的习性，能吞食为本身体长 1/3 以下的同类个体。在人工养殖情况下，也摄食人工配合饲料。

4. 生长与繁殖　乌鳢生长迅速，当年孵化的幼鱼到秋季平均体长可达 150 mm；在自然水域，1 冬龄鱼体长可达 190 ~ 390 mm，体重 100 ~ 750 g，2 冬龄鱼体长可达 380 ~ 450 mm，体重 600 ~ 1 400 g；在人工养殖条件下，体重当年可达到 250 g，2年就可达到 600 ~ 1 000 g。在水温 20 ℃以上时，乌鳢生长快，15 ℃以下便逐渐停止生长。

乌鳢 2 冬龄就达到性成熟，成熟亲鱼的怀卵量与亲鱼的大小有关，全长 52 cm 的亲鱼怀卵量约 3.6 万粒，全长 35 cm 的亲鱼怀卵量为 1 万粒左右；产卵期为 5 月下旬至 6 月末。产卵前，雌鱼和雄鱼在水草繁茂处，用口将水草筑成直径约 1 m 的"鱼巢"，产卵受精后亲鱼潜伏在鱼巢下守护。直到孵出的仔鱼开始分散活动、能独立生活时，亲鱼才离开。乌鳢的繁殖水温为 18 ~ 30 ℃，最适水温为 20 ~ 25 ℃。

二、乌鳢的人工繁殖技术

（一）亲鱼的选择与培养

1. 亲鱼来源与选择 选择 2 冬龄以上，从江河、湖泊、天然池沼中用罩网捕获收集的野生乌鳢或养殖的乌鳢均可，经专门培育成为亲鱼。选择体长 30 ~ 40 cm；体重 1 ~ 2 kg；无病无伤、体质健壮，鳍条完整无缺，体色乌黑鲜亮，体表黏液丰富；行动活泼，游泳快捷；手捧亲鱼时，鱼尾甩动有力的个体作为亲鱼。

2. 亲鱼的雌雄鉴别 乌鳢的雌雄个体在非生殖季节有时候很难区分。在生殖季节可凭其体表特征差异进行性别鉴定，见表 8 -4、图 8 -6。

表 8 -4　乌鳢的雌、雄鱼特征

特征	雌鱼	雄鱼
体形	腹部膨大突出，圆滑松软	腹部较小，肥软
体色	胸部鳞片白嫩色，亦有的个体呈微黄色，腹部无黑斑，体色较淡	胸腹部有较多的灰黑色、蓝黑色花纹，体色较深，充分成熟时体侧呈现出暗紫红色
鳍条	背鳍上斑点较大、模糊、排列不规则，呈半透明淡黄色；腹鳍淡黄白色，灰白色；尾鳍上有两条黑色斑纹	背鳍上的圆点较多，自上而下排列整齐，腹鳍有黑色的条纹；尾鳍上有 3 条以上的黑斑纹
生殖孔	大而突出，圆形，椭圆形，粉红色，充分成熟时鲜红色，生殖孔突出	狭小而微凹，呈三角形，充分成熟时呈微红色，红色圈较小

3. 亲鱼培育 培育亲鱼的池塘，面积宜为 350 ~ 667 m²，水深 120 ~ 150 cm，塘底淤泥厚 10 ~ 15 cm，塘埂高出水面 40 ~ 50 cm，排灌水方便。池塘四周应用竹篱笆、尼龙网等材料围高 100 cm 以上，以防鱼跳到池外。亲鱼放养前 7 ~ 10 天，每 666. 7 m² 用 75 ~ 120 kg 生石灰干法清塘消毒，清塘 4 天后注水。同

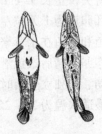

图 8 - 6 乌鳢雌雄鉴别

时在塘内四周种植一些水草、水浮莲等，水草面积不超过池塘面积的1/2。亲鱼放养时间宜在9月底或3~4月间，放入培育池中进行培育。放养密度一般为每666.7 m² 放养120~200 kg，雌雄比例为1:1。

投饵：投喂小杂鱼或冰鲜鱼，每天投喂量为亲鱼体重的2%~6%（视水温高低等灵活调节）。每天早晚巡塘至少各1次，经常观察池塘水质和乌鳢的摄食、活动情况。3月中旬开始，每10天注水1次，4月中旬起每5天注水1次，每次10~20 cm，以促进亲鱼性腺的正常发育。

（二）人工催产

1. 卵子检查　一般在5月，当水温上升到20 ℃以上时就可以开始催产。将取卵器慢慢地插入雌性乌鳢的生殖孔内，向右或向左偏少许，向一侧的卵巢内伸入5 cm左右，再旋转2~3下抽出，挖出少量卵子，置于解剖镜下观察。若卵粒分散，大小匀称，黄色晶亮，饱满圆整，卵核已大部分偏离中心，即可进行催产。

2. 催产药物　每千克雌性乌鳢注射 PG（鲤鱼脑垂体）2颗 + HCG（人绒毛膜促性腺激素）500 IU + LHRH - A（促黄体素释放激素类似物）5 μg；或用鲤鱼脑垂体及促黄体生成激素类似物（LHRH - A），每千克体重雌鱼注射鲤鱼脑垂体3~5 mg加LHRH - A 10~20 μg，雄性乌鳢催产剂量为雌性乌鳢的一半。

3. 催产剂注射　采用体腔注射，注射部位在胸鳍基部无鳞处。雌鱼采用2次注射，2次间隔时间12小时，第1次注射量为总剂量的一半。雄鱼在雌鱼注射第2次时注射1次；每尾注射催产液2 mL。将注射催产剂的雌、雄亲鱼按1:1的比例配对放入产卵池进行繁殖。

4. 产卵　产卵可以在孵化环道、水泥池、土池中进行。将每一对经催产的亲鱼放入产卵池中产卵，池内放一些水浮莲或用棕榈片、网片、杨树根等材料制作的人工鱼巢。根据统计，水温在 22～23 ℃时，效应时间为 27～35 小时；24～25 ℃时，效应时间为 24～30 小时；26～28 ℃时为 18～22 小时。乌鳢产卵需在安静和弱光下进行，不能受到惊吓，否则会中止产卵。卵为浮性卵，鲜黄色飘浮在鱼巢的水面。

（三）人工孵化

1. 卵子收集　由于产卵时间有先后，一般从开始产卵后 12～14 小时集卵，用鱼盘（可用面盆）带水收集，剔除未受精卵（白卵），按一定的量投放在孵化器中孵化。人工授精采用半干法授精。授精时先将精巢取出研碎，边研边加入生理盐水 20～30 mL，搅拌均匀后吸入注射针筒，并立即注入挤出的卵子中，用玻璃棒连续不断搅拌 3 分钟，加入清水洗去残液，放入孵化器孵化。

2. 孵化　与家鱼孵化管理相同。用孵化缸或网箱孵化，每立方米水体投放受精卵 5 万～6 万粒。孵化用水要先用筛绢网滤去剑水骚等有害生物。采用微流水孵化，在孵化过程中要及时捞除白卵、死卵和垃圾，确保孵化用水的清新。孵化时间随水温高低而异，水温 20～22 ℃时，45～48 小时出苗；水温 25 ℃时，36 小时出苗。出膜后 3～5 天，幼苗的卵黄囊吸收完毕，即可转入培育池中培育。

三、乌鳢的养殖技术

（一）鱼苗培育

刚孵化的鱼苗腹部有膨大的卵黄囊，待卵黄囊吸收后，每天喂 2 次蛋黄，并投喂一定量的小型浮游动物。2 天后即可转入育苗池进行培育。

1. 培育池准备　目前，常用的培育方法有两种：一是用水泥池培育鱼苗，水泥池的规格是 4 m×3 m×0.8 m，一般以 12 m²

长方体为好，底部向排水口倾斜，设有进排水系统、增氧设备、食台（低于水面 20 cm），培育池上方最好架有塑料大棚，可防止阳光直射和暴雨袭击，确保孵化环境的相对稳定，便于工厂化管理、操作、防病治病等；二是用池塘培育，池塘面积为为 333 m²，水深 80～100 cm。塘埂高出水面 40～50 cm。无论是使用水泥池，还是自然池塘，在鱼苗放养前都要清塘。消毒后，注入 40～50 cm 新水，然后每 666.7 m² 施 300～400 kg 事先经发酵的畜禽肥作基肥，分散堆放在池四周的池边淹没处，以培育水蚤等活饲料。

2. 鱼苗放养　用水泥池培育，在微流水条件下放养密度为 300～500 尾/m²，静水条件下放养密度为 150～200 尾/m²；利用池塘培育放养密度为 150～300 尾/m²。

3. 饲养管理　刚下池的鱼苗，主要以池中浮游动物为食。鱼苗下池后，按每 666.7 m² 每天用 4～6 kg 的黄豆磨成的豆浆，分 2 次全池泼洒，或直接投放浮游动物；放养 7 天后，鱼苗长到 1.5 cm 以上，开始加喂鲜鱼浆、鲜鱼糜等。投喂时要做到少量多次，一般每天 4～6 次，均匀泼撒于饲料台。对于人工投饵应视乌鳢鱼苗的大小而定。全长 1.5～2.5 cm 时，每天每万尾鱼苗投喂 0.5 kg 大型浮游动物（各种活水蚤）；全长 2.5～5 cm 时，每天每万尾鱼苗投喂 1～1.5 kg 的活水蚤和 1.5～2.0 kg 的鱼糜浆；全长 5 cm 以上时，投喂草鱼、白鲢等的活鱼苗或小鱼块。日投喂量为池内乌鳢总重量的 20% 左右，日投 2 次，上午、下午各 1 次。

4. 调节水质　早期，每次加注新水 5～10 cm，4～6 天后，每次加注新水 10～15 cm。当培育池水位达 80～100 cm 时，采取边加水边排水的方式，使透明度保持在 20～40 cm，确保池水"肥、活、嫩、爽"。

5. 巡塘　每天巡塘，早晚至少各 1 次，经常观察鱼苗的摄食、活动情况。

6. 及时分养 饲养 15 ~ 20 天后，大部分鱼苗达到 3 ~ 4 cm 时，应进行拉网分养。拉网分养前 1 天停喂饲料，选择天气晴朗的上午 8 ~ 9 时进行，捕捞过筛，大小分养，转入面积较大的池中进行鱼种培育。

（二）鱼种培育技术

1. 培育池条件 培育池面积宜为 333 ~ 667 m²，水深 120 cm 左右，塘埂高出水面 40 ~ 50 cm。养殖池塘水质应符合规定。池水溶解氧 4 mg/L 以上，pH 值 7 ~ 8，透明度在 30 cm 以上。

2. 鱼种放养 放养前 7 ~ 10 天，每 666.7 m² 用 75 ~ 150 kg 生石灰干法清塘消毒，清塘 5 天后注水。同时，在塘内四周种植一些水草或放置水浮莲等，水草面积不超过池塘面积的 1/2。每 666.7 m² 放养夏花（3 ~ 4 cm 长）5 万 ~ 10 万尾。

3. 饲养管理

（1）投饵：将鱼、蚌、螺和冰鲜小杂鱼切成碎块投喂于食台上。每天投喂 2 ~ 3 次。日投量为鱼种体重的 3% ~ 5%，以鱼种不上食台吃食为度。也可驯食投喂人工配合饲料。乌鳢的人工配合饲料的蛋白质含量要求达 40% 以上。其驯食方法为：开始用鱼块诱食，2 ~ 3 天后加入乌鳢幼鱼粉料拌成团状投喂，以后逐渐增加人工配合饲料量，减少鱼块量，直至全用人工配合饲料。

（2）巡塘：每天巡塘早晚至少各 1 次，经常观察鱼种的摄食及活动情况。

（3）换水：每隔 5 ~ 7 天加换 1 次新水，每次加换量 10 ~ 15 cm。

（4）消毒：根据水质情况，不定期地用生石灰等对水体进行消毒，具体用量为每 666.7 m²，10 cm 水深用生石灰 10 ~ 15 kg，对水全池泼洒 1 次，预防鱼病发生。

（5）鱼种捕捞：培育 1 个月左右，大部分鱼体达到 8 ~

10 cm时，用拉网捕捞，大小过筛，作为当年鱼种进行商品鱼养殖。或继续培育到规格为每20～30尾/kg，作为隔年鱼种进行商品鱼养殖。

（6）病虫害防治：预防为主，综合防治。

（三）乌鳢成鱼的养殖

乌鳢的成鱼养殖，模式众多，有混养、套养、单养和集约化养殖、网箱养殖等。乌鳢生长速度比较快，在自然条件下，2龄前为乌鳢体长加速生长阶段，生长旺盛；2龄后进入性成熟阶段，鱼体增长速度减慢。在人工饲养条件下，使用人工配合饲料投喂，夏季高温时节养殖4个月后，乌鳢可达0.5～0.7 kg，杂交种养殖3个月可达1 kg，最大个体长可达70 cm以上，重达5 kg左右。

1. 池塘混养

（1）与鲢鱼、鳙鱼、草鱼等家鱼混养：主养家鱼的池水要肥而新，底部有适当的淤泥，但不能过厚，以保证起捕。塘埂要高，防止乌鳢跳上塘埂，最好安置拦鱼设施。排灌方便，便于更换水体，调节水质和排干起捕。乌鳢规格要比其他鱼小一半以上。放养时间比主体鱼晚些。放养量不宜过大，6～10 cm的乌鳢放养量以450～750尾/hm² 为宜，放养量过大，易出现咬食主体鱼的现象。日常管理以主养鱼为主，无须为乌鳢投饵。

（2）与罗非鱼混养：池水深1.5 m，水中种植水浮莲等水生植物。每公顷放养10 cm的乌鳢鱼种9 000尾，饲养过程中分选两次，保持规格一致。池中的罗非鱼，用网圈养在一起，其幼鱼可穿出网外，供乌鳢食用，最终放养密度为2 250尾/hm² 左右，可产乌鳢100 kg以上。

2. 池塘高密度单养

（1）池塘要求：面积0.067～0.15 hm²，水深1.5～2 m，水源水量要充足，pH值为中性或微碱性，最好微流水。为防止乌鳢跳出池外，池堤四周要用竹篱笆或塑料网纱加高 50 ~ 60 cm；同时还可在水面放养一些水浮莲，供乌鳢在炎热天气避暑。养殖前做好池塘的清整工作。在养殖前 15 ~ 20 天，每 666.7 m² 水体用生石灰 100 ~ 150 kg 做一次彻底消毒，7 天后进水，进水 10 天后可以放养。

（2）放养规格及密度：平均水深在 1.7 ~ 1.8 m，10 ~ 12 cm 的鱼种，每公顷投放 9 000 ~ 10 000 尾；15 ~ 20 cm 的鱼种，则投放量约为 8 000 尾。若平均水深降低，放养量相应降低。

（3）投饵：养殖生产中常用的饲料有三种：一是鲜动物饲料，主要采用海、淡水小杂鱼、虾，也可用畜禽屠宰的下脚料、蝌蚪、蚯蚓、蝇蛆等。二是鲜鱼肉糜与粉状配合饲料，鲜鱼肉糜与配合饲料的比以 6∶4 为宜。配合饲料由鱼粉、豆粕、花生饼、酵母、少量黏合剂和适量的灰分与微量元素组成。三是人工配合饲料，我国各地使用乌鳢专用配合饲料养殖，取得较好的养殖效果。人工饲料要求粗蛋白在 40% 以上，制成颗粒状。投饵要坚持"四定"。在投喂前以击拍声为"信号"，使其形成条件反射，把乌鳢集合到食场周围，容易形成抱食局面，提高摄食量，减少饲料浪费。投饵量为鱼重的 6% ~ 10%。

（4）日常管理：日常管理主要做好以下工作。一是勤巡塘，观察鱼的摄食、活动、水质变化，有无浮头预兆，有无病鱼等，发现问题应及时处理。二是勤换水，乌鳢每天需摄入高蛋白饲料，池水中氨的浓度较高，特别是夏季水温高，水体很容易变坏。要及时更换水体，一般每周换去 1/3，半个月换去 4/5。有条件的地方，最好保持微流水养殖。三是注意防逃，乌鳢鱼种放养初期，鱼种尚小，跳跃能力较差。当逐渐增长，跳跃能力增强，尤其是在雨天、换水时或清晨跳跃十分活跃。因此，池埂离水面高度一般应大于 50 cm，进排水口及池塘四周要安装防逃网或防逃墙。

第六节　翘嘴红鲌的养殖技术

翘嘴红鲌俗称大白鱼、翘嘴巴、翘壳、兴凯大白鱼，属鲤形目、鲤科、鲌亚科、红鲌属（红鳍鲌属），为我国长江流域的优质经济鱼类之一。近年来，由于捕捞强度增大等因素，翘嘴红鲌的天然资源日趋减少，远不能满足市场的需求。从 20 世纪 90 年代中期，国内许多学者对该鱼进行了驯化及人工繁殖技术研究，取得成功，之后又进行了大批量的育苗和规模养殖（池塘养殖、网箱养殖）及大水面湖泊放流增殖，取得了明显的社会和经济效益，促进了农村养殖结构的调整和水产养殖品种优化及产业化的发展。近年来，各地开展翘嘴红鲌的池塘养殖、网箱养殖，都取得了较好的经济效益。

一、翘嘴红鲌的经济价值和生物学特征

1. 经济价值　翘嘴红鲌为名贵淡水鱼类，为太湖"三宝"之一，其可食部分占 58%。每 100 g 鱼肉中，水分 78.8 g，蛋白质 17.3 g，脂肪 1.7 g，灰分 1.2 g，碳水化合物 1.0 g，钙 1.0 mg，磷 218 mg，铁 1.0 mg。营养成分优于其他一些淡水水产品和鸭、鹅、猪肉。翘嘴红鲌营养丰富，肉质细嫩鲜美，市场价格较高，每千克在 20 元以上。其个体大、生长快、肉质细嫩、肉味鲜美，为鱼中上品。鲜食或腌食都十分可口，营养价值较高。翘嘴红鲌有开胃健脾、消肿利尿、强身健脑的药效，深受消费者的喜爱。

2. 生物学特征

（1）外形特征：翘嘴红鲌（图 8–7）体形较大，常见为 2 ~ 2.5 kg，最大者重达 10 ~ 15 kg。体细长，侧扁，呈柳叶形；口上位，下颌坚厚急剧上翘，竖于口前，使口裂垂直；下咽齿顶端略

弯曲，鳃耙细长；
眼大而圆，鳞小；
侧线明显，前部
略向上弯，后部
横贯体侧中部略下
方，侧线鳞 80~93
枚；从腹鳍基部
至肛门间有腹棱，

图 8-7　翘嘴红鲌

背鳍硬刺粗大，第二棘最明显；胸鳍末端几乎达腹鳍基部，臀鳍长而大，尾鳍尾叉形；体背及体侧上部呈灰色，腹部银白色；体侧银灰色，腹面银白色，背鳍、尾鳍呈淡红色。

（2）生活习性：翘嘴红鲌属中、上层大型淡水经济鱼类，行动快捷，善跳跃，性情暴躁，容易受惊；是以小型鱼类为食的凶猛性鱼类，产卵后大多进入湖泊摄食或在江湾缓流区肥育。幼鱼栖息于湖泊近岸水域和江河水流较缓的沿岸，以及支流、河道、港湾里。翘嘴红鲌为广温性鱼类，生存水温 0~38 ℃，最适水温 15~32 ℃，最佳生长水温 18~30 ℃，繁殖水温 20~32 ℃。

（3）生长与食性：翘嘴红鲌为肉食性鱼类，随着生长和活动能力的增强，其食物组成也随之变化，幼鱼时期主要以昆虫、枝角类和桡足类为食，体长达 15 cm 即开始捕食鱼类，体长在 25 cm 左右则以小型鱼类为主要食物。人工饲养条件下，经过驯化也能摄食鱼糜、冰鲜鱼虾和人工配合饲料。

翘嘴红鲌生长速度快，体形较大。最大可长至 10~15 kg，常见个体 0.5~1.5 kg。一般情况下，翘嘴红鲌的生长速度以第 1 年最快，第 2 年次之。人工养殖条件下，1 龄达 0.6~1 kg，2 龄可达 2~3 kg。1~2 龄鱼处于生长旺盛期，3 龄以上进入生长缓慢期。雌鱼性成熟后，生长速度无明显下降，雌鱼比雄鱼生长快。

（4）繁殖习性：翘嘴红鲌具有明显的溯河产卵习性。每年5月中旬，逐渐进入性成熟阶段，6月中旬至7月中旬（农历芒种后10天至小暑后10天）为繁殖高峰期，8月上旬结束。雄鱼2冬龄性成熟，雌鱼3冬龄性成熟。雌鱼怀卵量为15万~20万粒/kg。产卵场多数在水库上游和湖泊上风近岸带，由于水温、水位、流水等条件的不同，产卵时间可能提前或延后。产卵的水温20~30℃，适宜产卵的水温25℃。适宜产卵的水流速度0.1~1.5 m/s。每次发情产卵持续时间2小时左右。翘嘴红鲌产黏性卵，卵浅黄灰色，卵径为0.7~1.1 mm。

二、翘嘴红鲌的人工繁殖技术

1. 亲鱼的来源与收集 为使亲鱼保持良好性状，要从江河、湖泊、水库中挑选2~3冬龄的野生翘嘴红鲌，一般以秋、冬季为好。选择体表无病无伤、体形无残次的野生翘嘴红鲌原种作为亲本。因亲鱼性腺发育往往与个体体重有很大关系，个体过小即使是3龄，性腺仍未发育成熟，所以应挑选体重在1~1.5 kg的健壮个体作为亲本。

2. 亲鱼培育

（1）亲鱼池条件：要求大小0.14~0.2 hm²，水深1.5~2 m，淤泥少，池底平坦，注水、排水方便。每一池塘配备1.5 kW增氧机1台。

（2）亲鱼放养：亲鱼池经清塘消毒、水质培育后，放养翘嘴红鲌亲鱼。亲鱼下塘前用3%~5%食盐水浸洗、消毒3~5分钟。每666.7 m²放养亲鱼100~120 kg。

（3）水质要求：养殖用水要求水质良好，无污染，保持"肥、活、嫩、爽"，适时开启增氧机，保证水中溶氧。

（4）投饵：秋季是亲鱼积累脂肪和性腺发育的重要时期。秋季亲鱼池应在培肥水质的同时，使池水透明度保持在20~

30 cm及以上，在气温突变时应慎防缺氧和泛池。投喂以适口的饲料鱼为主，日投喂量为亲鱼体重的 5% ~7%，同时投喂 1% ~2% 人工配合专用的膨化饲料。冬季随着水温的下降，亲鱼摄食量也随之减少，投饵也相应减少。春季是亲鱼培育的关键时期，首先要早开食，为性腺的早发育、早成熟创造条件。在水温回升到 8 ℃以上时，将池水控制在 1 ~1.2 m，投放一定量的小型野杂鱼作为饲料鱼，同时投喂蛋白质含量高的配合饲料，满足性腺发育的营养要求。

（5）冲水刺激：亲鱼繁殖前 1 个月，一般为 4 月，要经常冲水，以促进性腺发育。4 月上旬开始，增加流水刺激，促进性腺发育。在催产前 20 天，要每天加注新水 1 次，每次 1 ~2 小时，以提高池水含氧量，使亲鱼尽快达到临产期。

3. 人工催产

（1）雌雄鉴别与配比：雌鱼在生殖季节胸鳍手摸光滑，雄鱼在生殖季节胸鳍及体侧出现大量的珠星，用手摸有粗糙感。翘嘴红鲌的雌鱼比雄鱼多，因此在挑选时要认真、仔细。人工授精雌雄比例可为 3∶1，自然产卵雌雄比例可为（1.5 ~2）∶1。

（2）成熟亲鱼的选择：雌鱼要求卵巢轮廓十分明显，腹部膨大，柔软、弹性强，体侧鳞片排列疏松，触摸腹壁有丰满和松软的感觉；雄鱼要求轻压生殖孔前 3 cm 处有乳白色黏稠状的精液流出，即为性腺发育良好。

（3）注射催产剂与剂量：催产池可利用四大家鱼产卵池，面积 50 ~100 m^2。翘嘴红鲌的人工繁殖时间比较长。生产实践证明，催产时间一般在 5 月下旬至 8 月上旬，以水温 26 ~29 ℃最为适宜。催产药物有鱼类脑垂体、DOM/LHRH – A 和 HCG 等，每千克雌亲鱼用催产剂 LHRH – A 5 μg + HCG 2 000 IU 或 LHRH – A 10 μg + HCG 1 000 IU。用生理盐水配制 1 ~2 mL 药液，注射方法一般采用胸腔注射，采用 1 次注射。

催产效应时间与水温有密切关系，在一定水温范围内水温越高效应时间越短；水温越低效应时间越长。注射后，亲鱼按比例放入产卵池，并不断冲水刺激，流速控制在 0.8 m/s，让其自然产卵。鱼巢可用白色包装绳，剪成 50 cm 一段，从中间系好，再用梳子打毛，也可用水草、棕片等作鱼巢。

（4）人工孵化：在水温 26～29 ℃经 8～10 小时即开始自然产卵受精。发情亲鱼在水面形成波纹，雌、雄鱼有时会急速追逐，这时可起网捕鱼，进行人工采卵授精。翘嘴红鲌的受精卵为黏性卵，故采用干法授精，然后用滑石粉脱黏后，再入孵化缸、孵化桶或孵化环道中孵化。如果不脱黏，可将受精卵在黏性产生前的 10～20 s 内快速而均匀的泼洒于筛网上黏附，转入孵化池中孵化。

鱼卵放入孵化环道或孵化桶或孵化缸中孵化，实践证明在孵化桶或孵化缸中孵化效果更好，进出水流畅，不易留死角，出苗率高。孵化期间最好能控制水温在 27～28 ℃，保持流水，水交换量为 1.5～2 m^3/h。受精卵的胚胎发育过程历时 25～30 小时，一般 54 小时左右孵化出仔鱼。

刚出膜的仔鱼全长约 6 mm，白色透明，外观呈细棒状，悬浮在水体中做上下垂游。在孵化池中暂养 2 天，卵黄被逐步吸收后，仔鱼就能在水中自由游动。眼点黑亮，消化道发育完整的为健康苗种，此时可将仔鱼转到育苗池培育。

三、苗种培育

1. 鱼苗培育 刚孵化出膜的仔鱼，经过 25 天左右的专池培育，长成体长 3 cm 左右的鱼苗，这一阶段称为鱼苗培育。

（1）培育池准备：苗池面积一般为 666.7～1 000 m^2，水深 1.2 m。放养前 15 天，排干池水，清整池塘，用生石灰彻底消毒。一周后，待药物毒性消失后注入过滤新水，水深控制在

0.8 m左右，培肥水质，池水透明度在25~30 cm。

（2）鱼苗放养：仔鱼的放养密度为150~225尾/ m²。

（3）鱼苗培育：仔鱼入池后的第2天即可使用豆浆沿池边四周均匀泼洒，每天2次，时间在上午9时和下午2时左右，每天黄豆用量7.5~15 kg/hm²，具体的投喂情况视天气、鱼苗长势及摄食情况而定。第20天开始添加一些粉状饲料（常规鱼种饲料的粉碎料），期间视水质情况适量肥水。鲌鱼鱼苗要求有较高溶解氧，要定期加注新水，每次加水10~15 cm。25天左右，鱼苗规格达到3 cm以上，此时可进行拉网锻炼，分池进入鱼种培育阶段。

2. 鱼种培育　将3 cm左右鱼苗育成10~15 cm的鱼种，称为鱼种培育阶段。

（1）池塘条件：面积1 000~3 000 m²为适宜，水深1.5~2 m，底泥较少，水质良好、无污染，进水、排水方便，每个池塘需配增氧机1台。

（2）放养的准备：鱼种放养前15天，排干池水，每666.7 m²用生石灰100~150 kg，兑水化浆泼洒消毒，一周后注水1.2 m，然后每666.7 m²施200~400 kg事先经发酵的畜禽肥作基肥，以培育水蚤等活饲料。

3. 鱼种放养　避开高温天气。用氧气袋运输，到塘口后，把氧气袋放入池中，浮于水面20分钟，待内外水温接近，再轻轻把鱼苗倒入池中。放养密度为12万~18万尾/hm²。

4. 饲养管理　①翘嘴红鲌不耐低氧，在整个养殖过程中，要经常加注新水，保持池水清新，水体透明度掌握在30 cm左右，pH值为7~8，必要时开动增氧机。②鱼种放养2天后开始投饲，饲料种类有冰鱼块、新鲜小杂鱼、人工配合饲料等。日投喂量为其总重的3%~8%，根据天气、水温、鱼吃食情况适当增减饲料投喂量。当鱼种体长达8 cm时，可由粉状饲料过渡到粒径为 1 mm 的膨化颗粒饲料，过渡期 2 ~ 3 天；体长达到 10 cm 时，投喂粒径 2 mm 的膨化饲料。投喂量以 1 小时吃完为标准。投喂次数每天 2 ~ 3 次。③勤巡塘，发现问题及时解决。

四、翘嘴红鲌的成鱼养殖技术

（一）池塘养殖

1. 池塘条件准备　养殖池塘要求通风，向阳，四周无遮蔽物，土质以黑色壤土为好，pH 值 7 ~ 8，面积以 0.2 ~ 0.6 hm² 为宜，池底平坦，底泥厚度为 10 ~ 25 cm，水源充足，注水、排水方便，且进、排水分开，塘埂坚固、不漏水，水深 2.5 m 左右。

鱼种放养前 15 天，排干池水，每 666.7 m² 用生石灰 100 ~ 150 kg，兑水化浆泼洒消毒，以彻底杀灭水体中潜在的病原体及敌害生物。一周后注水 1.0 m，可少量施肥培育水质。

2. 鱼种放养　养殖翘嘴红鲌应投放大规格的优质鱼种，规格为 10 ~ 15 cm/尾，每公顷可投放 1.5 万 ~ 1.8 万尾。鱼苗放养最好是在每年的春节前后，最迟不能超过 3 月底，此时放苗水温较低，可提高鱼种成活率。翘嘴红鲌的最大弱点是鳞片比较松软，操作要小心，避免鱼体受伤。另可搭配放养 20% 的鲢鱼、鳙鱼等滤食性鱼类。鱼种放养前要用 3% ~ 5% 食盐水消毒 3 ~ 5 分钟。

3. 饲料投喂　科学合理投饵是确保翘嘴红鲌养殖高产的重要环节。鱼种入塘后，经过 7 ~ 10 天的适应期，再适当驯化，即可进行正常投饵。如果放养的鱼种是人工驯化过的，则直接可用人工配合饲料投喂。投喂时间应根据鱼种摄食的具体情况、气候、水质等因素灵活掌握。

4. 日常管理　日常管理包括：①勤巡塘；②适时加注新水，池水透明度应控制在 35 cm，如池水肥度不够，可增施水产专用肥料，防治缺氧浮头；③坚持"四定"投饵，不使用腐败变质饲料；④注意鱼病预防和治疗；⑤做好池塘日志。

（二）翘嘴红鲌网箱养殖

1. 网箱设置　网箱养殖翘嘴红鲌的水域，可以是水库、湖泊，也可以是较大池塘（一般在 3.3 hm^2 以上，水深 3 m 以上），背风向阳，水的流速在 0.2 m/s 以下，水质无污染，pH 值在 6.5 ~ 8.0，交通便利；网目大小要根据鱼种大小来决定，网箱为聚乙烯制作而成的无结网，8 ~ 100 m^2 网箱均可，成鱼养殖以大网箱为好。

2. 鱼种放养　放养时间最好在 11 月至翌年 3 月，鱼种放养的密度为 30 ~ 150 尾/m^2（10 ~ 15 cm），规格较大的，放养密度要低一些。

3. 饲料投喂　目前，常用的饲料有三种：①饲料鱼，有条件的可以定期、定量投放适口饲料鱼。②冰鲜鱼、家禽下脚料及蚕蛹等。③人工配合饲料，主要是膨化料。投饲时要注意翘嘴红鲌激烈抢食引起的饲料损失；投饲率 2% ~ 9%，每天投饲 2 ~ 3 次，时间调整以天气为准。经过人工培育的鱼种进行网箱养殖，无须进行投饲驯化。只要水温高于 8 ℃就会摄食，必须及时投饲。

4. 日常管理　养殖期间记好养殖日志，记录鱼的吃食、活动情况、天气变化、水温；及时进行网箱的清洗，清洗时动作轻快，防止翘嘴红鲌过分跳跃而受伤；每月定期进行鱼体生长情况抽样检查，及时调整日投饲料次数、投饲量等；经常检查网箱情况，做好防逃工作。平时一般不要去网箱附近活动，以免惊动翘嘴红鲌，引起过分跳跃而受伤。

第七节　淡水小龙虾的养殖技术

淡水小龙虾中文学名为克氏原螯虾，英文名称"红沼泽螯虾"（Red Swamp Crayfish），在动物分类学上隶属节肢动物门、甲壳纲、十足目、蝲蛄科、原螯虾属。原产北美洲，1918年由美国引入日本，20世纪30年代末期由日本传入我国，现广泛分布于世界五大洲30多个国家和地区。该虾在我国分布于东至台湾，南至广东，西至新疆，北至黑龙江的20多个省、市、自治区，但其主产区还是在长江中下游地区。克氏原螯虾适应性强，自然种群发展很快，成为常见的淡水经济虾类。

一、淡水小龙虾的经济价值和生物学特征

（一）经济价值

淡水小龙虾具有肉味鲜美、营养丰富等特点，其蛋白质含量达16%～20%，干虾米蛋白质含量高达50%以上，高于一般鱼类，超过鸡蛋的蛋白质含量；虾肉中锌、碘、硒等微量元素的含量也高于其他食品，且肌肉纤维细嫩，易于被人体消化吸收。是一种高蛋白、低脂肪的健康食品，深受国内外市场的欢迎，不仅成为我国大量出口欧美的重要水产品，也是我国城乡居民餐桌上的美味佳肴。近年来淡水小龙虾的价格不断飙升，2015年每千克的价格高达20～30元，35～45克规格的成虾价格在50～60元/千克，50克以上的成虾价格超过70元/千克，市场价格远远超过传统养殖鱼类。不仅如此，该虾出肉率达20%左右，可加工虾仁、虾尾，且从甲壳中提取的甲壳素、几丁质和甲壳糖胺等工业原料，广泛应用于农业、食品、医药、烟草、造纸、印染、日化等领域，加工

图8-8　淡水小龙虾

增值潜力很大，是很好的可供开发利用的水产动物资源。

淡水小龙虾是我国出口创汇最多的淡水水产品，也是我国养殖结构调整中的重要的淡水养殖新对象，是广大渔民朋友发家致富的一个重要途径。

（二）生物学特征

1. 外形特征　淡水小龙虾（图8-8）身体由头胸部和腹部尾部组成，体节20节，头部5节，胸部8节，头部和胸部愈合成一个整体，称为头胸部。头胸部愈合呈圆筒形，前端有一额角，呈三角形。额角表面中部凹陷，两侧隆脊，尖端锐刺状。头胸甲中部有一弧形颈沟，两侧具粗糙颗粒。腹部共有7节，其后端有一扁平的尾节与第六腹节的附肢共同组成尾扇。胸足5对，第1对呈螯状，粗大。第2、第3对钳状，后2对爪状。腹足6对，雌性第1对腹足退化，雄性前2对腹足演变成钙质交接器。尾节无附肢，尾扇发达，抱卵期和孵化期的雌虾尾扇弯曲保护受精卵和仔虾。

淡水小龙虾体表具坚硬的甲壳。性成熟个体暗红色或深红色，未成熟个体淡褐色、黄褐色、红褐色不等，有时还见蓝色。

2. 生活习性　淡水小龙虾栖息在湖泊、河流、水库、沼泽、沟渠、池塘及稻田中，但在食物较为丰富的静水沟渠、池塘和浅水草型湖泊中较多，栖息地多为土质，特别是腐殖质较多的泥质，有较多的水草、树根或石块等隐蔽物，白天潜伏，夜晚出来觅食。有掘洞的习性，洞穴的深度在 $50 \sim 80$ cm。耐低氧和氨态氮能力较强，在一些鱼类难以生存的水体也能存活。一般水体溶解氧保持在 3 mg/L 以上，即可满足其生长所需。有较强的攀援能力和迁徙能力，在水体缺氧、缺饵、污染及其他生物、理、化因子发生骤烈变化而不适的情况下，常常爬出水面进入另一水体。如下雨时，特别是下大雨时，该虾常爬出水体外活动，从一个水体迁涉到另一个水体。因而养殖小龙虾，防逃非常重要。

淡水小龙虾对温度的适应性较强，0~37 ℃都能正常生存。最适生长温度为 25~32 ℃。当水温上升到 33 ℃以上或下降到 20 ℃以下时，摄食量明显减少。水温降至 15 ℃以下时，停止摄食，开始越冬。淡水小龙虾适宜生存的 pH 值为 6.5~9.0，最适 pH 值为 7.5~8.5。对重金属、某些农药如敌百虫、菊酯类杀虫剂非常敏感，养殖水体应符合国家颁布的渔业水质标准。

3. 生长与食性　淡水小龙虾是杂食性种类，对各种谷物、饼类、蔬菜、陆生牧草、水体中的水生植物、着生藻类、浮游动物、水生昆虫、小型底栖动物及动物尸体均能摄食，也喜食人工配合饲料。在 20~25 ℃条件下，淡水小龙虾摄食眼子菜每昼夜可达自身体重的 3.2%，摄食竹叶菜可达 2.6%，水花生达 1.1%，豆饼达 1.2%，人工配合饲料达 2.8%，摄食鱼肉达 4.9%，而摄食蚯蚓高达 14.8%，可见该虾喜食动物性饲料。食性在不同的发育阶段有差异，当食物供应不足时有自相残杀的习性，主要是捕食刚蜕壳的软壳虾。

淡水小龙虾与其他甲壳动物一样，必须蜕掉体表的甲壳才能完成其突变性生长。淡水小龙虾的蜕壳与水温、营养及个体发育阶段密切相关。幼体一般 2~5 天蜕皮一次，离开母体进入开放水体的幼虾每 5~8 天蜕皮一次，后期幼虾的蜕皮间隔一般 8~20 天。水温高，食物充足，发育阶段早，则蜕皮间隔短。性成熟的雌、雄虾一般一年蜕皮 1 次。淡水小龙虾的蜕皮多发生在夜晚，人工养殖条件下，有时白天也可见其蜕皮，但较为少见。淡水小龙虾生长过程中经多次蜕壳，生长条件好的情况下，3~4 个月即可达到上市规格。蜕壳与水温、营养及个体发育阶段密切相关。幼体一般 4~6 天蜕皮一次，离开母体进入开放水体的幼虾每 5~8 天蜕皮一次，后期幼虾蜕皮间隔一般为 8~20 天。一般蜕皮 11 次即可达性成熟，性成熟后一年蜕皮 1~2 次，寿命一般为 2~3 年。

二、淡水小龙虾的人工繁殖技术

1. 亲虾的来源与挑选

淡水小龙虾隔年性成熟，一年产卵一次，秋冬季繁殖类型。9～11月是淡水小龙虾的产卵高峰期，挑选淡水小龙虾亲虾的时间一般在6～8月，来源应直接从养殖淡水小龙虾的池塘或天然水域捕捞，亲虾离水的时间应尽可能短。雌雄比例依繁殖方法的不同和繁殖时间而各异，一般2:1～3:1，亲虾常选择10月龄以上、体重30～50 g、附肢齐全、体质健壮、无病无伤、颜色暗红或黑红色、有光泽、体表光滑无附着物，活动能力强的个体（表8-5）。

表8-5 亲虾的雌雄个体鉴别

鉴别项目	雄虾	雌虾
大螯足	粗大，大螯腕节和掌节上的棘突长而明显	相对较小
生殖孔开口	第5对步足基部	第3对步足基部
成熟个体腹部	相对狭小	宽大
腹肢	第1、2腹肢变成管状，较长，为淡红色；第3、4、5腹肢为白色	第1腹肢退化，很细小，第2腹肢正常

2. 亲虾培育

（1）培育池：亲虾培育池主要有两种，水泥池和土池。要求水质清新，排灌方便，无污染。培育池的面积可根据生产规模从几平方米至数百平方米。培育池水深一般在50～100 cm，池埂宽度要有1.5 m以上，安装进排水管，土池四周设置高30 cm的防逃设施。池水要求水质清新，溶解氧丰富，溶解氧要求在4 mg/L以上。

（2）种植水草：在培育池中种植水草，如轮叶黑藻、金鱼藻、水葫芦等，同时投放水花生和浮萍，也可以在池中栽种一些挺水植物。池中水草覆盖率约为池塘水面的60%。池中水草应在亲虾放养前2个月左右完成，以确保水草正常生长。

（3）亲虾投放：淡水小龙虾亲虾放养遵循就近选购原则。通常9~11月选留的亲虾，每平方米放养150~225 g；4~5月选留的亲虾，每平方米放养120~150 g。亲虾在放养前用池水浇淋5分钟，以降低应激反应。

（4）亲虾培育：淡水小龙虾一年可抱卵2~3次，9~11月是淡水小龙虾繁殖高峰期。在整个繁殖期内，亲虾要进行多次交配产卵，消耗体内大量的营养物质，体质显著减弱。因此，投放亲虾后，保持良好的水质，并加强投喂，每天投喂一次，以多投喂动物蛋白含量较高的饲料，如螺蚌肉、鱼肉及屠宰场的下脚料等为主，以维生素含量丰富的青饲料为辅。在亲虾培育期间，还要注意加强亲虾池的水质管理。适时加注新水，保证水质良好。如果条件许可，使池水形成微水流，可以促进亲虾性腺发育。初春时节越冬虾体质相对较弱，通常应投喂蛋白含量较高的配合饲料，适当搭配一些鲜活小杂鱼、螺蛳等，以提高亲虾的丰满度，亲虾培育期间日投喂量为1%~5%，依据天气状况、水温、季节不同适当增减。

3. 产卵与孵化

淡水小龙虾属一年多次产卵类型。因虾苗的生长环境不同，性成熟周期有所差异。当水温升至20 ℃以上时，亲虾便开始交配产卵，9~11月是淡水小龙虾繁殖高峰期，一年可多次产卵。

淡水小龙虾受精卵黏附在雌虾腹部附肢刚毛上孵化为稚虾。受精卵适宜的孵化温度为22~28 ℃。受精卵胚胎发育长短与水温高低密切相关，水温高孵化时间短，水温低则孵化时间长。淡水小龙虾受精卵在18~20 ℃时，孵化期为30~40天，水温在25 ℃时则只需15~20天。

刚孵出的淡水小龙虾幼体体形构造与成体基本相同，平均体长约9.5 mm，依靠卵黄囊为营养，攀附于雌虾腹肢上1~2周，在此期间幼体也会偶尔离开母体活动。3 周后离开母体营独立生活。当发现繁殖池中有大量稚虾出现时，应及时采苗，进行虾苗培育。

三、苗种培育

1. 培育池准备　淡水小龙虾苗种培育池可以用 20 ~ 40 m²、水深 0.6 ~ 0.8 m 的水泥池，也可以选择面积一般为 666.7 ~ 10 000 m²的池塘，水深 1.2 m。如果选择池塘培育虾苗，育苗池可以同时兼做成虾养殖池。培育池要设置进排水系统和防逃设施。在池底的中部挖一条水沟或在池塘坡底四周开挖一条沟，便于早期虾苗的培育管理和捕捞操作。

放养虾苗前，培育池要用生石灰进行彻底清塘，用量为 75 ~ 100 kg/亩，同时施肥、种植水生植物，培育稚虾喜食的天然饲料，如轮虫、枝角类、桡足类等浮游生物。

淡水小龙虾苗种培育池要求水质清新，如使用井水要进行沉淀暴晒。水草培育期池水水深 20 ~ 30 cm，逐渐加深至 60 ~ 100 cm，进水口要设置筛网过滤，防止水生昆虫、小鱼、小虾及鱼卵等敌害生物进入。

2. 虾苗放养　虾苗放养量一般为每平方米放养 0.8 cm 左右的稚虾 200 ~ 250 尾。放养的虾苗要求规格整齐、无病无伤、体格健壮。有条件时最好能在放养前"缓苗"半个小时，放养时要求动作轻快，防止虾苗受伤。

3. 虾苗培育　虾苗培育期要注意培肥水质。放养后的第 1 周，投喂豆浆，每天 2 ~ 4 次；从第 2 周开始适当投喂动物性饲料，如小杂鱼、螺蚌肉、蚯蚓、水生昆虫等动物性饲料，适当搭配玉米、小麦和鲜嫩的水草、浮萍。将上述饲料粉碎后混合加工成糊状配合饲料，早、晚各投 1 次。日投饲量早期每万尾虾苗为 0.20 ~ 0.50 kg，早上少投，晚上多投，早晚按 4∶6 比例投喂。随虾苗长大按池虾体重的 6% 左右投喂。投喂饲料时一定要根据天气、水质和虾的摄食情况灵活掌握。

虾苗培育过程中要注意定期加注新水，每次换水 1/3，每 15 天左右泼洒生石灰一次，浓度为 15～20 g/m^2，以增加池中钙含量。

淡水小龙虾幼苗经过 25～35 天培育，5～8 次蜕壳，体长可达 3 cm 左右，即可上市或者进行成虾养殖。

淡水小龙虾的虾苗培育不同地区有着不同培育方法和方式，各地在培育虾苗过程中，主要是要注意亲虾的选择和放养时间，挑选淡水小龙虾亲虾的时间一般在 6～8 月，一次放足。另外注意水草的种植和培养。

四、淡水小龙虾的成虾养殖技术

(一) 池塘养殖

1. 池塘条件准备　面积不限，但以池塘面积 0.2～0.6 hm^2、池塘深 1.5～2.5 m，水深 1.0～1.5 m，堤埂顶面宽 2.5～3 m，坡度 (2.5～3)：1；中间深，四周浅，底质为壤土，有良好的进排水系统。养殖水面四周应建防逃围栏，以防止小龙虾在夜晚或下雨天逃逸。防逃围栏可用网片、塑料薄膜、石棉瓦等材料，高度为 0.6 m，其中 0.2 m 埋入泥中。养殖水质应符合《无公害食品 淡水养殖用水水质》（NY 5051—2001）的规定。

2. 放养前准备工作　在虾苗放养前 20～30 天，进行池塘清整，排干池水，清除过多淤泥和平整池底。可在池底的中部挖一条水沟或在池塘坡底四周开挖一条沟，以便早期虾苗的培育管理。用生石灰 100～150 千克/亩兑水化浆泼洒消毒，以彻底杀灭水体中潜在的病原体及敌害生物。一周后注水 1.0 m，可少量施肥培育水质。在水体底部种植菹草、眼子菜、苦草、轮叶黑藻、金鱼藻、伊乐藻等沉水植物；水面移植水花生和水葫芦等漂浮植物；"虾多少，看水草"，种植水草是小龙虾养殖成功的关键。当然，也不是说水草越多越好，还要看水草质量和水草种类，一般水草种类要多，池塘以种植菹草和轮叶黑藻为好。种植面积应为池塘底部的 1/3～1/2，漂浮植物移植面积约占池塘表面的 1/5～1/4。春、夏季还可放养少许河蚌、螺蛳等。

3. 虾苗放养 "种苗投放"是小龙虾高效健康养殖技术中最关键的部分，池塘虾苗的来源目前有两种，一种是直接从外地购买的虾苗进行放养，另一种是放养亲虾进行繁育培育出的虾苗；不论哪种来源，都要做到"夏秋投种，春季补苗，捕大留小，轮捕轮放"。亲虾一定要在 6 月底至 8 月底投放，规格为 35～50克，每亩投放 30～40 千克/亩，雌雄比例 2：1 或 3：1；如果外地购苗，放养时间在 7 月中下旬，幼虾规格为体长 0.8 cm 以上。放养密度为 3 万～4 万尾/亩。以放养当年培育的大规格虾苗为主，放养时间在 8 月中旬至 9 月。体长 1.2 cm 左右的虾苗，放养密度为 2.8 万～3 万尾/亩；体长 2.0～3.0 cm 的虾苗，放养密度为 1.5 万～2.2 万尾/亩，种苗要投足，投放的时间越早，养殖效果越好。要求苗种规格整齐，最好同一来源。应来源于苗种场、养殖场及附近捕捞户的地笼，不能从市场上购买或长距离收购。幼虾的捕捞、包装、运输有讲究。不能挤压，离水时间要尽可能短。

4. 饲料投喂 小龙虾是杂食性动物，科学投喂是其快速生长、提高养殖效益的关键。做到早（苗）期培肥水质并适当投喂动物性饲料，中后期以水草、农副产品饲料或配合饲料为主，适当搭配动物性饲料。每月投 2 次水草，每周投 1～3 次动物性饲料，每日投 1～2 次农副产品饲料或配合饲料。日投喂量为存虾总量的 5%～12%，根据季节、天气、气温、水质、虾的生理状况适当调整。一般每天投喂 2～3 次，投饵以傍晚为主，约占全天投饵量的 70%。投在浅水区或平台上。小龙虾的投喂也强调"四定"，即"定时、定点、定质、定量"，饲料要多样化，提倡使用人工配合饲料，人工配合饲料的蛋白含量以 28% ~ 36% 为好。各地也可以因地制宜，开发天然饲料替代部分人工配合饲料，以提高效益。

5. 日常管理　①勤巡塘；②适时加注新水，池水透明度应控制在 30 ~ 50 cm，如池水肥度不够，可增施水产专用肥料，防治缺氧浮头；③坚持"四定"投饵，不使用腐败变质饲料；④注意虾病预防和治疗；⑤做好池塘日志。

（二）淡水小龙虾的其他养殖模式

目前，我国湖北、江苏、广东、浙江、安徽等省因地制宜积极开展淡水小龙虾养殖，创新淡水小龙虾养殖模式，如苏、浙、皖、赣的虾稻共作模式，湖北省的"虾稻轮作 – 共作一体"模式，"虾 – 鳅 – 稻"混作模式（"虾 – 鳅 – 稻"混作每亩稻田一年可收获一季稻谷、一季小龙虾、一季泥鳅，亩产稻谷 500 千克、小龙虾 150 千克、泥鳅 150 千克）等很多种不同模式，都取得了良好的养殖效果，增加了广大渔民朋友的收入。无论哪种养殖模式，在养殖工程中的几点关键措施一定要做到：①虾苗提倡自繁自养，繁养一体化，或就近购苗，不建议远距离运输，提倡早投苗，投足苗，不提倡迟投苗；②种植水草，"要想养好虾，必须养好草"，补栽和养护好水草是小龙虾养殖过程中的重要环节，是一项不可缺少的技术措施；③清除敌害和防病；④防逃；⑤水质控制；⑥科学喂养；⑦适时捕捞。

第八节　加州鲈鱼的养殖技术

加州鲈鱼俗称大口黑鲈，属鲈形目，太阳鱼科，为肉食性温水鱼类。原产北美洲的江河、湖泊中。其生长快、肉质鲜美、抗病力强、易起捕、适温较广、经济价值较高受到广大养殖业者的青睐。自 20 世纪 70 年代引入我国台湾省，现已繁殖了多代。广东深圳、佛山、浙江等地于 1983 年引进，并于 1985 年相继人工繁殖成功。繁殖的鱼苗已被引种到江苏、浙江、上海、湖北、河南、山东等地养殖，取得较好的经济效益。是目前我国发展池塘高效养殖的重要经济鱼类之一。

一、加州鲈鱼的经济价值和生物学特征

（一）经济价值

加州鲈鱼属广温肉食性淡水名贵鱼类，肉质细嫩鲜美，营养价值高，加州鲈鱼属高蛋白肉类，富含维生素 A 和维生素 B，营养成分优于其他一些淡水水产品和鸭、鹅、猪肉。具有滋补肝肾脾胃、化痰止咳、安胎、催乳等功效，肉内还富含多种微量元素，钙、镁、锌、硒等。是健身补血、健脾益气和益体安康的佳品；加州鲈鱼血中还有较多的铜元素，铜元素缺乏的人可食用鲈鱼来补充。同时，因加州鲈鱼较贪食，易上钩，可供游客垂钓，受到广大游钓者的喜爱。发展游钓渔业，吸引游客观光，有利于增加渔民收入。

（二）生物学特征

1. 外形特征 体侧扁，稍呈纺锤形，横切面为椭圆形。体高与体长比为 1:（3.5~4.2），头长与体长比为 1:（3.2~3.4）。头大且长。眼珠突出。口上位，口裂大而宽。牙为绒毛细齿，锐利。颌骨、腭骨、犁骨都有完整的梳状齿，多而细小，大小一致。背肉稍厚，尾柄长且高。从吻端至尾鳍的基部散布密麻黑色斑，全身披灰银白或淡黄色细鳞，背脊一线颜色较深，常呈绿青色或淡黑色，沿侧线附近常有黑色斑纹，腹部黄白色。加州鲈鱼的可食部分占体重的 86% 左右。

2. 生活习性 加州鲈鱼喜栖息于沙质或沙泥底质不混浊的水环境中。尤喜栖于清澈缓慢的流水中。在人工养殖条件下，也

适应稍肥的水质，通常活动于水的中下层。加州鲈鱼适温范围较广，通常是 2~36 ℃，10℃以上开始摄食，最适生长温度为 20~30 ℃；要求水中溶解氧丰富；淡

图 8-9　加州鲈鱼

水或者含盐量 10% 以下的水体中生活。

3. 生长与食性　加州鲈鱼属肉食性的杂食鱼类。性凶猛，幼苗摄食浮游动物为主，成鱼则喜捕食小鱼、昆虫等。在人工饲养条件下，主要投喂切碎的小杂鱼。经驯化后，也可以摄食人工配合颗粒饲，且生长良好。当饲料不足时，也会自相残杀。加州鲈鱼生长速度快，当年鱼苗经人工养殖可达 0.5~0.75 kg，达到上市规格。通常 1~2 龄生长速度较快，养殖 2 年，体重约 1.5 kg，3 龄生长速度开始减慢。

4. 繁殖习性　加州鲈鱼 1 龄以上才能达到性成熟，每年 4 月为产卵盛期。适宜繁殖的水温为 18~26 ℃，体重 1 kg 的雌鱼怀卵量为 4 万~10 万粒，北方地区可选择 2 龄鱼作为亲鱼。加州鲈鱼为多次产卵型，每次产卵 2 000~10 000 粒。在水质清新、池底水草丰富、有一定流水等生态条件下，加州鲈鱼也可在池塘中自然繁殖。产卵前，雄鱼首先在池边周围较浅水处筑巢，巢穴深 3~5 cm，巢直径 30~50 cm，距水面 30~40 cm，雌鱼产卵后即离开巢穴觅食，雄鱼则留在巢穴边守护受精卵。加州鲈鱼受精卵为黏性卵，黏附在鱼巢的水草上和沙砾上，孵化时间一般为 5~7 天。

二、加州鲈鱼的人工繁殖技术

(一) 亲鱼的鉴别与来源

在养殖过程中平时雌雄鱼难以辨别，到了生殖季节，成熟的加州鲈亲鱼差异较为明显。雌鱼体色较暗，鳃盖部光滑，胸鳍呈圆形，腹部膨大而柔软，卵巢轮廓明显，体形较粗短，生殖孔红润状且突出，上有 2 个孔，分别为输卵管和输尿管开口；雄鱼则体形较长，鳃盖部略粗糙，胸鳍较狭长，腹部不大，生殖孔凹入，只有一个孔。成熟较好的雄亲鱼用手轻压腹部有白色精液流出。

选择 1 ~ 3 冬龄，体重 0.6 千克以上，体质健壮且无病无伤的加州鲈鱼作亲鱼。选择好的亲鱼应放入亲鱼培育池进行强化培育，为了保持加州鲈鱼良好的生长性能，亲鱼应避免在同一养殖场选择。

(二) 亲鱼培育

亲鱼培育可以专池培育，也可以套养培育。为提高繁殖效果，提倡采用专池培育。

1. 亲鱼池条件　要求池塘面积 0.15 ~ 0.2 hm^2、水深 1.5 ~ 1.8 m、池底平坦、注排水方便的池塘，每一池塘配备 1.5 kW 增氧机一台。

2. 亲鱼放养　在每年年底收获成鱼时，挑选体质好、个体大、无伤无病的加州鲈鱼作为后备亲鱼，放入专池培育，每亩放养 400 ~ 600 尾。配养少量 6.6 ~ 10 cm 鲢鱼、鳙鱼，以调节水质，亲鱼下塘前要进行池塘清整和消毒。

3. 水质要求　要求水质良好，无污染，水中溶氧高，水质呈中性或偏碱性。

4. 投饵　培育期间以投喂小鱼、小虾为主，也可以投喂冰鲜鱼或人工配合饲料。每天上午及黄昏各投喂一次，每日投喂量为亲鱼体重3%～5%。有条件时每隔一段时间可向池中放一些抱卵虾，让其繁殖幼虾供亲鱼捕食，使池中保持饲料充足，满足亲鱼性腺发育对营养的需要。加州鲈鱼不耐低溶氧，易浮头，在培育期应及时换注新水。闷热雷雨季节，要适时开动增氧机，亲鱼浮头会延缓性腺发育。秋季是亲鱼积累脂肪和性腺发育的重要时期，投喂以适口的饲料鱼为主，日投喂亲鱼体重的4%～6%，同时投喂1%～2%人工配合膨化饲料。秋季亲鱼池水透明度保持在20～30 cm以上，在气温突变时应慎防缺氧和泛池。冬季随着水温的下降，亲鱼摄食量减少，投饵量也相应减少。冬季也要保持池塘水质清新，有利于性腺发育。春季是亲鱼培育的关键时期，首先要早开食，为性腺的提早发育、早成熟创造条件。

（三）人工催产

加州鲈鱼在自然或正常人工池养的条件下，到了繁殖季节，亲鱼通常都会成熟，无须进行人工催产也能顺利地产卵排精，完成受精过程。只有当我们根据生产需要，有计划地使加州鲈鱼产卵时，就要采用鱼用催产剂，进行人工催产。

1. 产卵池 在进行人工繁殖之前，要根据生产规模准备好产卵池。产卵池以沙质底、有斜坡边的壤土池较好，面积以666.7～1330 m²为宜，产卵池四周堆放些碎石块、砖头，池中央种植部分水草，以备亲鱼产卵前筑巢附着。

2. 人工催产 当水温稳定达到20 ℃以上，根据生产需要即可进行人工催产。催产时，挑选出的亲鱼个体大小要相当，按1:1配对，产卵池每亩为水面放20～30对亲鱼。

3. 催产剂与剂量 常用的催产池鲤鱼脑垂体（PG）和用绒毛膜促性腺激素（HCG），单独或混合使用。使用剂量是每千克雌鱼注射鲤鱼脑垂体（PG）5～6 mg，或用绒毛膜促性腺激素（HCG）2 000国际单位（IU），采用1次注射。雄鱼用量减半。可根据亲鱼发育情况选择一次性注射或二次注射，两次注射时间间隔为 9 ~ 12 h，第一次注射为总量的 30%，第二次注射剩余量。雄鱼在雌鱼第二次注射时一次性注射；选择混合使用时，第一次注射鲤鱼脑垂体（PG）1.0 ~ 1.5 mg，第二次注射鲤鱼脑垂体（PG）2.0 ~ 2.5 mg 和绒毛膜促性腺激素（HCG）1 500 国际单位（IU），雄鱼用量减半。

4. 人工孵化 加州鲈鱼的催产效应时间较长，当水温 22 ~ 26 ℃时，效应时间为 18 ~ 30 h，亲鱼发情时首先是雄鱼不断用头部顶撞雌鱼腹部，当发情到达高潮时，雌、雄鱼腹部互相紧贴，开始产卵受精。产过卵的亲鱼静止停留片刻，雄鱼再次游近雌鱼，几经刺激，雌鱼又发情产卵。加州鲈鱼为多次产卵类型，在一个产卵池中，可连续数天见到亲鱼产卵。

加州鲈鱼卵近球形，淡黄色。产入水中，卵膜就迅速吸水膨胀，呈黏性，常黏附在鱼巢的水草上。受精卵保留在产卵池中或转移至水泥池、网箱中孵化。孵化期间要求水质良好，溶氧量在 5 mg/L 以上。孵化时间与水温高低有关，当水温在 20 ~ 22 ℃时，孵化时间 31 ~ 32 h，当水温 17 ~ 19 ℃时，需 52 h 才能孵出鱼苗。实验证明，在有微流水或有增氧条件下可大大提高孵化率。

刚孵出的鱼苗受雄鱼保护。但当鱼苗长到 2 cm 左右时，又可被雄亲鱼吞食。因此，在原池孵化培育时应将亲鱼及时全部捕出放入亲鱼池精养，用产卵池或鱼苗池培育鱼苗。

三、苗种培育

（一）鱼苗培育

加州鲈鱼刚孵化出后的第 3 天，卵黄囊消失，即开始摄食，经过 30 d 左右的专池培育，长成体长 3 ~ 4 cm，即可出售或进行鱼种、成鱼养殖。

1. 培育方法 加州鲈鱼苗培育可采取池塘培育和水泥池培

育，甚至可以使用原有的产卵池进行培育。

2. 池塘培育法　池塘面积一般为 666.7 ~ 2 000 m²，水深 1.0 ~ 1.6 m，水质良好，水源充足。放养前 15 d，排干池水，进行清整池塘，用生石灰彻底清塘。一周后，待药物毒性消失后注入过滤新水，水深控制在 0.8 m 左右，培肥水质，池水透明度在 25 ~ 30 cm。视养殖技术及水质状况，每 666.7 m² 放养 10 万 ~ 15 万尾。加州鲈鱼苗下塘后，其开口饲料是水中的浮游生物，因此，应保持池水一定的肥度，以提供充足的浮游生物，适时投喂轮虫、水蚤等，稍大些，可投喂枝角类、昆虫幼体、水蚯蚓等。投饵要充足，防止自相残杀。两周后，待到鱼苗长到 1.5 cm 以上，开始投喂鱼浆进行人工驯养。其驯养方法与鲤鱼、罗非鱼等其他淡水鱼类相似，逐渐使加州鲈鱼养成定点、定时、定量的习惯，一般经 30 d 左右的精心培育，可养成体长 3 ~ 4 cm，此时，要及时分级分开养殖。根据生产需要或直接进行成鱼养殖，也可以分塘后继续养成体长 10 cm 左右的大规格鱼种。

3. 水泥池培育法　水泥池面积 20 ~ 40 m² 为宜。放养前要对水泥池进行清洗、消毒、修补漏洞、培育水质。水泥池水深 25 ~ 30 cm，每天加注新水至 0.8 ~ 1 m，有微流水和充气增氧，则养殖效果更好。每 1 m² 放养刚孵化鱼苗 1 000 ~ 2 500 尾，放养初期应投喂小型浮游生物如轮虫和无节幼体，喂养到 10 ~ 15 天时以摄食枝角类为主，每天投喂 2 ~ 3 次，投喂量视摄食情况而定，当鱼苗长至 2 cm 以上要开始驯养或分池进行精养。

4. 加州鲈鱼苗培育过程中应注意事项　①定期加水。鱼苗饲养过程中要适时加注新水，保持池水溶解氧 4 mg/L 以上，加水时注意用过滤网，防止野杂鱼和有害虫进入。②及时分级分筛。加州鲈鱼有自相残杀情况，尤其是在饲料不足时，生长过程中又极易出现个体大小不均情况，故应根据生产需要在体长 3 cm 左右及时分筛分级饲养。③要尽量提供充足的饲料。加州鲈鱼摄食旺盛，抢食能力强，投饵要充足，做到定时、定量、定点。④勤巡塘。

（二）鱼种培育

将 3 cm 左右鱼苗育成 10 cm 左右的鱼种，称之为鱼种培育阶段。

1. 池塘条件　面积 1 334 ~ 3 000 m² 为适宜，水深 1.0 ~ 1.5 m、底泥较少，水质良好，无污染；进排水方便，每个池塘需配增氧机一台。

2. 放养的准备　鱼种放养前 15 天，排干池水，用生石灰 100 ~ 150 kg/亩兑水化浆泼洒消毒，一周后注水 1.0 m。

3. 鱼种放养　鱼苗放养前用 3% ~ 5% 食盐水浸泡 5 ~ 10 分钟，避开高温天气，如果外地购买用氧气袋运输，到塘口后，把氧气袋放入池中，浮于水面 20 分钟，待内外水温接近，再轻轻把鱼苗倒入池中。放养密度 3 万 ~ 4 万尾/亩。

4. 饲养管理　①饲料投喂。鱼种放养 2d 后开始投饵，饲料种类为冰鲜鱼浆、新鲜小杂鱼、人工配合饲料等。每日投喂 2 次，日投喂量为 4% ~ 8%，根据天气、水温、鱼吃食情况适当增减饲料投喂量、适当延长投喂时间、不要投喂太快，以确保都能吃到，避免浪费饲料。一般经 45 d 左右养殖体长可到达 8 ~ 10 cm，转入进行成鱼养殖。②在整个养殖过程中，要经常加注新水，保持池水清新，水体透明度掌握在 30 cm 左右，必要时开动增氧机。③勤巡塘，发现问题及时解决。

四、加州鲈鱼的成鱼养殖技术

（一）池塘养殖

1. 池塘条件及准备　目前我国加州鲈鱼养殖大多是池塘精养，养殖池塘要求水源充足，注排水方便，且进排水分开，通风，向阳；底泥厚度为 10 ~ 20 cm，土质以壤土为好；pH 值

6.5～8.0，面积以 0.2～0.6 hm² 为宜，塘埂坚固、不漏水，水深 1.5～3.0 m。每一池塘配备 1.5 kW 增氧机 1～3 台。

鱼种放养前 15～20 d，先排干池水，用生石灰 100～150 kg/亩兑水化浆泼洒消毒，以杀灭水体中潜在的病原体及敌害生物。5～7 d 后注水 1.0 m，可少量施肥培育水质。经试水无毒后放养鱼种。

2. 鱼种放养　水温 15～18 ℃时，放养规格为 8～10 cm/尾，放养密度受养殖技术高低、水质状况等因素影响，在水质水源条件好的情况下，每 667 m² 放养 3 500～5 000 尾。同时适当放养大规格鲢、鳙苗等，以清除饲料残渣，控制浮游生物生长，调节水质，增加效益。鱼种放养前要用 3%～5% 食盐水消毒 5～8 分钟，以杀灭鱼体表寄生虫和病菌。

3. 饲料投喂　科学合理投饵是确保加州鲈鱼养殖高产的重要环节。鱼种入塘后，经过 2～3 d 的适应期，经过适当驯化，即可进行正常投饵。如果放养的鱼种是人工驯化过的，则直接可用人工配合饲料投喂，喂养过程中易可投喂冰鲜低值鱼块，投喂时间应根据鱼摄食的具体情况、气候、水质等因素灵活掌握。一般投饵方法：3～5 月为每天 4 次，早上 6 时至下午 6 时，每次间隔 3 h 投喂；6～7 月为每天 3 次，早上 6 时至下午 6 时，间隔时间灵活掌握；8～9 月以后为每天 2 次，上午、下午各一次至出塘，日投喂量为池鱼总重量的 8%～10%，每次投饵一般以 1 h 内吃完为宜。

4. 日常管理　① 勤巡塘；②适时加换新水，合理使用增氧机，防治缺氧浮头；③坚持"四定"投饵，不使用腐败变质饲料；④注意鱼病预防和治疗；⑤做好池塘日志。

（二）加州鲈鱼的网箱养殖技术

1. 网箱设置　网箱养殖加州鲈鱼的水域，可以是水库、湖泊，也可以是外荡，甚至是较大池塘（一般在 50 667 m² 以上，水深4.0 m以上），背风向阳，水的流速在0.2 m/s以下，水质无污染，pH值在6.5～8.0，交通便利；网目大小要根据鱼种大小来决定，一般来说，鱼种体长8 cm时网目为1.0 cm，鱼种体重50 g以上时网目为2.5 cm为宜。网箱由聚乙烯制作而成的无结网，其他要求同网箱养殖技术（见第七章）

2. 鱼种放养　同一网箱应放养同种规格的鱼种，体长8～10 cm鱼种放养的密度250～350尾/m^2，体长10～15 cm鱼种放养的密度100～150尾/m^2；鱼种放养前要用3%食盐水消毒5～8分钟，以杀灭鱼体表寄生虫和病菌。

3. 饲料投喂　目前，养殖加州鲈鱼常用的饲料有：①冰鲜低值鱼，有条件的可以定期定量投放适口饲料鱼；②人工配合饲料。投饲时要注意加州鲈鱼激烈抢食引起饲料损失；幼鱼投饲率8%～10%，成鱼阶段5%～8%，每天投饲前期3～4次，后期每天2次，依据鱼摄食的具体情况、气候、水质等因素灵活掌握。

4. 日常管理　①勤投喂，幼鱼时期每天多投几次，鱼长大时减少至2次；②勤刷洗网箱；③不使用腐败变质饲料；④勤分箱，养殖一段时间后，鱼体大小不一，要及时分箱饲养；⑤注意鱼病预防和治疗，做好池塘日志；⑥勤巡箱，检查网箱破损，防止逃鱼。

第二部分

鱼类病害防治

第九章 鱼类病害的发生与诊断方法

第一节 鱼类病害流行的现状

一、鱼类病害的基本概念

鱼病是指在致病因素作用下，鱼类正常生命活动受到干扰或破坏。此时，鱼体内的平衡被破坏，表现为对环境的适应能力下降，以及一系列的临床症状。

由于致病因素不同，通常又把养殖鱼类的病害分为两部分，一类是由病原微生物引起的疾病（如由细菌引起的烂鳃病、肠炎病，由水霉引起的水霉病等），称为水产动物的"病"；另一类是指由非生物因素、养殖环境中的敌害生物对养殖鱼类的侵害（如养殖水质污染、机械创伤、营养不良、药源等因素的损伤），称为养殖鱼类的"害"。在水产养殖生产中，我们既要重视对病原微生物引起的疾病的预防和治疗，同时还要注意敌害的侵袭。尤其是当前环境污染严重的背景下，更应该重视鱼类的健康养殖，采取合理的养殖模式、养殖密度；通过科学管理，科学用药，防治疾病，促进养殖鱼类健康成长。

二、鱼类病害流行的现状

1. 我国目前养殖鱼类病害流行现状　在我国水产养殖发展过程中，病害一直是阻碍其健康发展的关键因子。2005年，全国统计的90种水产养殖品种（其中鱼类62种）有207种病害。其中，危害较大的有细菌性的烂鳃病、肠炎病、赤皮病、败血病，病毒性的出血病，真菌性的水霉病和鳃霉病，以及寄生虫病中的小瓜虫病、指环虫病等。全国每年有15%～20%的养殖面积发生病害，损失产量占养殖总产量的12%～18%，经济损失达数百亿元。随着生活污水、现代工矿企业发展带来的环境污染的日益增加，不仅使人类生存的环境受到威胁，也使养殖水域受到危害，水产养殖病害与日俱增，且呈现发病率高、死亡率高、反复发作、较难治愈的态势，应引起广大水产工作者的重视。

2. 病害流行特点　近年来，除了传统的池塘养殖外，网箱养殖、流水养殖和工厂化养殖及名特优水产养殖（如黄鳝、泥鳅、翘嘴红鲌、河蟹、鳖等）发展迅速。但由于环境的恶化，高密度集约化养殖，为鱼病的发生创造了机会。水产养殖病害呈现以下特点：

（1）发病品种广：几乎所有的养殖鱼类都有不同程度的病害发生。其中，池塘养殖品种发病率较高的有鲤鱼、草鱼、鳙鱼、鲫鱼等；集约化养殖品种中鲤鱼、罗非鱼、河蟹、鳖、鳜鱼等病害较多。

（2）病害种类多：目前，养殖鱼类中的病害包括病毒性疾病、细菌性疾病、真菌性疾病、寄生虫病、营养性疾病和许多还不明原因的病害。这些疾病往往是反复发作，给广大养殖户造成很大损失。如2005年全国流行的鲤鱼鳃霉病。2011年河南省流行的鲤鱼出血病，发病率达到50%以上，严重的池塘死亡率高达70%。广东珠江三角洲数万公顷的鳜鱼池，2006年发病率在60%以上，严重的鱼池死亡率高达90%。1996年，仅中华鳖、欧洲鳗、鳜鱼3个养殖品种的病害平均死亡率在30%以上，部分养殖场达50%左右，估计年损失30亿元以上。其他养殖品种如罗氏沼虾、牛蛙、河蟹等病害也相当严重。值得一提的是，近年来，营养性疾病出现增长势头，主要原因有饲料配方不合理，违禁添加剂的使用，投喂不科学，饲料原料污染霉变等。

（3）发病时间长：一年四季均有病害发生，危害最大的时间是每年5～10月。

（4）治疗难度增大：一方面水产养殖鱼类病害的病原体由单一病原变为由多种病原综合侵袭。如近年流行的鳃霉病，患病鱼鳃部有霉菌寄生，同时还患有细菌性烂鳃病、肠炎病及肝胆综合征等，治疗起来非常困难。另一方面由于水质污染严重，加上广大养殖户普遍存在滥用药物、长期超剂量用药、超范围用药现象，使病原生物耐药性增强，如此反复，造成恶性循环，从而加大了治疗难度。近年来，由于超量、滥用药物，造成水产品药物残留和体内富集，已经影响到我国水产品食品安全，危及人类健康。

第二节　鱼类病害发生的原因

养殖鱼类生活在水中，水是它们最基本的生存条件。鱼类的摄食、呼吸、排泄、生长等一切生命活动都在水中进行。因此，水环境对鱼类生存和生长的影响超过任何陆生动物。水中的病原体和各种理化因子直接影响着鱼类的存活、生长和疾病的发生。当环境的恶化，病原体和敌害生物的侵害超过了鱼体的内在免疫能力时，就会导致养殖鱼类病害的发生。

一、引起淡水养殖动物疾病的外界因素

1. 物理因素　尤其是水温，水温高会促进有机质的分解和

水生生物的呼吸而消耗大量的氧气，引起养殖对象缺氧；温度升高，透明度降低，病原体的繁殖速度加快，鱼病发生率呈上升趋势；淡水养殖鱼类为变温动物，体温随外界环境变化而变化，但这种变化应是逐渐的，变化太快养殖动物就难以适应，易发生死亡。如鱼苗在运输过程中和下塘时，要求水温变化不超过 2 ℃，鱼种不超过 5 ℃。鳖则不能忍受 3～5 ℃ 的温度突变。长期的高温和低温也会对淡水养殖鱼类产生不良影响，甚至引起死亡。如当水温为 10 ℃ 时，鳗鲡即停止摄食；鲮鱼所需的水温不能低于 8 ℃，否则死亡；草鱼、鲢鱼越冬期水温必须保持在 2～4 ℃，水温在 0.5 ℃ 以下，草鱼、鲢鱼、镜鲤鱼即死亡；罗非鱼的最低临界温度为 7～10 ℃，若较长期生活于 13 ℃ 左右，会引起冻伤而陆续死亡。

2. 化学因素 水中化学指标是水质好坏的主要标志，也是导致鱼病发生的最主要因素。在养殖池塘中，主要化学因素有溶氧量、pH 值、水中亚硝酸与氨态氮含量和水中的有毒物质。在溶氧量充足（4 mg/L 以上）、pH 值适宜（7.5～8.5）、氨态氮含量较低（0.2 mg/L 以下）时，病害的发生率较低，反之病害的发生率高。如在缺氧时鱼体易感染烂鳃病；pH 值低于 4.2 或高于 10.4 时鱼类难以存活，低于 7.0 时极易感染各种细菌病；氨态氮高时可引起鱼类血红蛋白减少，易诱发暴发性出血病。工业废水和生活污水及鱼池土壤释放出来的重金属、农药污染等，使水体受有毒物质污染，常使养殖鱼类致病、致畸，甚至中毒死亡。

3. 生物因素 常见的淡水养殖动物病害，大多是由病原性生物（病毒、细菌、真菌、寄生虫、敌害生物等）感染、寄生、侵袭引起。

（1）病毒：是一类体积微小、无细胞形态的微生物。其结构简单，只含一种核酸（脱氧核糖核酸 DNA 或核糖核酸 RNA），对抗生素不敏感，严格营寄生生活。由病毒引起的疾病称为病毒性疾病。目前，我国淡水养殖中常见的病毒病主要有草鱼出血病、鱼传染性胰腺坏死病、鱼传染性造血组织坏死病、鱼痘疮病、鳗鲡狂游病、鳜鱼暴发性传染病、鳖鳃腺炎病、鳖出血病等。

（2）细菌：是一种单细胞生物，体积微小。在一定条件下，各种细菌均具有相对恒定的形态与结构。根据细菌外形的不同，可将其分为球菌、杆菌、螺旋菌三类。细菌个体微小，球菌的平均直径为 $0.8 \sim 1.2\ \mu m$；杆菌长 $1 \sim 10\ \mu m$，宽 $0.2 \sim 1.0\ \mu m$；螺旋菌长 $1 \sim 50\ \mu m$，宽 $0.3 \sim 1.0\ \mu m$。大部分细菌对抗生素敏感。由致病性细菌引起的疾病称为细菌性疾病。目前，我国淡水养殖常见的细菌病主要有细菌性烂鳃病、败血病、肠炎病、赤皮病等。

（3）真菌：是一类由单细胞或多细胞组成，按有性或无性方式繁殖，营寄生生活的真核细胞型微生物。真菌具有明显的细胞壁、细胞膜、细胞浆、细胞核及细胞器，是所有微生物中个体最大的一类。真菌种类繁多，但仅有几种属致病性真菌。由真菌引起的疾病，称为真菌性疾病。目前，我国淡水养殖中常见的真菌性疾病主要有水霉病、鳃霉病、罗氏沼虾球拟酵母病、鳖肤霉病等。

（4）寄生虫：生活于宿主体内外，夺取宿主营养，并对宿主造成危害的有机体统称为寄生虫。这些寄生虫引起的疾病，称为寄生虫疾病。常见的、危害较大的寄生虫病有指环虫病、三代虫病等。这类寄生虫病常常与其他病害并发，造成较大的危害。

（5）藻类：水产养殖病原体还包含一些有毒藻类，如铜绿微囊藻、鱼害微囊藻、小三毛金藻等。微囊藻在水体中大量繁殖，在水面形成一层翠绿色的水花，微囊藻死亡分解可产生羟胺、硫化氢等有毒物质，引起鱼类中毒死亡；三毛金藻在碱性条件下大量繁殖可产生鱼毒素、溶血毒素，引起养殖鱼类中毒死亡。

（6）敌害生物：一些能直接吞食或间接危害淡水养殖动物的生物统称为敌害生物。如大型桡足类、枝角类能刺破卵膜，咬伤或捕食幼苗，严重危害鱼卵及幼苗；水生昆虫如水蜈蚣、水蚤等，可残杀幼苗；水鸟、水蛇、野生凶猛鱼类等敌害通过捕食、争夺饲料等途径危害淡水养殖鱼类。

4. 人为因素　在水产养殖过程中，如放养密度过大、饲养管理不当、投喂营养不全面的人工饲料、机械性创伤等，都会直接或间接引起养殖鱼类疾病；高产精养池塘的鱼病发生率高，防病、治病工作更为重要。

（1）放养密度和混养比例不合理：合理密养、混养是淡水养殖业高产、稳产的措施之一。放养密度过大，易使养殖动物因缺氧、缺少饲料生长缓慢，抗病能力降低。混养比例不当，性情温和的养殖动物生长易受影响。

（2）饲养管理不当：饲养管理不当，不仅影响淡水养殖动物的产量，而且与其疾病发生密切相关。如人工投饵不均，忽多忽少，养殖动物易患消化不良症。投喂不清洁或变质饲料，易患肠炎病。高温季节，不及时清除残饵，病原微生物大量繁殖，易暴发传染病等。

（3）操作不规范：在捕捞、运输、鱼种放养和饲养过程中，常因操作不小心、使用工具不当，给养殖动物带来不同程度的损伤，如擦伤皮肤、鳞片脱落，为其他病原体的侵入提供了条件。

二、引起淡水养殖动物疾病的内在原因

水产养殖鱼类病害的发生，除受病原体、水体理化因素和人为因素影响外，还主要取决于养殖对象自身的遗传基因、抗病力和免疫力，即内在因素。例如，某流行病发生，在同一养殖池中

的同种类、同年龄养殖动物，有的严重患病而死；有的患病较轻，逐渐痊愈；有的则丝毫没有感染。养殖鱼类对同种疾病的这种不同抵抗力，就是由个体本身的内在因素起决定作用。由此可见，认真研究养殖对象的生态习性，实行健康养殖，增强养殖对象的体质和对环境的适应能力，是做好鱼类病害防治的关键。

第三节　鱼类病害的诊断技术

淡水养殖鱼类的疾病种类很多，引起疾病发生的原因也很复杂，遵循正确的方法并做出准确而快速的诊断，对症下药，才能收到良好的治疗效果。

鱼类病害的发生是宿主（鱼类）、病原体和所处环境条件三方面共同作用的结果（图 9 - 1）。鱼类病害发生原因有多种，除了病原体外，其他如机械创伤、水体的理化因素、营养不良等都可以引发疾病。因此，在进行诊断时，不仅要检查鱼体，还要对环

图 9 - 1　疾病的发生与病原体、宿主、环境之间的关系

境因子、饲养管理、病害的发生及流行情况进行调查，综合分析，才能做出更可靠的诊断。

一、病鱼的一般特征

生病的养殖鱼类一般都有一些基本特征，主要有：

1. 活动情况失常　生病的鱼一般离群独游，它们有的或在水面、池边缓慢游动，或忽上忽下；有的身体失去平衡侧卧，或在水中打转；有的甚至在水中狂游等。

2. 体形和外表颜色发生一定的变化　多数病鱼会出现体质虚弱，头大身小，颜色发黑，或者局部变淡或发红。

3. 吃食能力下降或不吃食

在养殖过程的早、中、晚巡塘时，如果发现鱼池中的鱼有上述现象之一，可初步判断养殖的鱼生病了，具体患什么病还要通过调查了解病因和病症，才能做出判断，采取措施，及时治疗。

二、病鱼的检查与诊断

（一）现场调查

1. 调查发病情况及以前的防治措施　包括了解发病时间，发病动物的种类、症状及死亡情况等。鱼生病后，不仅在体内外出现各种病状，同时在水中也会表现出各种异常现象。根据对水产动物的活动情况、摄食情况、体色变化、表现症状及死亡情况等进行观察、了解、分析、判断，可初步确定引起疾病的原因。如病原体感染或侵袭时，病鱼鱼体发黑，体表及病灶部位有充血、出血和发炎等症状；如因农药或工业污水排放造成鱼类中毒时，鱼会出现跳跃和冲撞现象，一般在较短时间内就转入麻痹，甚至发生大批死亡现象。由寄生虫引起的死亡，一般是缓慢地逐渐增加，指环虫、三代虫的侵袭在短期内可造成大批死亡。

在进行现场调查时，还应该注意调查过去曾经发生的病害及防治方法，使用什么药物，用药量多少，给药方法和治疗效果等，这些有助于对当前疾病的诊断和防治。

2. 了解水质和环境情况　调查有关的环境因子，包括了解有无污染源，水质的好坏，水温变化，气候变化，周围农田施放农药，有无污染企业排放污水等。注重水源水质情况，如水温、溶解氧、pH 值、氨氮含量变化等。水产动物的一切活动都在水中进行，所以必须检测水质。可以用一些水质分析测试盒检测一下几个常规指标。必要时调查养殖用水是否符合国家渔业水质标准 GB 11607 - 89 要求，见表 9 - 1。

表 9 - 1　渔业水质标准

序号	项目	标准值
1	色、臭、味	不得使养殖水体带有异味、异臭、异色
2	漂浮物质	水面不得出现明显油膜或浮沫
3	悬浮物质	人为增加的量不得超过 10 mg/L，而且悬浮物质沉淀于底部后不得对鱼、虾、贝类产生有害影响
4	pH 值	淡水 pH 值 6.5~8.5，海水 pH 值 7.0~8.5
5	溶解氧	连续 24 小时中，16 小时以上必须大于 5 mg/L，其余任何时候不得低于 3 mg/L，对于鲑科鱼类栖息水域除冰封期外，其余任何时候不得低于 4 mg/L
6	生化需氧量（20℃）	不超过 5 mg/L，冰封期不超过 3 mg/L
7	总大肠杆菌，个/L	≤5 000 个/L（贝类养殖水质不超过 500 个/L）
8	汞，mg/L	≤0.000 5
9	镉，mg/L	≤0.005
10	铅，mg/L	≤0.05
11	铬，mg/L	≤0.1
12	铜，mg/L	≤0.01
13	锌，mg/L	≤0.1
14	镍，mg/L	≤0.05
15	砷，mg/L	≤0.05
16	氰化物，mg/L	≤0.005
17	硫化物，mg/L	≤0.2
18	氟化物（以 F^- 计），mg/L	≤1
19	非离子氨，mg/L	≤0.02
20	凯氏氮，mg/L	≤0.05

续表

序号	项目	标准值
21	石油类，mg/L	≤0.05
22	挥发性酚，mg/L	≤0.005
23	黄磷，mg/L	≤0.001
24	丙烯腈，mg/L	≤0.5
25	丙烯醛，mg/L	≤0.02
26	甲基对硫磷，mg/L	≤0.0005
27	马拉硫磷，mg/L	≤0.005
28	DDT，mg/L	0.001
29	乐果，mg/L	≤0.1
30	甲胺磷，mg/L	≤1
31	六六六（丙体），mg/L	≤0.002
32	五氯酚钠，mg/L	≤0.01
33	呋喃丹，mg/L	≤0.01

3. 了解饲养管理情况　水产动物发病与否，与生产管理水平高低有密切关系。对投饵、施肥、放养密度、放养品种和规格、各种生产操作记录及历年发病情况等，都应作详细了解。

（二）病鱼鱼体检查

1. 病鱼鱼体检查注意事项　病鱼鱼体检查应注意：①选择具有典型症状、活的或将死的病鱼进行检查；②鱼体检查时要注意保持鱼体湿润，待检查病鱼如果体表干燥，则病原体会死亡，症状也会模糊不清；③解剖取出的病鱼的内脏器官应保持完整、湿润，有条件时应尽量多检查几尾，至少检查2~3尾；④检查工具要消毒，保持清洁卫生；⑤现场一时无法确定的病原体或病因，要注意保留标本。

患病鱼体检查是疾病诊断最主要、最直接的方法。检查方法包括目检和镜检，检查的顺序为先外后内，先体表后内脏，先肉眼观察后显微镜检查。

2. 目检　现场用肉眼对患病鱼类进行体表和内脏的检查。目检可以观察到病鱼鱼体表现出的各种症状。对于某些症状表现明显的疾病，有经验的技术人员凭借经验通过目检即可做出初步诊断。另外，一些大型病原体如较大的寄生虫，肉眼也可观察到。一般病毒性和细菌性鱼病，通常表现出充血、发炎、腐烂、脓肿、蛀鳍、竖鳞等；寄生虫引起的鱼病常表现出黏液过多、出血，体表、鳃或鳍条等处出现许多圆形或椭圆形乳白色或黄色点状或块状的孢囊等。对鱼体的检查，主要检查体表、鳃、内脏三部分。检查顺序是先外后内，具体方法如下。

（1）体表检查：首先看体形是否正常，然后按顺序从头部到尾部仔细观察，看体表处是否有充血、出血、肿胀、溃疡、黏液增多，是否有异常的斑块和病灶；观察体表是否有大的寄生虫，是否有蛀鳍、竖鳞，腹部是否膨大，肛门是否红肿外突。一般通过目检可以发现大型寄生虫和明显的病变部位，根据病鱼所表现的症状，可对病鱼所患疾病做出初步判断。如发现可疑现象，要做进一步的镜检。

（2）鳃部检查：鳃是水产动物的呼吸器官，是重点检查的部位。先看鳃盖是否张开，然后用剪刀小心把鳃盖剪掉，观察鳃片上鳃丝是否肿大或腐烂，鳃的颜色是否正常，黏液是否增多等。如果是鳃霉病，则鳃片颜色发白，略带微红色小点；若是细菌性烂鳃病，则鳃丝末端腐烂，严重的病鱼鳃盖内膜常腐蚀成一个不规则的圆形"小窗"；寄生虫如斜管虫、鳃隐鞭虫、指环虫、三代虫等寄生时，鳃片上则会有较多黏液，往往鳃盖张开；中华鳋、黏孢子虫寄生，则常表现为鳃丝肿大，鳃上有白色的虫体或孢囊等症状。

（3）内脏检查：内脏检查是以肠道为主，同时检查肝、脾、胆囊等。剖开腹腔后，首先观察是否有腹水和肉眼可见的寄生虫。其次是观察内脏的外表，如肝脏的颜色、胆囊是否肿大及肠道是否正常。然后将靠近咽喉部位的前肠和靠近肛门部位的后肠剪断，取出内脏后，把肝、肠、鳔、胆等分开，再把肠分为前肠、中肠、后肠三段，观察肠道内是否有食物、是否有黄色黏液、是否出血，有无白点及寄生虫。如果是肠炎，则会发现肠壁发炎、充血；如果是球虫病和黏孢子虫病，则肠道中一般有较大型的瘤状物，切开瘤状物有乳白色浆液或者肠壁上有成片或稀散的小白点。

目检主要以症状为主，要注意各种疾病不同的临床症状，一种疾病在临床上通常有几种不同症状，如肠炎病，有鳍基充血、蛀鳍、肛门红肿、肠壁充血等症状；同一种症状，几种疾病均可以发生，如赤皮、烂鳃、肠炎等病，都会出现体色发黑、鳍基充血。因此，目检要认真检查，全面分析，抓住典型症状，综合判断。

3. 镜检　用显微镜、解剖镜、放大镜对病鱼进行检查，简称镜检。镜检是在鱼病情况比较复杂，对仅凭肉眼检查不能做出正确诊断或症状不明显的病鱼而做的更进一步的检查工作。在一般情况下，鱼病往往错综复杂，很多病原体十分细小，有必要进行镜检。镜检的方法有以下两种：

（1）载玻片法：取下一小块病灶组织或一小滴内含物，放在干净的载玻片上，滴入一小滴清水或生理盐水，盖上盖玻片，轻轻地压平，先在低倍显微镜下检查，分辨不清或可疑的再用高倍镜检查。

（2）玻片压缩法：用两片厚度为 3 ~ 4 mm，大小约 6 cm × 12 cm 的玻片，先将要检查的组织或者器官的一部分及黏液等，放在其中一片玻片上，滴上适量的清水或生理盐水，用另一片玻片将其压成透明的薄层，即可放到解剖镜或低倍显微镜上观察。

镜检的部位和顺序与目检基本相同。

目前，随着现代血清学、免疫学、分子生物学等学科的发展，为水产养殖鱼类病害的快速诊断提供了新的理论和实用手段。如荧光抗体技术、免疫酶技术、核酸杂交技术、聚合酶链反应等，都能快速有效地检查出危害养殖对象的病菌。

第十章　水产药物

第一节　水产药物概述

一、水产药物的定义

水产养殖用药，又称为水产用兽药。兽药是指用于预防、治疗、诊断动物疾病或者有目的地调节动物生理功能、促进动物生长、繁殖和提高生产性能的物质。水产药物是指预防、治疗、诊断水产动植物的药物。目前，依据使用目的，将水产养殖药物分以下几类：

1. 环境改良剂　以改良养殖水域环境为目的的药物，如底质改良剂、水质改良剂等。

2. 消毒剂类　如漂白粉、氧化剂、甲醛、有机碘等，可以杀灭水体中的微生物和部分原生动物，是目前使用量最大的一类药物。

3. 抗微生物类药物　可杀灭或抑制水产养殖动物体内的病原微生物繁殖、生长的药物。

4. 抗寄生虫药物　通过泼洒、药浴或内服，杀死或驱除鱼体内外寄生虫的药物。

5. 生物制品　疫苗、微生物制品等。具有调节水质，增强免疫力，无药物残留等优点。

6. 中草药 以防治水产养殖鱼类病害或水产养殖对象保健为目的而使用的经加工或未经加工的药用植物，也包括少量动物及矿物质。

二、水产药物的基本作用

药物的作用是指药物与机体相互作用后所产生的反应。药物接触或进入鱼体后，或抑制入侵的病原体，或协助机体提高抗病能力，达到预防和治疗疾病的效果。水产药物的基本作用有以下几类：

1. 抑制或杀灭病原体 通过直接或间接的方法抑制和杀灭侵入鱼体的病原体。如抗微生物药和抗寄生虫药，经吸收进入养殖对象的组织和器官，直接对病原体发生作用，恢复养殖对象机体健康。

2. 改良养殖对象水域环境 通过杀灭养殖水域的病原体（含氯消毒剂）、改良养殖水域水质或底质（过氧化钙）等，达到改良养殖水域的作用。

3. 调节水产养殖对象的生理功能 目前，在水产养殖生产中，用于调节水产养殖对象生长、代谢的药物主要有矿物质、维生素、氨基酸、激素、酶制剂等。

三、影响水产动物用药及药效的因素

1. 药物的本身

（1）药物的性质和结构：药物的作用是药物的理化性质和化学结构在动物机体中的反应。药物的分子越小，越容易被吸收；脂溶性越大，越易被吸收。

（2）药物的剂量：随着药物剂量的大小其作用有一定的差异，甚至发生质的变化。如局部使用硫酸锌时，低浓度时具有收敛作用，中等浓度有刺激作用，高浓度时却有腐蚀作用。

（3）药物剂型：剂型不同，即使在药物剂量相同的情况下，其作用时间、作用强度和效果也会不同。

（4）药物的保管与储存：药物保管和储存不当，会使药物药效降低或失效。如含氯制剂，很容易受潮或在高温、强光下被氧化。

（5）药物相互间作用：一种药物会对另一种药物起到相加、相乘或相克作用，在选择使用两种以上药物时一定要考虑药物相互间作用，提高药效。

2. 给药方式　不同的给药方式和途径、给药时间和次数影响药物的吸收速度、吸收量，从而影响药效。同一种药物用同种给药途径，选择晴天（上午 11 时至下午 3 时）用药比早上、晚上用药效果好；长期反复、低剂量给药不仅达不到疗效，还会引起鱼类的耐药性。因此，要注意药物的轮换使用。

3. 用药对象的状况　水产养殖动物种类很多，自身的生理状态和生态习性不同，对药物的敏感性和耐受性有差异，会产生不同的药效作用。如生石灰全池泼洒时，中华鳖用量是 $50 \sim 60 \ g/m^3$，鱼类是 $25 \sim 30 \ g/m^3$，中华绒螯蟹用量则为 $15 \sim 20 \ g/m^3$。

4. 环境因子的影响　水产养殖鱼类生活在水中，无论是内服药物，还是外用药物，都必须通过水体给予。所以，水域环境对水产养殖用药影响较大。主要影响因素有：

（1）水温：一般药效与水温正相关，如氟苯尼考；有些药物则相反，如菊酯类。

（2）有机物：水域有机物的含量影响大多数药物的药效，像含氯制剂、高锰酸钾等在有机质含量高的水体中用药量要大。

（3）pH 值：酸性药物、阴离子表面活性剂、四环素类抗生素等，在碱性水体中药效降低；碱性药物、磺胺类药物等，在pH 值升高时药效增强。

（4）溶解氧：溶解氧高的水体中，养殖对象对药物的耐受力增强，溶解氧低时，则容易发生中毒。

（5）光照和季节：水产养殖对象夏天比冬天对药物敏感；夜间比白天对药物的耐受力强。

（6）密度：在养殖密度大的状况下，鱼类对药物的不良反应增加。

（7）病原体的状态和抵抗力：能形成孢囊的寄生虫，在药物刺激下易形成孢囊，从而加强了对药物的抵抗力。在养殖生产中，捕捞、运输、换水等应激刺激，也能增强鱼类对药物的敏感性。

总之，在确定用药和用药剂量时，要综合考虑以上几种因素的影响，合理使用药物和药物剂量，发挥药物最大的作用，达到最佳治疗效果。

第二节　水产药物的合理使用和给药方法

一、水产药物的合理使用

1. 药物的选择　一般来说，水产养殖用药选择时要对药物的有效性、安全性、方便性及用药成本等因素进行综合评估。药效是首先考虑的因素，药效高能快速控制疾病，减少损失；用药的安全性是指对鱼体本身、水环境及人类健康安全，严禁使用对人体可能造成危害的药物，如氯霉素、呋喃类药物。选择药物时要在保证疗效和安全的前提条件下，优先选用购买使用方便、经济廉价的药物。使用两种或两种以上药物时要注意药物的性质，合理配伍，避免药物间的拮抗作用。

2. 药物的剂量

（1）安全用药范围：药物的剂量明显影响药物的疗效，只有达到一定剂量才能产生作用。在一定范围内，剂量越大，药效越明显。能产生效应的最小剂量称为最小有效量，鱼体能够忍受而不会中毒的剂量称为最大耐受量。剂量的范围应该在这两者之间。药物剂量掌握要适当灵活，既要发挥作用，又要避免其所产生的不良反应，确保水产品安全。

（2）用药剂量大小的确定：在安全药物范围内，病鱼治疗用药剂量大小与病鱼的年龄、种类、病情、规格、健康状况及环境条件（溶解氧、pH值、水温等）有关。在确定剂量时可考虑"六高六低"的原则，即新池要低，老池适当高；水肥适当高，水瘦适当低；淤泥多适当高，淤泥少适当低；预防量适当低，治疗量适当高；首次适当低，再次适当高；毒性大适当低，毒性小适当高。

3. 用药量的计算方法

（1）内服药：依据吃食鱼的数量计算，单位：mg/kg、g/kg。

（2）外用药：依据养殖水体体积计算，单位：g/m³。

4. 有效用药　在用药过程中，要注意观察、分析药物的疗效和水产动物的不良反应。通常在用药 12 h 内要注意水产动物动态，发现问题及时采取停药、增减剂量、更变用药次数和间隔时间，必要时及时排水或加注新水；用药后第二天，要做到早晚巡塘并做好池塘记录，对药物效果进行评价，以便总结经验，做到合理用药。

5. 施用药物应注意事项　一要正确诊断，对症下药；二要掌握药物的性能及正确的施药方法；三要准确计算用药量；四要注意观察治疗效果，不断总结经验；五要严禁使用违禁药物，严格按照中华人民共和国农业行业标准 NY 5071—2002 使用渔药，严禁使用违禁药物。

二、鱼病防治中常用的给药方法

1. 内服法　将药物与鱼类喜食的饲料拌和在一起，用一定黏合剂制成药饵或直接加工成颗粒饲料投喂，以杀灭体内的病原体或增强鱼体抗病力。

（1）优点：用药少，操作方便，治疗效果好。缺点：鱼体病情严重，不能正常摄食的病鱼效果欠佳或无效。

（2）施用内服药应注意事项：①药物应与饲料拌和均匀，并在阴凉处晾干；②投药饵前应停食 1 天；③药饵的投喂量应为正常饲料投喂量的 70% ~80%；④注意现投现配制药饵。

2. 注射法　多用于亲鱼繁殖后的消炎，一般采用腹腔、胸腔或肌内注射。优点是用药量准确，用药少，疗效好；缺点是操作麻烦。

3. 泼洒法　根据池塘水体体积计算好用药量，充分溶解后全池泼洒。以杀死鱼体外及养殖水域中的病原体，是水产养殖生产上常用的方法。注意事项：①一般应在上午 10 时至下午 4 时进行；②阴雨天、鱼浮头时不要泼洒；③水体计算要准确，泼洒要均匀，有风时，在上风口要多泼洒一些；④有毒药物在鱼体上市前一周不要泼，严格执行休药期；⑤药物泼洒前要充分溶解并滤去药渣；⑥药物泼洒后不要再人工干扰，并注意观察 1 ~2 小时，发现问题要及时加注新水并开动增氧机。

4. 悬挂法　在鱼吃食台周围挂几个药袋，这样就在食台周围形成一个消毒区，此法适合鱼病预防和发病早期。此法优点是用药少，操作方便；不足是杀灭病原体不彻底。

5. 浸沤法　将药物（主要是中草药）扎成捆，投放于养殖池塘等食场附近进水口处或上风口浸沤，利用浸沤出的药物有效成分抑制或杀死鱼体表或水域中的病原体。此法适合于鱼病预防。

6. 浸洗法　将鱼类放入事先配好的含有较高浓度药物的药液中，进行强迫药浴一定时间，以杀灭鱼体外病原体。此法具有用药少，防治效果较好的优点。适合于鱼种放养前及流水养鱼、网箱养鱼。

7. 涂抹法　具有用药少、安全、副作用小等优点，但适用范围小，仅适合鳖、蛙类等体表疾病防治及产卵受伤后亲鱼的创伤处理。

三、当前水产养殖用药中存在的问题

1. 不重视对水产养殖对象的病原学的诊断　由于大量鱼药（包括各种新型抗生素药物）进入市场，养殖户经验性治疗也能治好鱼类一部分疾病，使得许多养殖户根本不重视鱼病原体的检测。盲目用药致使菌群失调，病原体耐药性增强，最终导致病害的大面积发生。

2. 不了解病原菌的耐药状况　耐药性是指病菌与药物接触后，对药物的敏感性下降或消失，导致药物疗效降低，甚至无效。长期、反复使用抗生素，水产动物的致病菌对各种抗生素的耐药性也在不断变化。因此，及时了解这些变化，对正确选用药物和确定药物剂量十分重要。

3. 不重视提高水产养殖鱼类免疫功能　药物对控制疾病虽然重要，但是起决定因素的还是养殖鱼类自身的免疫力和抵抗力。在养殖鱼类患病期或疾病高发期，采取有效措施增强鱼体的免疫力和抵抗力有着十分重要的意义。比如，①创造良好的养殖环境条件；②增加饲料中的营养物质；③适当使用免疫激活剂；④严格遵守休药期等。

第三节　常用药物

一、环境改良与消毒剂

1. 漂白粉　漂白粉又称含氯石灰、氯化石灰，是次氯酸钙、氯化钙、氧化钙和氢氧化钙的混合物，有效氯 25% ~ 32%。漂白粉入水后，生成的次氯酸、活性氧及活性氯能破坏菌体、氧化

蛋白、抑制细菌体内各种酶的活性，从而达到杀菌灭虫的目的。由于水溶液含有大量氢氧化钙，可调节养殖水域 pH 值。定期适量泼洒，还可改良水质。主要用于养殖鱼类的细菌性疾病的防治。带水清塘用量 20 g/m³，用于鱼体浸洗 10~20 g/m³，养殖水体消毒用 1.0~1.5 g/m³。全池泼洒浓度为 1.5 g/m³ 的漂白粉溶液，可防治泥鳅赤鳍病。

使用时应注意：保存在密闭、干燥的容器内；使用时准确计算用药量，现用现配，充分溶解，过滤药渣；用 10 g/m³ 浸浴斑点叉尾鮰鱼种 30 分钟易引起死亡；加州鲈鱼鱼苗安全用量为 1.2 g/m³；淡水白鲳在水温 20 ℃ 以上慎用。漂白粉忌与酸、铵盐等多种化合物配伍，避免使用金属容器。

2. 漂白粉精　漂白粉精又称次氯酸钙，是由氯化石灰乳分离而成，含有效氯 60%~70%，为白色粉末，有强烈氯臭，易溶于水，性质不稳定，受潮、受光易分解；不能与还原剂、有机物、铵盐混合，否则易发生爆炸。常用于养殖水体消毒及细菌性疾病防治。发病季节，全池遍洒浓度为 0.4~0.6 g/m³ 的溶液，防治鱼细菌性烂鳃病、肠炎病、白头白嘴病、赤皮病、打印病等。注意事项同漂白粉。

3. 三氯异氰脲酸　三氯异氰脲酸又名强氯精、鱼安，有效氯含量 90% 以上，为白色结晶粉末，有氯臭味，遇酸、碱分解，其水溶液性质稳定，是一种极强的氧化剂和氯化剂。本品在水中分解为次氯酸、异氰脲酸，由于异氰脲酸能阻止次氯酸进一步分解，可使次氯酸维持较长时间的杀菌作用，防治细菌性疾病效果良好。杀菌力是漂白粉的 100 倍左右。

养殖水体中一般用浓度为 0.1~0.5 g/m³ 的溶液，1 天 1 次，连泼 2 天；同时按每千克鱼每天用 0.6 g 三氯异氰脲酸的剂量拌饵投喂，1 天 1 次，连喂 3 天为 1 个疗程，连用 1~3 个疗程，防治鱼细菌性烂鳃病、败血症、肠炎病、白头白嘴病、赤鳍病、打印病、鳗鲡爱德华氏菌病等。本品安全范围小，使用时应准确计算用量。在储运时保持干燥，避免接触酸、碱。不宜用金属容器存放和溶解。

4. 二氧化氯　为高效、无残留消毒剂。市场上大多是含二氧化氯 2% 以上的无色、无味的稳定性液体，为广谱杀菌消毒剂、净水剂。它能使微生物蛋白质的氨基酸氧化分解，从而达到杀死细菌、病毒、藻类和原虫的目的。使用浓度为 0.5 ~ 2 g/m³，使用前需与弱酸活化 3 ~ 5 分钟。强光下易分解，需在阴天或早晚光线较弱时用，不污染水体，其杀菌力随温度下降而减弱。国内商品名有百毒净、二氧化氯、亚氯酸钠等。多为固体包装，分 A、B 袋，分别溶解倒在一起活化 3 ~ 5 分钟后全池泼洒。使用应注意事项：①保存于通风、阴凉、避光处；②溶解、稀释忌用金属容器；③不可与其他消毒剂混合使用；④其杀菌力随温度的降低而减弱。

5. 聚维酮碘　为黄棕色至红棕色粉末，含有效碘 9% ~ 12%。为广谱消毒剂，对大部分细菌、真菌、病毒都有杀灭作用，广泛用于水产养殖鱼类的病毒性和细菌性疾病的预防和治疗。常用量全池遍洒为 0.5 ~ 0.6 g/m³；浸浴为 30 ~ 35 g/m³，15 ~ 20 分钟。注意保存于通风、阴凉、避光处。

6. 甲醛　无色澄明液体，有刺激性，特臭；易挥发，有腐蚀性；常用 40% 甲醛溶液（俗称福尔马林）。能使蛋白质变性，对细菌、真菌、病毒和寄生虫均有较好的杀灭作用。全池遍洒浓度为 10 ~ 30 mL/m³，浸浴为 150 ~ 250 mL/m³，15 ~ 20 分钟，温度高时减少用量。注意保存于密闭的有色玻璃瓶中，放于通风、阴凉、避光处。甲醛对皮肤有较强刺激性，应避免与身体接触。甲醛有致畸变作用，慎用或尽量减少使用量。本品对微囊藻等浮游生物杀伤力大，使用后应注意水质变化。

7. 生石灰　生石灰又称氧化钙，为白色或灰白色硬块，无臭。生石灰与水混合后生成氢氧化钙，能快速溶解细菌细胞的蛋白质膜，从而达到杀死池中病原体及残留的敌害生物。本品为良好的消毒剂和水域环境改良剂。生石灰可以调节池水的 pH 值，能与铜、锌、铁、磷结合而减轻水体毒性，能提高水生植物对磷的吸收。每 666.7 m² 干法清塘用量为 75~120 kg；带水清塘，水深 1 m，每立方米用量 150~250 kg；在鱼病流行季节全池泼洒浓度为 20~30 g/m³，每月遍洒 3~4 次。在微囊藻大量繁殖的水体，清晨在微囊藻浮集处撒生石灰粉 2~3 次，可杀死微囊藻。

8. 食盐 食盐又名氯化钠，白色结晶，味咸，易溶于水。主要用于消毒、杀菌、杀虫，可防治亚硝酸盐中毒引起的褐血症。由亚硝酸盐中毒引起的鲫鱼、鮰鱼、罗非鱼褐血症可用 25~50 g/m³ 的食盐水遍洒；鱼种浸洗用 3%~5% 的食盐水，5~20 分钟；用浓度为 400 mg/L 的食盐水和 400 mg/L 的小苏打溶液浸洗 1 小时，可防治泥鳅水霉病、肤霉病。

食盐可防治细菌性、真菌性鱼病；另食盐可与敌百虫、漂白粉等合用以增强药效。使用食盐水浸洗时，注意不要用含锌容器。

9. 碳酸氢钠 碳酸氢钠又称小苏打，白色结晶粉末，无臭，味咸；在潮湿空气中会慢慢分解；全池遍洒小苏打及食盐合剂，可治疗鱼水霉病、鳖肤霉病。用小苏打和食盐溶液各 0.2% 浸洗 3~5 分钟或各用 400 g/m³ 遍洒，可防治翘嘴鳜鱼、黄鳝等的水霉病。

10. 高锰酸钾 本品为黑紫色、细长结晶，带蓝色金属光泽，无臭，易溶于水；与某些有机物或易氧化物接触，易发生爆炸。在碱性条件下会形成二氧化锰沉淀；为强氧化剂，其抗菌效力在酸性条件下增强；可用作消毒，防腐，防治细菌性疾病，杀灭原虫类、单殖吸虫和锚头鳋。浸洗用 10~20 g/m³，不能与碱类合用，观赏鱼生病可用 0.4~2 g/m³ 泼洒；水温 15~18 ℃时，全池遍洒浓度为 10 mg/L 的高锰酸钾，或用 40 mg/L 的高锰酸钾水溶液浸浴 40 分钟，可防治鳖累枝虫病；用浓度为 20 g/m³ 的高锰酸钾溶液浸洗病蟹 10～20 分钟，治疗蟹奴病有较好效果。注意事项：①密闭保存于阴凉干燥处；②与甘油、碘和活性炭等研和，易发生爆炸；③现用现配；④依鱼类品种不同，本品对鱼类浸浴的致死浓度在 20～62 g/m³。

11. 过氧化氢溶液（双氧水）　本品为透明无色水溶液，无臭。见光易分解，久存易失效，故常保存过氧化氢溶液（含 H_2O_2 27.5%～31%），临用时稀释成含过氧化氢 3% 的溶液。过氧化氢在水中迅速释放大量的氧，起到杀菌和除臭的作用。对观赏鱼类不宜使用。

12. 过氧化钙　本品为白色或淡黄色粉末或颗粒，无臭，无味。用作环境改良剂、杀菌消毒剂；能增加水中溶解氧并能调节水环境的 pH 值，降低水中氨氮、二氧化碳、硫化氢等有害物质的浓度。主要用于鱼、虾缺氧浮头的解救，高密度养殖中增氧，鱼苗、鱼种的活体运输。鱼类浮头时用量 15～20 g/m³，也可以治理赤潮。

13. 沸石粉　本品为多孔隙颗粒，白色或粉红色。在水产养殖中常用于水质、池塘底质净化改良。其主要作用：①对氨氮、有机质和重金属离子等有害物质有吸附和进行离子交换的作用；②能有效降解池底硫化物的毒性；③能调节水体 pH 值；④能增加水中溶解氧；⑤能提高水体光合作用。高产池塘可从每年 7 月开始，每半月全池泼洒 1 次，常用 100～150 目粒度的沸石粉 20～60 g/m³。

14. 生物改良剂

（1）光合细菌：可吸收、降低水中的氨态氮、硫化物等有毒物质，还可以作为饲料添加剂，促进动物生长。勿与抗生素消毒剂合用，阴雨天不用。

(2)硝化菌：可将水体中的氨转化为硝酸盐，促进水体及底泥中有毒成分转化成无毒成分，达到净化水质的作用。不与抗生素、消毒剂合用。正常情况下使用后 3 天不换水。

(3)EM 菌：EM 菌是由光合细菌、乳酸菌、酵母菌等 5 科 10 属 80 余种有益菌种采用一定比例和特殊的发酵工艺进行培养，形成复合微生物群落，各种有益菌通过共生增殖关系组成了复杂而又相对稳定的微生态系统。具有结构复杂、性能稳定、有效改善生态环境、提高养殖效率等优点。在我国，EM 菌已广泛用于改善养殖水质，促进养殖环境中的 COD、BOD 的分解，降低氨氮，亚硝酸盐，硫化氢含量。

二、抗微生物药物

抗微生物药物是指对细菌、真菌、支原体和病毒等病原微生物具有抑制或杀灭作用的一类化学物质，分为抗细菌药、抗病毒药、抗真菌药等，其中抗细菌药物又分抗生素和化学合成抗菌药。

（一）抗生素类

1. 土霉素　土霉素又名氧四环素、地霉素，黄色结晶粉末，性质稳定，毒性小。主要作用机制是干扰细菌蛋白质的合成，在水产养殖上主要用于预防和治疗鱼类的细菌性烂鳃病、肠炎病、赤皮病、白皮病、弧菌病及细菌性败血病、斑点叉尾鮰肠型败血病等；广泛添加饲料中用于提高饲料利用率和防治疾病。浸浴：鱼类用量为 25~75 mg/L，时间为 30 分钟；内服：按每千克鱼体重每日 50~80 mg，虾、蟹按 80~100 mg/kg，拌成药饵，每天 1 次，连续 7 天。

2. 四环素　四环素为黄色结晶粉末，无臭，微溶于水，由金霉素经还原脱氯制得。四环素属广谱抗生素，在水产养殖上主要用于预防和治疗鱼类的细菌性烂鳃病、肠炎病、赤皮病、白皮病、弧菌病及细菌性败血病、斑点叉尾鮰肠型败血病、革胡子鲶黑体病、链球菌病、蛙红腿病、牛蛙腐皮病、鳖红脖子病、疥疮病等；浸浴时水体中四环素浓度达 50～100 g/m³，时间为 60 分钟；内服：鱼类按每千克鱼体重每日 75～100 mg，虾、蟹、鳖等每日按 100～150 mg/kg，拌成药饵，每天 1 次，连续 7～14 天。

3. 庆大霉素　庆大霉素为白色或类白色粉末，又名正泰霉素，无臭，易溶于水，性质稳定。庆大霉素为广谱抗生素，对各种革兰氏阳性和阴性菌均有良好的杀灭作用。可用于治疗鱼类多种细菌性疾病，与青霉素、氨卡西林、黏菌素等合用有协同作用。内服：鱼类按每千克鱼体重每天 50～70 mg，拌饵分 2 次投喂，连续 3～5 天；浸浴：用于治疗牛蛙细菌性疾病，水体中庆大霉素浓度达 30～60 g/m³。

4. 甲砜霉素　甲砜霉素为白色结晶性粉末，无臭，微苦，对光、热稳定。本品广谱抗菌，吸收良好，可用于治疗主要养殖鱼类的各种细菌性疾病，效果良好。内服：鱼类按每千克鱼体重每天 30～50 mg，虾、蟹、鳖等每千克每天按 40～60 mg，拌成药饵分 2 次投喂，连续 3～5 天；浸浴：使水体中甲砜霉素浓度达 15～30 g/m³，浸浴时间 60 分钟。

5. 氟苯尼考　氟苯尼考又称氟甲砜霉素，白色或类白色结晶粉末，无臭，微溶于水。本品是一种新型广谱高效抗菌药物，抗菌活性优于甲砜霉素，是 1999 年我国批准的国家二类新兽药。内服：鱼类按每千克鱼体重每日 10～15 mg，虾、蟹、鳖等每千克每日按 15～20 mg，拌成药饵分 2 次投喂，连续 3～5 天；浸浴：使水体中氟苯尼考浓度达 4～8 g/m³，浸浴 120 分钟。

6. 强力霉素　本品为甲酰胺类有机化合物，为黄色结晶状粉末，无臭，易溶于水，是一种长效、高效、广谱的半合成四环素类抗生素。水产养殖生产上常用于预防和治疗鱼类的细菌性烂鳃病、肠炎病、赤皮病、白皮病、弧菌病及细菌性败血病、斑点叉尾鮰肠型败血病、溃烂病等；黄鳝出血性败血症、鳗鱼赤鳍病与弧菌病、蛙细菌性疾病；鳖穿孔病、红脖子病等。口服：鱼类按每千克鱼体重每日 30～50 mg，虾、蟹、鳖等每千克每日按 40～60 mg，拌成药饵分 2 次投喂，连续 3～5 天；浸浴：使水体中强力霉素浓度达 15～30 g/m³，浸浴 60～120 分钟。

（二）磺胺类

磺胺类是人工合成的广谱抗菌药物，性能稳定，不易变质，使用方便，但单独使用宜产生抗药性，常与抗菌增效剂，如 TMP（三甲氧卡胺嘧啶）等联合使用，能抑制大多数革兰氏阳性菌及少数真菌、病毒。磺胺是抑菌药，它主要通过干扰细菌的叶酸代谢而抑制细菌的生长繁殖。

1. 磺胺嘧啶（SD） 磺胺嘧啶又名消治龙、磺胺哒嗪，为白色或微黄色粉末，无臭，难溶于水，略溶于乙醇。该药吸收很完全，在血中易达到有效浓度并维持较长时间，毒副作用小，是治疗全身感染的中效磺胺。可用于治疗淡水养殖鱼类的赤皮病、肠炎病、败血病等。口服：鱼类按每千克鱼体重每天 50～100 mg，拌成药饵分 2 次投喂，连续 6 天；生产上常第 1 天用 100 mg/kg 体重，第 2～6 天用 50 mg/kg 体重。与甲氧卡胺嘧啶合用，可产生协同作用。

2. 磺胺甲噁唑（SMZ） 白色结晶或粉末，无臭，味微苦。与磺胺嘧啶（SD）相似，抗菌作用强于 SD，如与抗菌增效剂，如 TMP 合用，抗菌作用可增强数倍。主要治疗气单胞菌、爱德华菌和弧菌等引起的疾病。口服：鱼类、虾、蟹按每千克鱼体重每天 150～200 mg，龟鳖每千克每日按 200～300 mg，拌成药饵分 2 次投喂，连续 5～7 天。第一次使用药量加倍。

3. 磺胺间甲氧嘧啶（SMM） 白色结晶或粉末，无臭，不溶于水。本品是一种较新的磺胺药，抗菌作用强；内服吸收良好，血药浓度高。主要预防与治疗鱼类细菌性败血病、细菌性烂鳃病、肠炎病、赤皮病、白皮病、斑点叉尾鮰肠型败血症。口服：鱼类、虾、蟹按每千克鱼体重每日 100 ~ 150 mg，拌成药饵分 2 次投喂，连续 4 ~ 6 天。

（三）喹诺酮类

喹诺酮类药是人工合成的抗菌药物，具有 4 - 喹诺酮环基苯结构。其作用机制是抑制细菌的 DNA 回旋酶活性，干扰细菌 DNA 的合成，从而达到杀菌作用。喹诺酮类药物具有抗菌谱广，抗菌能力强，给药方便，价格便宜等优点，已广泛用于水产养殖鱼类的疾病防治。

1. 氟哌酸　本品为白色或淡黄色结晶性粉末，无臭，微苦，广谱抗菌，能迅速抑制细菌的生长、繁殖，杀灭细菌。主要用于治疗鱼类由气单胞菌、假单胞菌、屈绕杆菌等细菌引起的疾病，如烂鳃病、肠炎病、赤皮病、白皮病、细菌性败血病、斑点叉尾鮰肠型败血病等。口服：鱼类按每千克鱼体重每天 20 ~ 50 mg，虾、蟹、鳖等每千克每天按 30 ~ 50 mg，拌成药饵分 2 次投喂，连续 3 ~ 5 天，可同时添加维生素 C 10 ~ 50 mg/kg 鱼体重；浸浴：使水体中氟哌酸浓度达 2 ~ 4 g/m³，浸浴时间 60 ~ 120 分钟。

2. 恩诺沙星　本品又叫恩氟沙星，为白色或微黄色结晶性粉末，无臭，微苦，微溶于水，对革兰氏阳性菌有很强的杀灭作用，对革兰氏阴性菌也有很好的抗菌作用，口服吸收好，血药浓度高、稳定；用于治疗鱼类由细菌引起的出血性败血症、烂鳃病、肠炎病、赤皮病、红体病、黄鳝出血病、鳗鱼出血病等。口服：淡水鱼类按每千克鱼体重每天 20 ~ 40 mg，虾、蟹、鳖等每千克每天按 20 ~ 50 mg，拌成药饵分 2 次投喂，连续 3 ~ 5 天，可同时添加维生素 C 10 mg/kg鱼体重；浸浴：使水体中恩诺沙星浓度达 4 mg/L，浸浴时间 60 ~ 120 分钟，连用 2 次。

3. 氧氟沙星　黄白色结晶性粉末，无臭，微溶于水。氧氟沙星对革兰氏阳性菌的作用强于恩氟沙星，抗菌效果优于恩氟沙星。广谱抗菌，口服吸收迅速，血药浓度高而持久。作用与用法同恩氟沙星。

4. 双氟沙星 本品为白色或微黄色结晶性粉末，无臭，微苦，具有抗菌谱广，口服吸收迅速，血药浓度高而持久的特点，对革兰氏阳性菌、革兰氏阴性菌、球菌及支原体等均有较强的抗菌能力，已列为我国二类兽药，对养殖鱼类的细菌性疾病都有较好的治疗效果。口服：淡水鱼类按每千克鱼体重每天 5～20 mg，虾、蟹、鳖等每千克每天按 10～20 mg，拌成药饵分 2 次投喂，连续3～5 天。

（四）抗病毒类

由于病毒寄生于宿主的细胞内，依赖细胞的代谢系统进行复制、增殖。抗病毒药物既要能进入宿主细胞杀死病毒，又不对宿主细胞造成伤害。目前，有效的抗病毒药物不多。至今为止，被各国批准的抗病毒药物不足 30 种。

1. 聚乙烯酮碘（PVP-I） 为含碘的广谱消毒剂，对病毒、细菌、真菌有不同程度的杀灭能力。可用于治疗鱼类的虹彩病毒病、病毒性出血性败血症、斑点叉尾鮰病毒病等。浸浴：使水体中聚乙烯酮碘的浓度达 60 g/m³，每次浸浴时间 20～30 分钟；全池泼洒：使池水浓度达 0.1～0.3 g/m³。

2. 盐酸吗啉胍（病毒灵） 为白色结晶性粉末，无臭，微苦，易溶于水。广谱抗病毒药物，其作用机制是抑制 RNA 聚合酶的活性，干扰核酸的复制。用于治疗鱼类的各种病毒性疾病。口服：按每千克鱼体重每天 10～30 mg，虾、蟹、鳖等每千克每天按 20～30 mg，拌成药饵分 2 次投喂，连续 5～7 天。

3. 金刚烷胺 常用其盐酸盐，白色结晶性粉末，易溶于水。抗病毒谱较窄，用于治疗鲤鱼痘疮病、草鱼出血病等。口服：按每千克鱼体重每天 5～10 mg，拌成药饵分 2 次投喂，连续 3～6 天。

4. 免疫制剂　免疫疫苗能够有效预防和治疗鱼类的病毒性疾病，符合无公害养殖要求，已经成为研究的重点。目前，我国获得批准的水产疫苗有 3 种，它们是草鱼出血病细胞灭活疫苗、嗜水气单胞菌灭活疫苗和牙鲆鱼溶藻弧菌、鳗鱼弧菌、迟缓爱德华菌病多联抗独特型抗体疫苗。由于使用时工作强度大，不易操作，故推广效果较差。

三、杀虫驱虫药

杀虫驱虫药是指用来杀灭或驱除水产养殖鱼类体内外寄生虫及敌害生物的药物，常用的有硫酸铜、硫酸亚铁、敌百虫、硫双二氯酚和一些中草药。

1. 硫酸铜　硫酸铜又名胆矾、蓝矾，含五分子结晶水，呈深蓝色结晶或粉末状，易溶于水，呈弱酸性，有收敛作用及较强的杀灭病原体能力。对寄生鱼体上的鞭毛虫、纤毛虫、指环虫、三代虫有杀灭作用，还能抑制池塘繁殖过多的蓝藻。或用 8 mg/L 的硫酸铜与 10 g/m^3 的漂白粉合剂浸浴鱼类 20～30 分钟；全池遍洒浓度为 0.7 g/m^3 的硫酸铜或硫酸铜和硫酸亚铁合剂（5:2），能有效杀灭甲藻、丝状绿藻和水网藻；全池遍洒硫酸铜和硫酸亚铁合剂（5:2），使池水浓度为 0.7 g/m^3，防治虾、蟹纤毛虫病。硫酸铜毒性较大，使用时应注意：①水体计算要准确；②溶解时勿使用金属容器，溶解水温不超过 60 ℃；③其毒性与水中的 pH 值、有机质含量、溶氧含量成反比。使用前应考虑池塘条件，确定合适的用药浓度。

2. 硫酸亚铁　硫酸亚铁又名绿矾、青矾、皂矾，为淡绿色透明结晶或粉末，易风化，易溶于水。本品为辅助药物，常与硫酸铜、敌百虫等配伍，以提高药物的渗透能力而增加药效。可参照硫酸铜、敌百虫等的用法。注意乌鳢慎用。硫酸亚铁易潮解成黄褐色不溶性碱式盐，失去药用价值，储存时应注意防潮。

3. 精制敌百虫 本品为白色结晶，易溶于水，属有机磷驱虫药，常用杀虫剂。用于杀灭蠕虫及水生昆虫、甲壳类等敌害生物。注意事项：精制敌百虫遇碱即分解，故除与面碱合用外，不能与碱性物质混用；忌用金属容器；对鳜鱼、加州鲈鱼、淡水白鲳等无鳞鱼及虾蟹类毒性较大，应慎用。常用量：全池泼洒使池水中敌百虫的浓度达 $0.3 \sim 0.5 \, g/m^3$。投喂：每千克鱼体重每天 $0.3 \sim 0.6 \, g$，拌饵投喂，1 天 1 次，连用 $3 \sim 5$ 天，可驱杀体内寄生虫。

4. 硫双二氯酚 又名别丁，常用于杀灭和驱除鱼类鳃部和体表寄生的单殖吸虫。常用量：口服为每千克鱼体重每天 $2 \sim 5 \, g$，拌饵投喂，1 天 1 次，连续 $2 \sim 5$ 天。

5. 中草药杀虫药 常用的中草药杀虫药物有苦参、槟榔、使君子、贯众、雷丸等。它们具有广谱杀虫、药效高，对养殖鱼虾等安全、无污染，投喂后不影响鱼类摄食等优点，广泛用于指环虫、三代虫、车轮虫、绦虫等寄生虫病的防治。

四、中草药

中草药是中药和草药的总称，中药是中医常用药物，草药是指民间所用药物。中草药具有高效、毒副作用小、不产生危害人类健康的药物残留、抗药不明显、资源丰富和价格低廉等优点。中草药还具有许多化学合成物质不能媲美的优点，如平衡阴阳、增强机体免疫力、兼有营养和药物两重性的作用等。中草药及其制剂已经在我国淡水养殖业中应用较为广泛。目前，我国水产用中药制剂有 66 种，其中抗微生物病中药制剂 47 种，杀虫驱虫中药制剂 8 种，调节代谢及促生长制剂 11 种。现将水产常用的中草药介绍如下。

1. 大黄 大黄是多年生草本，高达 $2 \, m$，产于四川、湖北、陕西、云南等省。以根茎入药，根为黄褐色或红棕黄色，直径

$3\sim10\ cm$，气清香，味苦，微涩，质地坚实。大黄抗菌作用强，抗菌谱广；抗菌的主要成分为蒽醌苷、多种蒽醌衍生物及鞣酸等，具有泻热通肠、凉血解毒、增强免疫力等作用。大黄用20倍的0.3%氨水浸泡提效后，连水带渣全池遍洒，使池水浓度为$2.5\sim3.7\ g/m^3$，同时内服抗生素，治疗鱼细菌性烂鳃病、败血症、白头白嘴病、竖鳞病、打印病等；与中药黄柏、黄芩制成三黄粉可预防和治疗草鱼出血病、鱼传染性胰腺坏死病等。注意禁与生石灰合用，否则降低药效。

2. 黄芩　黄芩为多年生草本植物，以根入药，具有抑菌、消炎、抗病毒和清热解毒等作用。可用于预防和治疗鱼类的烂鳃病、肠炎病和败血病。用黄柏、大黄、板蓝根、黄连等每千克鱼体重每天用（合用或者单用）5 g，打粉后加食盐5 g制成药饵投喂，连喂$3\sim5$天。浸浴用量为$5\sim10\ g/m^3$。

3. 黄柏　黄柏又名案木、元柏，落叶乔木。可用于治疗烂鳃病、肠炎病、败血病、草鱼出血病。用黄柏、大黄、板蓝根、黄连等每千克鱼体重每天用（合用或者单用）5 g，打粉后加食盐5 g制成药饵投喂，连喂$3\sim5$天。浸浴用量为$5\sim10\ g/m^3$。

4. 黄连　黄连又名鸡爪连、川连、土黄连，多年生草本植物，以根茎入药。具有抗菌、消炎、杀虫、解毒等作用。浸浴用量为$5\sim8\ g/m^3$。

5. 穿心莲　穿心莲又名一见喜、榄核莲、四方草，为1年生草本，高$40\sim80\ cm$。穿心莲全草所含各种内酯具有消肿止痛、解毒、抑菌止泻、增强机体免疫力等作用。用量：每千克鱼每天用20 g干穿心莲、2 g食盐拌饵投喂，连喂3天；或每天用20 g干穿心莲（鲜草30 g）投喂，连喂$5\sim7$天，防治鱼细菌性肠炎病。发病季节到来前1个月起，每半个月每千克鱼第1天用15 g穿心莲、25 g板蓝根加开水浸泡60分钟，取汁加5 g食盐后，拌入40 g麦麸或玉米投喂，预防草鱼出血病。浸浴用量为$10\sim15\ g/m^3$。

6. 板蓝根、大青叶 具有抗菌、解毒、消炎等作用，可合用或者单用；加盐可提效。用法用量同黄柏。

7. 五倍子 五倍子又名百药煎、百虫仓，是五倍子蚜虫寄生于漆科植物形成的虫瘿。干燥品呈不规则圆形或长圆形子实状，黄褐色，表面光滑或有突起。五倍子皮部含有大量鞣酸，有收敛及较强的杀菌作用，对表皮真菌有一定的抑制作用。五倍子磨碎，用开水浸泡后，全池遍洒，使池水浓度为 2～4 g/m³，1天1次，连洒 3～5 天，同时内服抗菌药，治疗鱼细菌性烂鳃病、败血病、肠炎病、白头白嘴病、疖疮病、打印病等。

8. 乌桕 乌桕又名桕树、木梓树、木蜡树，为大戟科落叶乔木，高达 7～8 m，产于山东以南各地。乌桕入药部分的果、叶含有生物碱、黄酮类、鞣酸、酚类等成分，具有消肿、抑菌、增强机体免疫力等多种功能。其主要抑菌成分酚类物质在生石灰作用下生成沉淀，有提效作用。在鱼类疾病流行季节，将乌桕枝叶扎成小捆放在池中沤水；发病时，每千克乌桕叶干粉用 20 倍重量的 2% 石灰水浸泡过夜，再煮沸 10 分钟后，连水带渣全池遍洒，使池水浓度为 3.7 g/m³，同时内服抗菌药，防治鱼细菌性烂鳃病、白头白嘴病、竖鳞病、腐皮病等。

9. 苦楝 苦楝又名楝树，落叶乔木，高 15～20 m，喜生于旷野、路边，分布于山西、河南以南地区。根、茎、叶、果均可入药。含苦楝素，有清热、燥湿、杀虫作用。用于治疗鱼类的寄生虫病，如锚头鳋、车轮虫、毛细线虫等。口服用量为每 100 kg 鱼体重用 10～15 g，浸浴用量为 10～15 mg/L。每 100 m² 水面投 2.5～3 kg 小捆楝树枝叶沤水，隔天翻一下，每隔 7～10 天换 1 次新鲜枝叶；或用 5 kg 楝树新鲜枝叶煮后全池泼洒，防治鱼车轮虫病。

10. 大蒜 大蒜为百合科植物，有强烈的蒜臭味，全国各地均广泛栽植。以鳞茎入药，其含有的大蒜素具有广谱抗菌、止痢、驱虫、健胃功效。发病季节，每100 kg鱼每天用200 g大蒜头、300 g千里光、200 g地榆、200 g仙鹤草，碾粉拌饵投喂；或每天用500 g大蒜头、200 g食盐拌饵投喂，连喂3天为1个疗程，连用1～2个疗程，预防鱼细菌性肠炎病。

11. 使君子　使君子又名留求子，为使君子科落叶藤本，主要产于四川、广东、广西等地。其药用部分果仁内含使君子酸钾等，具有杀虫、消积健脾之功效。每万尾鱼苗每天用2.5 kg使君子、5 kg葫芦金捣烂后煮成5～10 kg汁液，再拌入7.5～9 kg的米糠，连喂4天，且从第2天开始药量减半，治疗鱼头槽绦虫病。

12. 槟榔　槟榔又名花槟榔、大白槟，常绿乔木，直立，圆柱形；叶聚生茎顶，为大型互生羽状复叶，光滑无毛；花黄白色；果为卵圆形核果，成熟时呈橙黄色或红棕色。入药部分果实含槟榔碱，是驱虫的有效成分。每100 kg鱼用40 g槟榔和0.5 kg南瓜籽磨成粉后混合投喂，连投4天，且从第2天开始药量减半，治疗鱼头槽绦虫病。

我国水产养殖用的国家标准兽药名录见表10－1。

表10－1　水产养殖用的国家标准兽药名录

一、抗微生物药物		
序号	药品通用名称	出处
（一）抗生素		
氨基糖苷类		
1	硫酸新霉素粉（5%，50%）	农业部1435号公告9108，9109
四环素类		
2	盐酸多西环素粉（2%，5%，10%）	农业部1435号公告9090，9091，9092

酰胺醇类		
3	甲砜霉素粉（5%）	农业部 1435 号公告 9098 兽药使用指南（化学药品卷）第 364 页
4	氟苯尼考预混剂（50%）	兽药使用指南（化学药品卷）第 363 页
5	氟苯尼考注射液	兽药使用指南（化学药品卷）第 364 页
6	氟苯尼考粉（10%）	农业部 1435 号公告 9014
（二）抗菌药		
磺胺类药物		
7	复方磺胺嘧啶粉	农业部 1435 号公告 9022
8	复方磺胺甲噁唑粉	农业部 1435 号公告 9021
9	复方磺胺二甲嘧啶粉	农业部 1435 号公告 9020
10	磺胺间甲氧嘧啶钠粉（10%）	农业部 1435 号公告 9033
11	复方磺胺嘧啶混悬液	兽药使用指南（化学药品卷）第 363 页
喹诺酮类药物		
12	恩诺沙星粉（5%，10%）	农业部 1435 号公告 9006，9007
13	乳酸诺氟沙星可溶性粉（5%，10%）	农业部 1435 号公告 9104，9105
14	诺氟沙星粉（2.5%，5%，10%，15%）	农业部 1435 号公告 9094，9095，9096，9097
15	烟酸诺氟沙星预混剂（10%）	农业部 1435 号公告 9083
16	诺氟沙星盐酸小檗碱预混剂	农业部 1435 号公告 9061
	噁喹酸	兽药使用指南（化学药品卷）第 357 页

续表

17	噁喹酸散	兽药使用指南（化学药品卷）第 357 页
18	噁喹酸混悬液	兽药使用指南（化学药品卷）第 358 页
19	噁喹酸溶液	兽药使用指南（化学药品卷）第 358 页
20	氟甲喹粉	兽药使用指南（化学药品卷）第 359 页
21	盐酸环丙沙星盐酸小檗碱预混剂	兽药使用指南（化学药品卷）第 359 页
22	维生素 C 磷酸酯镁盐酸环丙沙星预混剂	兽药使用指南（化学药品卷）第 359 页

（三）中草药

药材和饮片

23	十大功劳	中华人民共和国兽药典（二部）第 4 页
24	大黄	中华人民共和国兽药典（二部）第 30 ~ 32 页
25	大蒜	中华人民共和国兽药典（二部）第 32 ~ 33 页
26	山银花	中华人民共和国兽药典（二部）第 39 ~ 41 页
27	马齿苋	中华人民共和国兽药典（二部）第 65 ~ 66 页
28	五倍子	中华人民共和国兽药典（二部）第 88 ~ 89 页
29	白头翁	中华人民共和国兽药典（二部）第 144 ~ 145 页
30	半边莲	中华人民共和国兽药典（二部）第 163 ~ 164 页
31	地锦草	中华人民共和国兽药典（二部）第 178 ~ 179 页
32	关黄柏	中华人民共和国兽药典（二部）第 198 ~ 199 页
33	苦参	中华人民共和国兽药典（二部）第 270 ~ 272 页
34	板蓝根	中华人民共和国兽药典（二部）第 275 ~ 276 页
35	虎杖	中华人民共和国兽药典（二部）第 281 ~ 282 页
36	金银花	中华人民共和国兽药典（二部）第 294 ~ 295 页

37	穿心莲	中华人民共和国兽药典（二部）第 371~372 页
38	黄芩	中华人民共和国兽药典（二部）第 413~414 页
39	黄连	中华人民共和国兽药典（二部）第 417~419 页
40	黄柏	中华人民共和国兽药典（二部）第 420~421 页
41	辣蓼	中华人民共和国兽药典（二部）第 506~507 页
42	墨旱莲	中华人民共和国兽药典（二部）第 510~511 页
成方制剂和单味制剂		
43	山青五黄散	农业部 1435 号公告 9201
44	双黄苦参散	农业部 1435 号公告 9202
45	双黄白头翁散	农业部 1435 号公告 9204
46	青板黄柏散	农业部 1435 号公告 9206
47	大黄芩鱼散	中华人民共和国兽药典（二部）第 565 页　农业部 1435 号公告 9227
48	三黄散	农业部 1435 号公告 9213
49	五倍子末	农业部 1435 号公告 9218
50	板蓝根末	农业部 1435 号公告 9222
51	地锦草末	农业部 1435 号公告 9224
52	大黄末	农业部 1435 号公告 9226　中华人民共和国兽药典（二部）第 563~565 页　兽药使用指南（中药卷）第 20~23 页
53	虎黄合剂	农业部 1435 号公告 9228
54	根莲解毒散	农业部 1435 号公告 9234
55	扶正解毒散	农业部 1435 号公告 9237
56	黄连解毒散	农业部 1435 号公告 9238
57	苍术香连散	农业部 1435 号公告 9239
58	加减消黄散	农业部 1435 号公告 9240

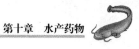

续表

59	清热散	农业部 1435 号公告 9242
60	大黄五倍子散	农业部 1435 号公告 9244
61	穿梅三黄散	中华人民共和国兽药典（二部）第 636 页　农业部 1435 号公告 9245
62	七味板蓝根散	农业部 1435 号公告 9246
63	青连白贯散	农业部 1435 号公告 9247
64	银翘板蓝根散	农业部 1435 号公告 9248
65	青莲散	农业部 1506 号公告 9210
66	蚌毒灵散	中华人民共和国兽药典（二部）第 641 页　兽药使用指南（中药卷）第 199 ~ 200 页
67	大黄芩蓝散	农业部 1506 号公告 9208
68	蒲甘散	农业部 1506 号公告 9207
69	清健散	农业部 1506 号公告 9209

二、抗寄生虫药物

序号	药品通用名称	出处
（一）抗原虫药物		
70	硫酸锌粉（60%）	农业部 1435 号公告 9051
71	硫酸锌三氯异氰脲酸粉	农业部 1435 号公告 9024
72	硫酸铜硫酸亚铁粉（670g）	农业部 1435 号公告 9026
73	盐酸氯苯胍粉（50%）	农业部 1435 号公告 9080
74	地克珠利预混剂（0.2%，0.5%）	农业部 1435 号公告 9008，9009
（二）驱杀蠕虫药物		
75	阿苯达唑粉（6%）	农业部 1435 号公告 9001
76	吡喹酮预混剂（2%）	农业部 1435 号公告 9006
77	甲苯咪唑溶液（10%）	农业部 1435 号公告 9034
78	复方甲苯咪唑粉	兽药使用指南（化学药品卷）第 360 页

续表

79	精致敌百虫粉（20%，30%，80%）	农业部 1435 号公告 9035，9036，9037

（三）中草药

80	石榴皮	中华人民共和国兽药典（二部）第 130～131 页
81	绵马贯众	中华人民共和国兽药典（二部）第 447～448 页
82	槟榔	中华人民共和国兽药典（二部）第 496～497 页
83	百部贯众散	农业部 1435 号公告 9205
84	川楝陈皮散	农业部 1435 号公告 9216
85	苦参末	农业部 1435 号公告 9229
86	雷丸槟榔散	农业部 1435 号公告 9230
87	驱虫散	农业部 1435 号公告 9241

三、消毒制剂

序号	药品通用名称	出处

（一）醛类

88	稀戊二醛溶液（5%，10%）	农业部 1435 号公告 9071，9072
89	浓戊二醛溶液（20%）	农业部 1435 号公告 9073

（二）卤素类

90	含氯石灰	农业部 1435 号公告 9032
91	高碘酸钠溶液（1%，5%，10%）	农业部 1435 号公告 9027，9250，9251
92	聚维酮碘溶液（1%，2%，5%，7.5%，10%）	农业部 135 号公告 9042，9043，9044，9045，9048
93	三氯异氰脲酸粉（有效氯 30%，50%）（500 g：305 g）	农业部 135 号公告 9062，9063　兽药使用指南（化学药品卷）第 360 页
94	溴氯海因粉（8%，24%，30%，40%，50%）	农业部 1435 号公告 9074，9075，9076，9078，9079

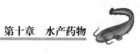

续表

95	复合碘溶液	农业部 1435 号公告 9025
96	次氯酸钠溶液（5%）	农业部 1435 号公告 9056
97	蛋氨酸碘粉	兽药使用指南（化学药品卷）第 361 页
98	蛋氨酸碘溶液	兽药使用指南（化学药品卷）第 361 页

（三）季铵盐类

99	苯扎溴铵溶液（5%，10%，20%，45%）	农业部 1435 号公告 9002，9003，9004，9005

四、调节水产养殖动物生理机能的药物

序号	药品通用名称	出处

（一）激素

100	注射用促黄体素释放激素 A2	兽药使用指南（化学药品卷）第 362 页
101	注射用促黄体素释放激素 A3	兽药使用指南（化学药品卷）第 362 页
102	注射用复方鲑鱼促性腺激素释放激素类似物	兽药使用指南（化学药品卷）第 362 页
103	注射用复方绒促性素 A 型	农业部 1506 号公告 9255
104	注射用复方绒促性素 B 型	农业部 1506 号公告 9256

（二）维生素

105	维生素 C 钠粉（10%）	农业部 1435 号公告 9068
106	亚硫酸氢钠甲萘醌粉（1%）	农业部 1435 号公告 9070

（三）促生长剂

107	盐酸甜菜碱预混剂（10%，30%，50%）	农业部 1435 号公告 9084，9085，9086

（四）中草药

108	筋骨草	中华人民共和国兽药典（二部）第 474～475 页
109	肝胆利康散	农业部 1435 号公告 9200
110	板黄散	农业部 1435 号公告 9211
111	六味黄龙散	农业部 1435 号公告 9212

续表

112	柴黄益肝散	农业部 1435 号公告 9214
113	六味地黄散	农业部 1435 号公告 9217　兽药使用指南（中药卷）第 55 ~ 57 页
114	芪参散	农业部 1435 号公告 9219
115	龙胆泻肝散	农业部 1435 号公告 9220
116	利胃散	农业部 1435 号公告 9233
117	虾蟹脱壳促长散	中华人民共和国兽药典（二部）第 626 ~ 627 页　兽药使用指南（中药卷）第 171 ~ 172 页
118	脱壳促长散	农业部 1435 号公告 9232

五、环境改良剂

序号	药品通用名称	出处
119	石灰	中华人民共和国兽药典（二部）第 125 页
120	过硼酸钠粉	农业部 1435 号公告 9028
121	过碳酸钠（原料）	农业部 1435 号公告 9029
122	过氧化钙粉（50%）	农业部 1435 号公告 9030
123	过氧化氢溶液（25%）	农业部 1435 号公告 9031
124	硫代硫酸钠粉（90%）	农业部 1435 号公告 9046
125	硫酸铝钾粉（10%）	农业部 1435 号公告 9050
126	氯硝柳胺粉（25%）	农业部 1435 号公告 9093

六、水产用疫苗

序号	药品通用名称	出处
（一）国产制品		
127	草鱼出血病灭活疫苗（100 mL/瓶；250 mL/瓶；）	中华人民共和国兽药典（三部）第 13 页　兽药使用指南（生物制品卷）第 3 页
128	鱼嗜水气单胞菌败血症灭活疫苗（500 mL/瓶；5 000 mL/瓶）	兽药使用指南（生物制品卷）第 73 页

129	牙鲆鱼溶藻弧菌、鳗弧菌、迟缓爱德华菌病多联抗独特型抗体疫苗（1 000 尾份/盒）	兽药使用指南（生物制品卷）第 67 ~ 68 页
130	草鱼出血病活疫苗（GCHV ~ 892 株）（500 尾份/瓶；1 000 尾份/瓶）	中华人民共和国农业部公告 1525 号
（二）进口制品		
131	鱼虹彩病毒病灭活疫苗	兽药使用指南（生物制品卷）第 332 ~ 333 页
132	鰤鱼格氏乳球菌灭活疫苗（BY1 株）	兽药使用指南（生物制品卷）第 334 ~ 335 页

注：凡《中华人民共和国农业部公告》《中华人民共和国兽药典》和《兽药使用指南》
　　中同时列有的相同品种，尽管有的剂型不一致，均将其作为 1 个品种列入介绍。

第四节　药物残留与控制

　　水产养殖药物的残留会对水域环境、公众健康造成危害。随着人们生活水平的提高，人们对水产品中药物残留的关注也越来越高。降低和控制药物残留，是关系到我国水产品安全和水产养殖业健康发展的重大课题。

一、药物的残留与危害

　　药物残留是指水产品的任何食用部分中，药物的原型化合物、代谢产物及与该药相关的杂质蓄积在其组织或器官内，或以其他方式保留的现象。水产养殖药物残留既包括原药残留，也包括药物在养殖对象体内的代谢产物，同时还应该考虑在水域环境中的生态残留。目前，水产品中可能存在药物残留的药物有氟喹诺酮类、磺胺类、抗生素类、呋喃类和某些激素。一般来说，水产品中的药物残留大部分不会对人类产生急性毒性作用。但是，如果人们经常摄入含有低剂量药物残留的水产品，残留药物会在人体内慢性蓄积而导致人体内功能紊乱或病变，危害人类健康。具体来说，药物残留危害有：

1. 可产生毒性作用　如果长期摄入含有低剂量药物残留的水产品，残留药物会在人体内蓄积，达到一定浓度，就会对人体产生慢性毒性作用。

2. 产生变态反应　变态反应又称过敏反应。有些药物如青霉素、磺胺类药物、某些氨基糖苷类抗生素等，会使敏感人群产生过敏反应，严重时会引起休克，甚至死亡。

3. "三致"作用　有些残留药物在人体内积蓄达到一定浓度时，会产生致癌、致畸、致突变"三致"作用。如孔雀石绿、双甲脒等，大部分已经被国家禁止使用。

4. 产生激素样作用　一些激素类药物，包括甾类同化激素和非甾类同化激素。人们一旦食用了含有其残留的水产品，会产生一系列激素样作用，引起人体生理功能紊乱，如幼儿早熟等。

5. 产生耐药菌株　残留药物易导致细菌基因突变或转移，使部分病原菌产生抗药性，形成耐药菌株。如果这类病原菌的耐药质粒传递给人类，会给人类临床上细菌性传染性疾病的治疗带来困难。

6. 产生水环境生态毒性　药物以原型或代谢物的形式，随粪便、尿等排泄物排出，或直接在水环境中泼洒药物，均会造成水环境中药物的残留，破坏养殖水环境，造成水环境中耐药菌增加，破坏水域生态平衡。

二、造成药物残留的原因

根据我国目前水产养殖情况，造成水产品药物残留主要有以下几方面原因：①药物使用不规范，养殖户不遵守休药期，甚至为了个人利益，在上市前违规使用药物；用药剂量、给药方法不规范，在养殖过程中滥用药物、超剂量用药；使用未经批准的药物，有的养殖户使用对人体有害，甚至国家明令禁止的药物、无休药期的鱼药、鱼用原料药等，极易造成药物残留；养鱼户科学用药、安全用药的意识差，导致盲目用药。②管理不完善。③技术规范和标准缺乏。④未形成有效的监控网络。

三、渔药残留的控制

控制和减少水产品药物残留对保护人类健康，维护社会稳定，发展经济有着非常重要的意义。我国渔药发展历史较短，对渔药残留的控制也处于起步阶段。就目前状况来说，药物残留的控制，需要从完善法律法规、强化监控力度及养成科学养鱼的理念等多方面入手。最重要的是从源头抓起，加强渔药的安全、规范、合理使用和科学管理。

1. 加强水产养殖用药的科学管理，规范用药 规范用药就是要从渔药、病原、环境、水生生物和人类健康等方面的因素综合考虑，有目的、有计划、有效地使用药物。规范用药可以最大限度地避免水产品的药物残留。同时，要制定水产养殖用药管理条例，加强水产养殖用药生产、销售的管理制度建设；对养殖用药进行科学指导和监督，加大对滥用药物的处罚力度。

2. 加强无公害渔药的研究 无公害渔药对水产养殖对象和水域其他生物毒副作用小，在水中降解快、滞留短、蓄积少。因此，加强无公害渔药的研究和开发力度是解决水产品药物残留的一项积极措施。一方面要加强水产养殖用药的理论研究，另一方面还要加强对违禁药物替代品的研发。要加强水产养殖用药新制剂和新剂型的开发与应用，采用新技术提高药效，降低药物毒副作用；要加大中草药制剂的研究与开发，提高中草药在水产养殖病害防治中的作用与地位；加快疫苗的研发与应用；推广水产养殖用微生态制剂的应用。

3. 加快建立水产养殖用药处方制度建设 水产养殖用药的

处方制度是防止滥用药物，控制水产品药物残留的有力途径。加强水产养殖用药处方制度建设力度，严格管理处方药的出售，规范养殖用药的使用，切断违禁药物的流通，从而杜绝药物滥用现象，减少水产品药物残留。

4. 加快水产品药物残留有效监控体系的建立　建立国家、省级及县市级监控监测站，加快实验室建设和仪器设备投入，完善监控网络，提高水产品药物残留的检测能力。

第十一章　鱼类常见疾病的预防

做好鱼类疾病预防是搞好渔业生产、提高养殖者经济效益的重要措施之一。淡水养殖鱼类生活在水中，其活动、摄食情况难以观察，患病情况不能及时掌握，病鱼在水中不易发现，一旦被发现，则病情已经较重，诊断和治疗都已困难。病鱼治疗给药困难，无论是内服药，还是外用药，均需通过水体给予，而病鱼本身实际得到的药较少，且病情严重的个体往往已经失去食欲，口服药无法奏效，有些鱼病目前尚无有效的治疗药物。使用药物，尤其是外用药，仅适合小型水体，而对于大水面，则无法施药。资料统计显示，预防疾病的费用比治疗费用要低很多，前者大约是后者的20%。由此可见，鱼病防治工作只有贯彻"全面预防，积极治疗"的方针，做到"无病先防，有病早治"，才能减少或避免鱼病发生，提高养殖生产的经济效益。

全面做好养殖鱼类疾病的预防工作，既要注意消灭病原体，切断疾病的传播途径，又要重视增强养殖鱼类的抗病力，选择好品种，培育健壮苗、种，加强饲养管理，同时还要注意保持和改善养殖水域的生态环境。

第一节　增强水产养殖鱼类的抗病力

一、改善养殖水域生态环境

1. 水源的选择　水是水产养殖鱼类最基本的生活条件。水源的好坏，直接影响着水产动物的养殖和养殖过程中病害的发生。良好的水域不但有利于鱼类的生长发育，而且还能增强其抗病能力。在建设水产养殖场时，要对水源进行调查，选择水源充足，水质良好、无污染的地方建造养殖场。水的理化指标符合国家《无公害食品　淡水养殖用水水质》（NY 5051—2001）。每个养殖池要有独立的进水、排水系统，水源不足时，要建蓄水池。工厂化养殖池，应由完善的水质净化设备，对排出的水进行净化和消毒，确保没有有害病原体时方可循环使用。

2. 改善水域溶氧，减少有害气体　适当扩大池塘面积，增大池塘受风面，有利于空气中氧气进入水体，提高池塘溶氧量。池塘在缺氧的情况下，含硫、氮有机物分解会产生大量的硫化氢、氨等有毒气体，引起鱼类中毒，甚至死亡。因此，要增加池塘中的溶解氧，定期加注新水，合理使用增氧机。同时，防止有毒物质进入水源，污染池塘水质。

3. 优化放养模式，合理密养　各种水环境对水产动物均有一定的容量，要根据不同养殖品种及生长阶段，确定合理的放养、混养密度。合理混养可以充分利用水体空间，促进生态平衡，有利于改善水的环境条件，预防疾病发生，进而提高单位水体产量和效益。

4. 根据各地不同养殖环境和渔业生产需要　提倡使用微生态制剂如 EM 菌、芽孢杆菌，或使用肥水培藻类，或使用池塘底质改良类，或使用解毒应激类产品，以达到降解水中有害物质，改良养殖水环境，提高鱼体抵抗力的目的。

二、改进饲养管理方法

1. 放养的苗种要统一来源 为了保证苗种的种类、规格、质量、数量和及时供应，同时避免从外地运入苗种时将外地疾病带入本地，应就地繁殖和培育淡水养殖动物苗种。切忌七拼八凑，否则易发生疾病。

2. 合理密养和混养 合理密养和混养是提高单位面积产量的措施之一，对疾病的预防也有一定的意义。养殖动物种类不同，其病原体也不同。因此，根据养殖动物的食性和栖息特点进行草鱼、鲤鱼、鲫鱼、鳙鱼混养，鱼、鳖混养，鱼、虾、贝混养等，通过降低个体密度，以达到高产及预防疾病的目的。

3. 提早放养，提早开食 提倡提早放养，提早开食。鱼类养殖，我国长江以南地区应于春节前后放养完毕，长江以北地区应在解冻后水温稳定在 5 ~ 6 ℃时放养。水温较低时放养，养殖动物肥壮，活动力弱，体表保护层紧密，不易受伤。即使受伤，由于此时病原体活动不强，养殖动物有充分的时间恢复创伤。

4. 合理投饵 饲料质量和投饵技术，不但是保证水产养殖对象正常生长、生活，获得高产的重要措施，也是增强水产养殖对象对疾病抵抗力的重要措施。应根据养殖动物的种类、发育阶段、活动情况及季节、天气、水质、水温等条件，进行定质、定量、定时、定位投饵。在保证鱼类生长需要的前提下，尽量减少饲料的浪费和对养殖环境的污染，提高饲料利用率。保证饲料营养全面，适口性好，不含病原体及有毒有害物质。根据不同养殖鱼类的不同生长阶段、不同季节，投喂适量的饲料，并在不同的环境条件下，适时做出调整，勿使其摄食过饱或不足。

5. 强化日常管理 勤巡塘，了解池水的变化，定期加注新水，保持水质清新；掌握养殖动物的活动、吃食和生长情况；及时发现病情，采取有效措施，制止病情的发展、蔓延；勤除杂草、敌害、中间寄主及污物；勤扫食场，并进行食场消毒，保持养殖环境卫生；注意细心操作，防止养殖动物受伤。在拉网扦捕、搬运时，应细心操作，以防养殖动物受伤而感染疾病。

三、选育抗病品种

不同种类的养殖鱼类有不同的抗病能力，可以通过自然免疫、人工杂交培育、理化诱变和基因重组技术等办法培育抗病性强的优良品种。

抗病性不仅存在种间差异，同样存在个体差异。在淡水养殖动物的饲养过程中，经常见到一次疾病过后，在大多数患病动物死亡的情况下，总有一些动物存活下来。因此，可利用这种个体差异，通过选种，有计划地培育抗病能力强的新品种。

第二节 控制和消灭病原体

控制和消灭病原体，是预防水产养殖对象病害发生的最有效的措施。在养殖水产中，采取有效措施，控制或消灭能引起鱼类疾病的病原体，可减少或避免鱼类疾病的发生。

一、池塘清整

池塘是淡水养殖动物生活的第一环境，也是病原体及敌害生物隐藏的场所。池塘环境的好坏直接影响到养殖动物的生长及健康。因此，有必要对池塘进行彻底消毒。池塘消毒通常包括池塘修整和药物清塘两方面的内容。

1. 池塘修整 池塘修整，主要是通过清除杂草、清除淤泥和污物、暴晒池底、补修渗漏，达到杀灭病原体和防止敌害生物，提高养殖产量和预防疾病的目的。具体做法是：养殖动物并塘或水产品捕捞后，排干池水，清除池底过多淤泥，平整池底，并让池底自然冰冻、阳光暴晒。养殖池周围的淤泥，经 1～2 天风干后挖出，敷贴于池壁，经 2～3 天后，敲打结实，消除其裂缝。

2. 药物清塘　最有效和常见的清塘药物是生石灰和漂白粉。先排干池水，清除过多淤泥，使用生石灰或漂白粉进行消毒。池塘清淤和消毒能改善池塘的理化性质，改善底泥的通气条件，有效预防疾病和减少流行病暴发。池塘清淤后，每 666.7 m² 用生石灰 120～200 kg 或漂白粉 20～30 kg（含有效氯 25% 以上）进行消毒，7 天后待毒性消失后，方可加水，放养鱼苗、鱼种。有些养殖池清塘之前无法排水，或原池水排出后无法补入新水，可采用带水清塘。方法是将生石灰用水溶化后趁热全池泼洒。一般水深 1 m，生石灰的用量为 100 m² 水体 30～50 kg。清塘 7～10 天，药性消失后即可放入养殖鱼类。养殖池塘泼洒生石灰，除能杀灭野生鱼、水生昆虫、病菌、寄生虫、虫卵等敌害及病原体外，还可促使淤泥分解，释放吸附的氮、磷、钾等元素，增加水的肥度。

二、鱼体消毒

为了预防疾病的发生，切断传播途径，避免将病原体带入养殖水域，在苗种放养或分塘换池前，应对其进行消毒。一般采用药物浸洗法。药浴时的用药浓度，药浴时间的长短，可根据养殖动物的大小、体质和当时的气候、水温灵活掌握。常用的药物有高锰酸钾、漂白粉、硫酸铜及硫酸亚铁合剂、食盐、敌百虫等（表 11–1）。

1. 食盐或食盐合剂浸浴消毒　淡水鱼类用浓度为 3%～5% 的食盐水或食盐与小苏打合剂浸浴 5～10 分钟，可杀灭鱼体表部分细菌及原虫，还能预防毛霉病与水霉病。此法简便易行，常在苗种运输过程中使用。

2. 漂白粉或强氯精浸浴消毒　淡水养殖动物用浓度为 10～20 mg/L 的漂白粉（含有效氯 30%）浸浴 10～30 分钟，或浓度为 3～5 mg/L 的强氯精（有效氯含量 90% 以上）浸浴 5～10 分钟，可杀灭体表及鳃上的细菌。

3. 硫酸铜或硫酸铜合剂浸浴消毒　淡水鱼类用浓度为 8 mg/L 的硫酸铜或硫酸铜和硫酸亚铁合剂（5∶2）浸浴 10～30 分钟，能杀灭其体表一些原虫（不包括形成孢囊的原虫及孢子虫）。

4. 高锰酸钾浸浴消毒　淡水鱼类用浓度为 20 mg/L 的高锰酸钾浸浴 20～30 分钟，常用于防治锚头鳋病、指环虫病、三代虫病、车轮虫病及斜管虫病等。罗氏沼虾用浓度为 5 mg/L 的高锰酸钾浸浴，可防治丝状细菌病。

表 11－1　鱼体消毒常用药物、浸洗时间及防治对象

药物名称	浓度（mg/L）	浸洗时间（分钟）	防治对象
硫酸铜	8	20～30	原生动物
漂白粉	10	15～30	细菌性疾病
食盐	3%～5%	5～10	细菌性疾病、真菌性疾病
敌百虫＋面碱	3＋5	20～30	寄生虫病、细菌性疾病
高锰酸钾	10～20	20～30	水霉病、寄生虫病、细菌性疾病

三、水体消毒

养殖水体经过一段时间投饵、施肥后，水质恶化，病原体及有害物质增加，因此，必须定期对养殖水体进行全池泼洒消毒，尤其是在鱼病流行季节，要定期向养殖水体中施放药物，以杀灭水体中及鱼类体表或鳃上的病原体。目前，国内淡水养殖水体常用的消毒、杀菌药主要有生石灰，鱼池遍洒浓度为 20～30 g/m³，鳖池遍洒浓度为 30～40 g/m³；漂白粉，鱼池遍洒浓度为 1 g/m³，虾池遍洒浓度为 0.5～0.8 g/m³；强氯精，鱼池遍洒浓度为

0.3 g/m³，鳖池遍洒浓度为 1.5 g/m³。杀虫药主要有硫酸铜和硫酸亚铁合剂（5∶2），鱼池遍洒浓度为 0.7 g/m³，鳖池遍洒浓度为 0.7~2 g/m³；敌百虫（90% 晶体），鱼池遍洒浓度为 0.5~0.6 g/m³。在进行水体消毒时，要根据养殖环境、养殖对象和疾病流行情况，确定合理的用药时间和用药种类，不可滥用药物。

四、饲料及工具消毒

1. 饲料消毒　投喂清洁、新鲜、不变质、不带病原体的饲料，一般不用消毒。如动物性饲料应选取鲜活、用清水洗过的投喂；水草可用浓度为 6 mg/L 的漂白粉溶液浸泡 20~30 分钟进行消毒；商品性饲料可按 5% 的比例混入土霉素后投喂；粪肥则按每 100 kg 加 20 g 漂白粉消毒处理后施放入池。

2. 工具消毒　养殖用的各种工具往往会成为疾病传播的媒介，为了避免将病原体带入健康池，发病池所使用的工具应与其他养殖池所用工具分开。如工具缺乏，无法分池使用时，应将发病池使用过的工具消毒处理后再使用。一般网具可用 20 mg/L 硫酸铜溶液或 50 mg/L 高锰酸钾水溶液，或浓度为 100 mg/L 的福尔马林水溶液等浸泡 30 分钟消毒；小型木质或塑料工具可用 5% 漂白粉溶液浸泡消毒，然后用清水洗净后再使用。

五、食场消毒

食场是为减少饲料浪费而设置的鱼类摄食的固定场所。由于食场内常有残余饲料，腐败后成为病原体繁殖的场所；同时食场又是养殖动物经常聚集的地方，为疾病传播提供了条件。因此，在水温较高及疾病流行季节，除了注意投喂量适宜，尽量减少残食外，每天要捞除剩余饲料、清洗食场。在疾病流行季节，每隔 1~2 周在食场周围泼洒漂白粉或硫酸铜溶液 1 次，进行消毒、杀虫，用药量可根据养殖动物的种类、食场的大小、水深、水质肥瘦及水温而定。

六、疾病流行季节前的药物预防

大多数淡水养殖动物疾病的流行都有一定的季节性。因此，掌握发病规律，及时有计划地在疾病流行季节前、鱼类尚未发生较大病害时进行药物预防，可以减少药物用量，减少药物对水环境的污染，起到事半功倍的效果。

1. 中草药浸沤　在鱼病流行季节前，将中草药扎成捆投放养殖池中沤水，通过直接杀灭病原体、增强养殖动物抵抗力，达到预防疾病的目的。如乌桕叶含生物碱、黄酮类、酚类、有机酸等成分，用乌桕叶沤水，其中的黄酮成分可增强养殖动物机体抵抗力，酚类则有明显的抑菌作用，可预防鱼类细菌性烂鳃病、白头白嘴病等；大黄沤水，其中的大黄酸、大黄素及芦荟大黄素有收敛、增加血小板、促进血凝及较好的抗菌作用，可用于防治出血病及细菌性烂鳃病等。该方法有就地取材、使用方便、副作用小等优点。

2. 悬挂药袋或药篓　在食场选择适宜的位置用竹竿搭成三角框，在三角框每边的中央及角顶悬挂布袋、编织袋或竹篓 3～6 只，根据需要在袋或篓内装入漂白粉、强氯精、硫酸铜、敌百虫等药物。药物遇水后从袋或篓中扩散至食场周围，形成一消毒区，养殖动物摄食时，反复通过数次，即可达到预防疾病的目的。

在食场周围悬挂药袋或药篓预防疾病，方法简单，用药量少，副作用小。但应注意用药浓度要适宜，不能过高或过低。用药浓度过高，养殖动物不来摄食，达不到消毒的目的；用药浓度过低，养殖动物虽来摄食，却不能杀灭病原。进行药物挂袋（篓）时应注意：用药量要适当，要确保在 60～120 分钟溶解完；下雨天、阴天不用；挂袋前停食 1 天，以确保绝大多数鱼来摄食，同时要适当减少投喂量。

3. 投喂药饵　为了控制和消灭养殖动物机体内的病原体，根据养殖动物食性，将药物拌入饲料制成浮性及沉性药饵投喂。药饵的配置方法如下：浮性药饵的配置，将药物与米糠或麸皮混匀，用热水拌和，并捏成软硬适度的块状，再根据养殖动物的需求压成药条、药锭，或用机械制成颗粒，晒干后投喂，也可将鲜嫩草切成养殖动物适口的小段，再拌入含药物的面糊，晾干后投喂；沉性药饵的投喂，将药物、淀粉及豆饼粉或菜饼粉混匀，用热水调和后，手工或机械制成大小适宜的块状或颗粒，晾干后投喂。使用人工配合饲料养殖时，可以用面糊直接将药物黏合在颗粒饲料中，晾干后投喂。

常用的药物通常有抗生素类、磺胺类、喹诺酮类及中草药类，现将常用于鱼病预防的药饵剂量（用于治疗的药量要适当增加）及使用方法介绍如下：

（1）氟苯尼考粉：每千克饲料中加 1 ~ 1.5 g，每天投喂 1 次，连续 3 ~ 5 天。

（2）复方磺胺嘧啶粉：每千克饲料中加 3 ~ 5 g，每天投喂 1 次，连续 3 ~ 5 天。

（3）大蒜：每千克饲料中加 30 ~ 50 g，每天投喂 1 次，连续 5 ~ 7 天。

（4）中草药：黄柏 + 黄芩 + 大黄（32% + 32% + 36%）打粉，每千克饲料中加 10 ~ 20 g，再加等量的食盐，每天投喂 1 次，连续 5 ~ 7 天。

为了保证预防效果，投喂药饵时应注意：药物应与饲料拌和均匀，并在阴凉处晾干；投药饵前应停食 1 天；药饵投喂量应为正常投喂量的 70% ~ 80%；注意现投现配制药饵。

第三节　免疫预防

一、免疫的概念及作用

1. 免疫　简单的说，鱼类对疾病的不感受性或具备的抵抗力叫免疫。

2. 免疫的表现　免疫表现为：①抵抗疾病的感染；②阻止病原的生长、繁殖和传播；③消除或消灭机体内的病原体及其毒害作用；④修复机体的损失。

3. 免疫的类别

（1）非特异性免疫（天然）：天生的对疾病的防御能力。这种免疫的特点是生来就有，不针对某种特定的病原体。对鱼类来说，鱼体表及分泌物，包括覆盖体表的皮肤及管腔的黏液可以阻挡病原体的侵入。另外，鱼体内的各种细胞和体液中的抑菌、杀菌物质，都起到天然的屏障作用。

（2）特异性免疫：又可分为后天自动免疫和后天被动免疫两类。后天自动免疫是在天然情况下，患病的鱼体内产生抗体，获得对该病的免疫能力或用人工方法注射菌苗、疫苗或类毒素产生抗体而得到的免疫力。后天被动免疫则是母体的免疫物质通过遗传传递给子代或用人工方法注射同种或异种动物免疫血清，从而激活鱼体对疾病的抵抗力。

二、疫苗的制备

世界各国都在积极开发水产用疫苗，我国目前仅有 3 种免疫疫苗获得批准应用，即草鱼出血病细胞灭活疫苗，嗜水气单胞菌灭活疫苗和牙鲆鱼溶藻弧菌、鳗弧菌、迟缓爱德华菌病多联抗独特型抗体疫苗。现将草鱼出血病细胞灭活疫苗的制备方法与步骤介绍如下：

1. 材料与疫苗制备　取具有明显出血症状的病鱼肝、脾、肾和肌肉组织，称重、剪碎，按 1 g 组织加 0.65% 生理盐水稀释成 1:10 或 1:100 的浓度进行匀浆或捣碎。再用转速为 3 000 转每分钟的离心机离心 30 分钟，取其上清液。按每毫升病毒悬液加入青霉素 800 μ 和链霉素 800 μ。如果青霉素、链霉素每瓶 100 万 u，可同溶于 100 mL 的无菌水中，每克就含有青霉素、链霉素各 1 万 u。制 500 mL 的疫苗，只需加上述青霉素、链霉素水溶液 40 mL，即达到其含量要求。最后加入 10% 福尔马林（10% 福尔马林液的配制：将 36% ~ 40% 的福尔马林液当作 100% 浓度来配制，即 10mL 福尔马林加 90 mL 无菌水，即为 10% 的福尔马林溶液），使最终浓度为 0.1%（即 100 mL 的病毒悬液加 10% 福尔马林 0.1 mL）。摇匀后放入 32 ℃ 恒温水浴中灭活 72 小时。在灭活过程中，每天要摇动 2 次以上。灭活后，取样做安全和效力试验。疫苗制成后，置于 4 ~ 8 ℃ 冰箱中保存备用。

2. 疫苗的效力试验　疫苗制成后，在应用于生产之前，必须进行效力试验，否则容易发生不安全事故。其试验步骤为：吸取制备好的疫苗，对健康的草鱼种进行腹腔注射。将针头对准胸鳍基部内侧的凹陷处注入体腔，针头与腹腔壁成 45°。每尾鱼注射剂量为 0.3 ~ 0.5 mL。注射疫苗后的鱼，放于水温 2 ~ 28 ℃ 水缸中饲养，连续观察 15 天。如果没有发现出血病症状或因出血病引起的死亡，初步判定此疫苗是安全的。再以新鲜的或甘油保存的病毒组织制成 1:10 的病毒悬液，分别注入已注射过疫苗的鱼和未注射过疫苗的对照鱼，其注射剂量为 0.3 ~ 0.5 mg/尾。连续观察 15 天。如果对照组全部发生出血病症状并与天然发病鱼的症状相同，病鱼的死亡率达 70% 以上，而免疫组不发生出血病，这样就可以证明该疫苗是有效的。

3. 免疫接种　鱼类免疫途径有注射、口服、喷雾和疫苗直接加入水中进行鱼体浸洗四种方法,其中以注射方法可靠性大,效果较好。但其操作较麻烦,要耗费较多的人力和时间,而且操作不当时,可能会造成鱼种的死亡。注射剂量按鱼体大小而定,按使用说明书使用方法使用,一般为每尾注射范围为 0.3~0.5 mL。

三、免疫激活剂

免疫激活剂是用于促进机体免疫应答反应的一类物质。免疫激活剂目前主要是能够增强水产动物的特异性免疫机能,已经证实对水产动物具有免疫激活作用的种类主要有植物血凝素、葡萄糖、壳质素、维生素 C、生长激素等。在水产动物疾病预防中,适当应用免疫激活剂,通过激活水产动物自身的非特异性免疫潜能,具有重要的意义。

第四节　生物预防

生物预防是指在养殖水体和饲料中添加有益的微生物制剂(又称微生态制剂),调节水产养殖动物体内、体外的生态结构,改善养殖生态环境和养殖动物胃肠道内微生物群落的组成,增强机体的抗病能力和促进水产养殖动物的生长。在养殖水体中泼洒微生态制剂,可以抑制有害微生物的过度繁殖,加速降解养殖水体中的氨、亚硝酸盐和硫化物等有害物质和有机废物,改善养殖生态环境。

微生态制剂是在微生态理论指导下,对从养殖动物体内或其生活环境中分离出来的有益微生物,经特殊工艺而制成的活菌制剂。它具有无毒副作用、无污染、无残留和低成本等特点,可以抑制病原微生物生长,提高养殖对象的自身免疫力,维持养殖生态平衡。

一、微生态制剂的种类

微生态制剂按用途可分为两大类：一类是体内微生态改良剂，即通过添加到饲料中以改良养殖对象体内微生物群落的组成，应用较多的有乳酸菌、芽孢杆菌、酵母菌、EM菌等；另一类是水质微生态改良剂，即通过投放到养殖水环境中以改良底质或水质，主要有光合细菌、芽孢杆菌、硝化细菌、反硝化细菌、EM菌等。微生态制剂总体的作用可归结为：分解有机污染物，净化环境；补充营养成分，促进养殖动物健康生长；抑制病原菌，提高机体免疫力。

1. 光合细菌　光合细菌是水产养殖中应用比较成熟的一种微生态活菌剂，是能进行光合作用的一种细菌，其菌体含有丰富蛋白质、多种维生素，以及生物素、类胡萝卜素、辅酶Q等生理活性物质。光合细菌能吸收水体中的氨氮、亚硝酸氮、硫化氢和有机酸等有害物质，抑制病原菌生长。据试验，将光合细菌应用于中华绒螯蟹人工育苗中，浓度为（$1.5 \sim 2.5$）$\times 10^9$个/mL时，氨氮和亚硝酸氮的吸收率可达90%左右，水体中的化学需氧量也明显下降，而且蟹苗的成活率也比对照池提高了15.7%。但是，光合细菌不能氧化大分子物质，对有机质污染严重的底泥作用不明显。

2. 芽孢杆菌制剂　芽孢杆菌是一类需氧的非致病革兰氏阳性菌，具有耐酸、耐高温和耐高压的特点，是一种比较稳定的有益微生物。芽孢杆菌可以内孢子的形式存在于水生动物肠道内，能分泌活性很强的蛋白酶、脂肪酶、淀粉酶，有效提高饲料利用率，促进水生动物生长；还可以分解、吸收水体及底泥中的蛋白质、淀粉、脂肪等有机物，改善水质和底质。目前，使用较多的是枯草芽孢杆菌、地衣芽孢杆菌及巨大芽孢杆菌。

3. 硝化细菌　硝化细菌是一种好氧细菌，是亚硝化细菌和硝化细菌的统称。亚硝化细菌将水体中的氨氮转化为亚硝酸氮，硝化细菌能将亚硝酸盐氧化为对水生动物无害的硝酸氮。硝化细菌主要与其他细菌一起制成复合微生态制剂使用。硝化细菌在中性、弱碱性和含氧高的情况下效果最好。经试验，用硝化细菌和反硝化细菌处理养殖泥鳅的废水 24 小时后，亚硝酸氮去除率达 90.2%，氨氮去除率达 98.5%。

4. 酵母菌 酵母菌是一群属于真菌的单细胞生物，含有较高的氨基酸、维生素等营养成分。在有氧条件下，酵母菌将溶于水的糖类转化为二氧化碳和水。在缺氧的条件下，酵母菌利用糖类作为碳源经发酵和繁殖酵母菌体。所以，酵母菌能有效分解溶于池水中的糖类，迅速降低水中生物耗氧量。

5. 反硝化细菌 反硝化细菌由具有反硝化作用的微生物种群组成，主要是把硝酸或亚硝酸转变成氮气而释放出来，多用于处理底泥。在养殖池底层溶解氧低于 0.5 mg/L、pH 值为 8~9 条件下，反硝化细菌能利用底泥中的有机物作为碳源，将底泥中的硝酸盐转为无害的氮气排入大气中。反硝化过程能大量消耗底层发酵产物和沉积于底层的有机物，迅速减少底层污泥中有机物和硝酸盐的含量，有效预防因气候突变引起水质剧变对鱼虾的影响。

6. 乳酸菌 乳酸菌是一种能使糖类发酵产生乳酸的细菌，能抑制有害微生物活动、致病菌增殖、有机物腐败。乳酸菌可以分解在常温下不易分解的木质素和纤维素，使有机物发酵转化成对动植物有效的养分。

7. 硫化细菌 硫化细菌是一种能将无机硫化物氧化为硫酸的自养型细菌，并从氧化无机硫中获得能量。硫化细菌广泛分布于池塘底泥和水中，其氧化作用提供了水生植物可利用的硫酸态的硫元素，降低池内硫、硫化氢的浓度。

8. 复合微生物制剂 目前，市场上销售的微生态制剂除了光合细菌、芽孢杆菌外，大多数为复合微生物制剂。复合微生物制剂是一类多菌种的微生物制剂。

常用的复合微生物制剂有益生菌、EM 菌、益水宝、生物抗菌肽等，但由于微生态制剂在水产养殖上的应用时间较短，仍存在一些亟待解决的问题，如不同菌种的合理配伍，产品的稳定性及安全性等。

二、微生态制剂的作用

微生态制剂具有纯天然、无残留、无抗药性、对水产品无毒性反应及副作用等诸多优点，可在一定程度上替代或取代抗生素，已经越来越广泛地被应用于水产中。其主要作用：一是免疫激活作用；二是微生态的平衡作用；三是促生长作用；四是水质调节作用。

三、生物预防的应用前景

生物预防虽然应用的时间很长，但是被大规模应用到水产养殖上，却是近几年的事情。国内目前主要在高密度集约化养殖中应用较多，池塘养殖中主要应用在对虾养殖、特种养殖中。由于微生态制剂的特殊性和养殖条件的多样化，使得生物预防的效果有一定的不稳定性，随着菌种筛选技术、产品加工工艺的不断完善，生物预防会得到更多人的认可。生物预防在改善水产动物的品种方面具有抗生素、消毒剂无法比拟的优势。如今，全球都在提倡健康养殖，给生物预防在水产养殖上的广泛应用提供了难得的契机。

第十二章　常见鱼类病害治疗方法

第一节　微生物引起的鱼病及防治

一、病毒性疾病

（一）草鱼出血病

1. 病原及病因　草鱼出血病（图 12 - 1）是由呼肠弧病毒（GCHV）引起的鱼病。

2. 症状　草鱼出血病的症状复杂，在流行季节，常与其他细菌性疾病并发造成误诊。患病鱼体色发黑，病鱼的口腔、上下颌、头顶部、眼眶周围、鳃盖、鳃及鳍条基部充血，有

图 12 - 1　草鱼出血病

时眼球突出。病症主要有三种类型："红肌肉"型，撕开病鱼的皮肤或对着阳光或灯光透视鱼体，可见皮下肌内充血现象，有全身充血和点状充血；"红鳍红鳃盖"型，病鱼鳍基、鳃盖充血，常伴有口腔充血；"肠炎"型，患病鱼体表及肌内充血现象均不明显，但肠道严重充血，肠道全部或部分呈鲜红色，肠系膜及其脂肪有明显的点状充血，鳔壁、胆囊也常充满血丝。这种疾病在各种规格的草鱼鱼种中都可见到。

3. 流行情况及危害　草鱼出血病是草鱼鱼种培育阶段的一

种发病迅猛、流行广泛、危害性大的病毒性疾病，常常造成大批鱼种死亡。主要危害全长 2.5 ~ 15 cm 的草鱼，死亡率高达 70% ~ 80%，2 龄以上鱼较少发生。流行季节一般为每年的 6 ~ 9 月，8 月为高峰期，水温高于 20 ℃ 以上最为流行，25 ~ 30 ℃ 为流行高峰。当水质恶化，水中溶氧偏低，透明度低，水中总氮、有机氮、亚硝酸态氮和有机物耗氧率偏高，水温变化较大，鱼体抵抗力低下时易发生流行。

4. 防治方法

（1）预防方法：

1）清除池底过多淤泥，并用生石灰或漂白粉（含有效氯 30%）清塘，改善池塘养殖环境。

2）鱼种下塘前，用浓度为 60 g/m^3 的聚乙烯氮戊环酮碘剂（PVP - I）药浴 25 分钟左右。

3）免疫预防：①尼龙袋充氧，0.5% 疫苗液浸浴夏花 24 小时。②高渗浸浴，夏花鱼苗先在 2% ~3% 盐水中浸浴 2 ~3 分钟，然后放入疫苗液中浸浴 5 ~ 10 分钟。③0.5% 疫苗液，加莨菪碱使最终浓度为 10 g/m^3，尼龙袋充氧浸浴 3 小时。④注射法：将免疫疫苗稀释 100 倍，6 cm 以下的鱼种腹腔注射 0.2 mL/尾；8 cm 以上草鱼，采用腹腔或背鳍基部注射，每尾注射疫苗 0.3 ~ 0.5 mL；20 cm 以上的，每尾注射疫苗 1.0 mL 左右。

4）全池施用大黄或黄芩抗病毒中草药，每 666.7 m^2 水深 1 m，用金银花 75 g、菊花 75 g、大黄 375 g、黄柏 225 g 研成细末，加食盐 150 g，混合后加适量水全池泼洒。

5）板蓝根、虎杖和食盐，每千克鱼体重，每次各用 3.5 g，粉碎后，拌饲料投喂，1 天 1 次，连续 3 天。

（2）治疗方法：

1）每 100 kg 饲料拌病毒灵 40 g，连喂 4 ~5 天。同时，全池泼洒强氯精 1 次，浓度为 0.3 g/m^3。

2) 强溴，全池泼洒 1 次，浓度为 0.15 g/m³，同时用黄连解毒散，每千克饲料加 5 g，拌饵投喂，1 天 1 次，连续 3 天。

3) 每 100 kg 鱼种每天分别用 0.5 kg 刺槐子、苍生 2 号、食盐拌饵投喂，连喂 2 天。

4) 每 50 kg 鱼种用粉碎后的 150 g 大青叶、100 g 贯众、100 g 野菊花、100 g 白花蛇舌草拌饵投喂，每 3 天为 1 个疗程，对草鱼出血病有独特疗效。

5) 50% 大黄、30% 黄柏、20% 黄芩制成三黄粉，用 250 g 三黄粉、4.5 kg 麦麸、1.5 kg 菜饼、250 g 食盐制成药饵，投喂 50 kg 鱼，连用 7 天。

6) 用 40% 大黄、20% 黄柏、20% 黄芩、20% 苦木制成三黄一苦粉合剂，每 100 kg 鱼用 0.5~1 kg 合剂、10 g 磺胺嘧啶拌 5 kg 饲料或 10 kg 适口优质青饲料投喂，每天投喂 2 次，7 天为 1 个疗程，共用 1~2 个疗程，同时全池泼洒生石灰，浓度为 30~40 g/m³。

（二）鲤鱼痘疮病

1. 病原及病因 鲤鱼痘疮病的病原为疱疹病毒。

2. 症状及危害 患病初期，鱼的躯干、头部及鳍上出现乳白色斑点，以后这些斑点逐渐变厚、增大，形成不规则的表皮"增生物"。"增生物"厚 1~5 cm，严重时融合为一片，其表面也由原来的光滑变为粗糙，色泽由乳白色变为玻璃样或石蜡状（图 12-2），病灶部位常有出血现象。"增生物"数量不多时，对 2 龄以上的病鱼危害不大，若"增生物"蔓延至鱼体大部分时，就严重影响鱼的正常生长发育。

3. 流行情况 痘疮病最早流行于欧洲，现在我国上海、湖北、云南等地均有发生。主

图 12-2　鲤鱼痘疮病

要危害鲤鱼、金鱼，同池混养的青鱼、草鱼、鲢鱼、鳙鱼、鳊鱼、赤眼鳟等则不感染。该病流行于秋末至春初的低温季节的密养池，适温 10～15℃，当水温升高到 15℃以上时，病鱼会逐渐自愈，一般不会引起大批死亡。

4. 防治方法

（1）预防方法：

1）严格执行检疫制度，不从患有痘疮病渔场进鱼种，不用患过病的亲鲤繁殖。

2）在疾病流行季节，注意改善水质或降低养殖密度。

3）做好越冬池和越冬鲤鱼的消毒工作，调节池水 pH 值，使之保持在 8 左右。

4）将 5 kg 大黄研成粉末，用开水浸泡 12 小时后，与 100 kg 饲料混合制成药饵，在鲤鱼越冬前投喂 5～10 天。

（2）治疗方法：

1）排去原池水 3/5，用生石灰全池泼洒，调 pH 值为 9.4，10 小时后加入新水。

2）投喂大黄药饵，每千克饲料用大黄 50 g，拌饵投喂，1 天 1 次，连续 5～10 天，同时全池遍洒浓度为 4 mg/kg 的病毒灵 1 次。

3）用 10% 聚维酮碘溶液或 10% 聚维酮碘粉，全池泼洒 1 次，浓度为 0.45～0.75 mL/m^3 或 0.15 g/m^3。

（三）鳜鱼暴发性传染病

1. 病原及病因　鳜鱼暴发性传染病又称传染性脾肾坏死病、鳜鱼病毒病。病原体为传染性脾肾坏死病毒（ISKNV）。

2. 症状及危害　病鱼口腔周围、鳃盖、鳍条基部充血，患病鱼表现为严重贫血，鳃呈苍白色。病鱼嘴巴张开，呼吸加快，有时身体失去平衡；剖开腹部可见大量腹水；肝脏白色或土黄色，表面有淤血点，胆囊肿大；脾、肾肿大、糜烂、充血；肠道内充满黄色液体；有的病鱼有眼球突出或蛀鳍现象；对病变脾、肾组织进行超薄切片，在细胞内可看到大量病毒颗粒。

3. 流行情况　鳜鱼暴发性传染病危害各种规格的鳜鱼。流行于夏季，7~9月为高发期。发病水温25~32℃，20℃以下一般不发病；特别是水质恶化，气候突变时，易引起病鱼大批死亡；发病急，死亡率高。鳜鱼暴发性传染病常与寄生虫病、细菌性疾病并发，病情易反复。因此，在检查诊断时要根据症状和养殖环境综合判断。

4. 防治方法

（1）预防方法：

1）定期加注新水，保持良好水质。

2）流行季节用10%戊二醛溶液或20%戊二醛溶液全池泼洒，浓度为0.3~0.4 mL/m³或0.15~0.25 mL/m³，每半个月泼洒1次。

3）成鱼养殖阶段，在疾病流行季节，定期全池泼洒福尔马林、硫酸铜和硫酸亚铁合剂、高锰酸钾等，浓度分别为25~30 mL/m³、0.7 g/m³、1 g/m³，每半个月1次，也可上述药物交替使用。

（2）治疗方法：

1）发病鱼池，用10%聚维酮碘溶液全池泼洒1次，浓度为0.5~1 mL/m³，同时口服三黄粉，按每千克鱼体重，用药0.3 mg，拌饵投喂，1天1次，连续3~5天。

2）用黄柏、黄芩、大黄、苦木、复方新诺明（1.5 g + 1.0 g + 1.0 g + 2.5 g + 0.15 g）/kg饲料，拌饵投喂，1天1次，连续3~5天。同时，全池泼洒鱼安（24%溴氯海因），浓度为0.15~0.2 g/m³，每半月1次。

3）用10%聚维酮碘溶液全池泼洒1次，浓度为0.5~1 mL/m³，隔1天，再泼洒1次，同时口服吗啉胍，按每千克鱼体重每天用药 10~30 mg，拌饵投喂，1 天 2 次，连续投喂 3~5 天。

4）用金刚乙胺拌饵投喂，用量是按每千克鱼体重每天用药 5~10 mg，拌饵分 2 次投喂，连续投喂 5~7 天。同时结合外用聚维酮碘、溴氯海因、戊二醛溶液等全池泼洒。

（四）斑点叉尾鮰病毒病

1. 病原及病因 斑点叉尾鮰病毒病的病原体是斑点叉尾鮰病毒（CCVD）。主要感染斑点叉尾鮰的鱼苗、鱼种。

2. 症状及危害 病鱼摄食减弱或不摄食，离群独游；在水中表现为打转或垂直悬挂状游泳，然后沉入水下死亡。病鱼眼球突出，表皮发黑，鳃发白，腹部膨大；解剖可见体内有黄色或淡血色渗出物，肝、脾、肾脏肿大；消化道内无食物，有黄色黏液；主要损害在肾脏，最明显的组织病理变化是肾间组织及肾管的广泛性坏死。

3. 流行情况 主要危害鱼苗、鱼种，成鱼亦有；流行水温 20~30 ℃，水温低于 15 ℃时则很少发病；在高密度养殖、水质恶化时易发生；在水温 20 ℃时潜伏 7~10 天，25~30 ℃时潜伏 3 天左右；易继发感染，造成疾病的广泛流行和病鱼大批死亡。

4. 防治方法

（1）预防方法：

1）注意保持良好水质，养殖水体中的溶解氧保持在 5 mg/L。

2）鱼种放养前要消毒，同时要严格执行检疫，控制病毒从疫区传入。

3）用 10% 聚维酮碘溶液全池泼洒，浓度为 0.5~1 mL/m³，在疾病流行季节，每 7 天泼洒一次。

4）在疾病流行季节，用 30% 三氯异氰脲酸粉或 8% 二氧化氯全池泼洒，浓度为 0.2~0.5 g/m³ 或 0.1~0.3 g/m³，每 7 天 1

次，也可上述药物交替使用。

（2）治疗方法：

1）发病鱼池，每千克鱼体重每天用 5 g 大黄、5 g 黄芩、5 g 黄柏、5 g 板蓝根再加 4 g 食盐拌饲投喂，连喂 7 天，如加些抗菌药（氟苯尼考粉 0.1～0.15 g）则更好。同时，用 10% 聚维酮碘溶液全池泼洒 1 次，浓度为 0.5～1 mL/m^3。

2）用精碘全池泼洒，浓度为 0.3 g/m^3，隔 1 天，再泼洒 1 次。同时，口服三黄粉和保肝宁，每千克饲料用药 5～6 g 和 4～6 g，每天 1 次，连续投喂 5～7 天。

3）用 10% 聚维酮碘溶液全池泼洒 1 次，浓度为 0.5～1 mL/m^3，隔 1 天，再泼洒 1 次，同时口服吗啉胍，按每千克鱼体重每天用药 10～30 mg，拌饵分 2 次投喂，连续投喂 3～5 天。

4）用金刚乙胺拌饵投喂，用量是按每千克鱼体重每天用药 5～10 mg，拌饵分 2 次投喂，连续投喂 5～7 天。同时，结合外用聚维酮碘、溴氯海因、戊二醛溶液等全池泼洒。

（五）小龙虾白斑综合征

1. 病原及病因　白斑综合征是淡水小龙虾近几年发生较多的一种病毒病，病原体为白斑综合征（WSSV）。

2. 症状及危害　发病初期无明显症状，病虾鳌肢及附肢无力、行动迟缓，伏于水草表面或池塘四周浅水处。后期不摄食，反应迟钝，头胸甲易剥离，抗应激能力较弱，头胸甲处有黄白色斑点；解剖后可见肠道内无食物，肝胰脏肿大，少量虾有黑鳃现象，病虾头胸甲内有淡黄色积水。

3. 流行情况　该病传播迅速，蔓延广，一般发病 3～10 d 即可造成小龙虾大量死亡，死亡率最高可达 50%。养殖水环境条件恶化是诱发该病的主要外界因素，适宜水温 20～26 ℃，特别是水质恶化，气候突变时，如天气闷热、连续阴天暴雨、池塘底质恶化均可诱发并易引起病虾大批死亡。

4. 防治方法

（1）预防方法：

1）定期加注新水，定期使用生石灰或底改（底质改良剂）、微生物制剂（如光合细菌、EM菌）等泼洒，以保持良好水质。

2）流行季节用10%戊二醛溶液或20%戊二醛溶液全池泼洒，浓度为 $0.3 \sim 0.4$ mL/m^3 或 $0.15 \sim 0.25$ mL/m^3。每半月泼洒一次。

（2）治疗方法：

1）发病鱼池，用10%聚维酮碘溶液全池泼洒一次，浓度为 $0.5 \sim 1$ mL/m^3，同时口服三黄粉，按每1kg鱼体重，用药 0.3 mg，拌药饵投喂，每天一次，连续 $3 \sim 5$ d。

2）用黄柏、黄芩、大黄、苦木、复方新诺明（1.5g＋1.0g＋1.0g＋2.5g＋0.15g）/kg饲料，拌药饵投喂，每天一次，连续 $3 \sim 5$ d。同时，全池泼洒鱼安（24%溴氯海因），浓度为 $0.15 \sim 0.2$ g/m^3，半月一次。

3）用金刚乙胺拌药饵投喂，用量是按每1 kg鱼体重每天用药 $5 \sim 10$ mg，拌药饵分两次投喂，连续投喂 $5 \sim 7$ d。同时结合外用聚维酮碘、溴氯海因、戊二醛溶液等全池泼洒。

4）用0.2%维生素C＋1%的大蒜＋2%双黄连，加水溶解后用喷雾器喷在饲料上投喂。

（六）鲫鱼造血器官坏死病

1. 病原及病因　鲫鱼造血器官坏死病（图12－3）目前已成为威胁我国鲫鱼养殖业健康发展的主要疾病之一，病原体为鲤疱疹病毒2型（CyHV－2）感染所致。

2. 症状及危害　以广泛性体表和内脏器官出血、充血为主要特征。病鱼口腔周围、鳃盖、鳃丝、鳍条基部充血，眼球突出和腹部肿胀；解剖后可见病鱼肝脏出血，脾脏、肾脏肿大，有时可见鱼鳔分布大量出血点。

3. 流行情况 该病近年来流行广泛，传播速度快，危害较大。在水温 15～30 ℃均可发生，适宜水温 25～28 ℃，以每年的春秋两季为甚。

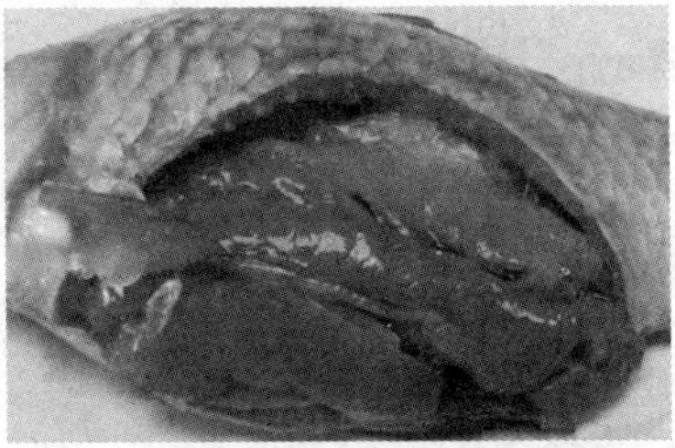

4. 防治方法

图12－3　鲫鱼造血器官坏死病

（1）预防方法：

1）加强鱼苗鱼种的检疫；尽量不放养疫区苗种。

2）定期加注新水，保持良好养殖水环境；可使用底改、微生物制剂（如光合细菌、芽孢杆菌、EM 菌）等定期泼洒。

3）流行季节在鲫鱼饲料中适量添加多种维生素、免疫多糖制剂以及肠道微生态制剂等，改善鱼体内代谢环境，提高鱼体健康水平和抗应激能力。

（2）治疗方法：

1）发病鱼池，用 10% 聚维酮碘溶液全池泼洒一次，浓度为 0.5～1 ml/m³，同时口服三黄粉，按每 1 kg 鱼体重，用药 0.3 mg，拌药饵投喂，每天一次，连续 3～5 d。

2）用黄芪、大青叶、板蓝根等经超微粉碎后拌饲料，在疾病发生过程中进行治疗。使用剂量为每 1 kg 鱼体重 0.5～1.0 克，连续投喂 4～6 d 即可。同时结合外用聚维酮碘、季铵盐络合碘 0.3～10.5 mL/m³ 全池泼洒。

3）鲫鱼造血器官坏死病暴发时，可采取"不换水、不投喂、不用药"等"三不"原则，患病鲫鱼死亡率经过 4～6 d 后可显著下降，进入一个平缓发生期。

二、常见的细菌性疾病

（一）细菌性烂鳃病

鱼类的烂鳃病是目前最常见的、危害较大的一种疾病。通常有两种情况，一种是由细菌感染引起的，一种是因各种寄生虫寄生后再被细菌感染而引起的烂鳃病。在实际生产中要注意仔细检查，以免误诊，造成损失。下面重点介绍由细菌引起的烂鳃病（图12－4）。

图12－4　鱼类烂鳃病

1. 病原及病因　细菌性烂鳃病的病原是鱼害黏球菌，也有人认为是柱状屈挠杆菌。

2. 症状及危害　病鱼反应迟钝，常离群独游，食欲减退或不吃食，呼吸困难，体色发黑，尤其是头部更为明显；鳃上黏液增多，鳃丝肿胀，严重时鳃小片坏死、脱落，鳃丝末端缺损，软骨外露；鳃丝腐烂，带有污泥，鳃盖内表面充血发炎，中间部分常溃烂成一圆形或不规则的透明小窗，俗称"开天窗"。

3. 流行情况　细菌性烂鳃病主要危害草鱼、青鱼、鲤鱼、鲫鱼、团头鲂等常见养殖鱼类。一般水温 15 ℃以上开始发病。在 15～35 ℃的范围内，水温越高，水中病原菌数量越多，鱼的养殖密度越大，水质越差，该病就越易暴发流行，致死时间越短。该病常与肠炎病、赤皮病并发。若鳃上有寄生虫感染而鳃丝受损则感染更严重。流行季节是每年 4～10 月，7～9 月为流行高峰期。

4. 防治方法

（1）预防方法：

1）用生石灰彻底清塘消毒。

2）鱼种放养前用 10 g/m^3 漂白粉或 15～20 g/m^3 高锰酸钾溶液浸洗 15～30 分钟，或用 2%～5% 食盐水浸洗 10～15 分钟。

3）在流行季节到来前，做好药物预防。

4）在疾病流行季节，用 30% 三氯异氰脲酸粉或 8% 的二氧化氯全池泼洒，浓度分别为 0.3～0.6 g/m^3、0.2～0.5 g/m^3、

0. 1～0. 3 g/m³，每 7 天 1 次，上述药物也可交替使用。

5）在疾病流行季节用中药五倍子，按 4 g/m³，将五倍子磨碎后用开水浸泡，全池泼洒，每 7 天 1 次。

6）中药大黄，每立方米水体用药 3. 7 g，全池泼洒。按 1 kg 大黄用 0. 3% 氨水（取含氨量 25% ～28% 的氨水 0. 3 mL，用水稀释至 100 mL）10 kg，将大黄浸泡在氨水中 12～24 小时，连水带渣一起泼洒。

（2）治疗方法：

1）用 10% 聚维酮碘溶液全池泼洒 1 次，浓度为 0. 5～1 mL/m³，隔 1 天，再泼洒 1 次，同时内服诺氟沙星或氧氟沙星，每千克鱼每次用 30 mg 或 10 mg，拌饵投喂，1 天 1 次，连续3～5 天。

2）用 5% 戊二醛溶液，浓度为 0. 8 mL/m³，将溶液稀释后全池泼洒，2～3 天泼洒 1 次，连续泼洒 2～3 次。

3）每千克鱼用 5～10 g 庆大霉素拌饵投喂 3～6 天。

4）氟苯尼考或甲砜霉素，每千克体重每天用药均为 5～15 mg，拌饵投喂，1 天 1 次，连用 3～5 天，同时用菌毒杀星（24% 溴氯海因粉）或菌毒片（三氯异氰尿酸片），每立方米水体用 0. 1～0. 15 g 或 0. 25～0. 45 g 全池泼洒，1 天 1 次，连用 2 次。

5）每千克鱼每天用青霉素、链霉素各 8 mg 拌饲料 10 kg 投喂，连用 2～3 天。

6）菌毒杀星（24% 溴氯海因粉）或菌毒片（三氯异氰脲酸片），每立方米水体用 0. 1～0. 15g 或 0. 25～0. 45 g 全池泼洒，1 天 1 次，连用 2 次。同时用诺氟沙星粉，每千克饲料每天用药 6～8 g，拌饵投喂，1 天 1 次，连用 3～5 天。

7）每千克鱼体重每天用 10 g 大黄粉末、100 g 水花生、20 g 韭菜、10 g 食盐、5 g 大蒜头泥组成的"大黄合剂"拌饵投喂，连喂 4 天。

8）五倍子磨碎，用开水浸泡后全池遍洒，使池水浓度为 2～4 g/m³ 水体，同时每千克鱼体重每天用磺胺间甲氧嘧啶 2～4 g 拌饵投喂，1 天 1 次，连投 6 天。

9）每千克鱼体重每天用 3 g 土黄莲、2 g 百部、2 g 鱼腥草、2 g 大青叶碾碎或煎水去渣，拌饵投喂，1 天 1 次，5 天为 1 个疗程。

10）用 10% 聚维酮碘溶液全池泼洒 1 次，浓度为 0.5～1 mL/m³，隔 1 天，再泼洒 1 次。同时，内服氟苯尼考粉，每千克鱼体重每天用药 0.1～0.15 g，拌饵投喂，1 天 1 次，连续投喂 3 天。

另外，在对鱼类烂鳃病诊断时，还应注意仔细检查病鱼鳃部有无寄生虫、真菌。如果有寄生虫，还应针对性用外用药物杀虫。

（二）淡水鱼细菌性败血症

1. 病原及病因　细菌性败血病又称鱼类的暴发性疾病、淡水鱼细菌性败血病，病原主要为嗜水气单胞菌，其次是温和气单胞菌、鲁克耶尔森菌等多种细菌感染而引起的细菌性传染病（图 12－5）。

2. 症状及危害　患病初期，病鱼的上下颌、口腔、鳃、眼睛、鳍基及鱼体两侧充血、

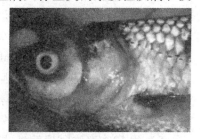

图 12－5　淡水鱼细菌性败血症

出血。严重时，病鱼厌食，静止不动，或阵发性乱游，有的在池边摩擦，最后衰竭而死；体表充血、出血，鳞片竖起，眼球突出，肌肉充血，鳃丝末端腐烂，腹部膨大，肛门红肿；剖开腹腔，可见腹腔内积有大量淡黄色透明或红色混浊腹水，肠内没有食物，肠道内积水、积气；肝、脾、肾及胆囊肿大，其中肝、肾

的颜色较淡，脾则呈紫黑色。也有少数病鱼甚至无任何明显症状即死亡，这是由于鱼的体质弱，感染病菌太多，毒力强所引起的超急性病例。

3. 流行情况 淡水鱼细菌性败血症在我国20多个省的精养鱼池、湖泊、河流、水库养鱼中均有发生。主要危害鲤鱼、鲫鱼、团头鲂、鲢鱼、鳙鱼、鲮鱼等，从夏花鱼苗到成鱼均有发生。流行季节为3~11月，5~10月为主要发病季节。流行水温为9~36℃，尤其是水温在25℃以上时，危害较大。是目前造成损失最大的鱼病之一。

4. 防治方法

（1）预防方法：

1）冬季用生石灰彻底清塘，充分暴晒、冰冻及消毒塘底，清除过多淤泥。

2）提倡就地培育鱼种，且要进行人工免疫；放养密度、养殖品种搭配合理。

3）疾病流行季节，用中药大黄，每立方米水体用药3.7 g全池泼洒。按每千克大黄用0.3%氨水（取含氨量25%~28%的氨水0.3 mL，用水稀释至100 mL）10 kg，将大黄浸泡在氨水中12~24小时，连水带渣一起泼洒，每15天1次。

4）鱼种放养前用10 g/m³漂白粉或15~20 g/m³高锰酸钾溶液浸洗15~30分钟，或用3%~5%食盐水浸洗10~15分钟。

5）用10%聚维酮碘溶液或强氯精，浓度为0.5~1 mL/m³或0.2~0.3 g/m³，全池泼洒1次，隔1天再泼洒1次，同时内服10%恩诺沙星，按每千克鱼体重每天0.1~0.2 g拌饵投喂，连续投喂3~5天。

（2）治疗方法：

1）按每千克鱼体重，每天用氟苯尼考或甲砜霉素，药量均为5~15 mg，拌饵投喂，1天1次，连用3~5天，同时全池遍洒

浓度为 $0.6\ g/m^3$ 的漂白粉精或浓度为 $0.4 \sim 0.5\ g/m^3$ 的优氯净或三氯异氰脲酸，以杀灭水体中及鱼体表的病原菌。

2）每千克鱼体重，每天用复方新诺明 50 mg，制成药饵，连续投喂 5 天，第 1 天使用量加倍，同时全池泼洒 5% 戊二醛溶液，浓度为 $0.8\ mL/m^3$，将溶液稀释后泼洒，2 ~ 3 天泼洒 1 次，连续泼洒 2 ~ 3 次。

3）内服 10% 恩诺沙星，按每千克鱼体重每天 0.2 g，或每千克饲料用药 4 g 拌饵投喂，每天 1 次，连续投喂 3 ~ 5 天。

4）内服庆大霉素，按每千克鱼体重每天用药 10 ~ 30 mg，拌饵投喂，1 天 1 次，连续投喂 5 天。

5）发病池可全池泼洒生石灰，浓度 30 ~ 45 g/m^3，漂白粉（有效氯 30%），浓度 1 g/m^3，或泼洒三氯异氰脲酸（有效氯 80%），浓度 $0.3 \sim 0.5\ g/m^3$。

6）鱼用血立停全池泼洒，浓度为 $0.03\ g/m^3$，1 天 1 次，连用 2 天，同时内服氟苯尼考和应激灵，每千克饲料用药 2.5 g、1.5 g，拌饵投喂，连续投喂 3 ~ 5 天。

7）用 10% 聚维酮碘溶液全池泼洒，浓度为 $0.5 \sim 1\ mL/m^3$，隔 1 天再泼洒 1 次，内服氧氟沙星，每千克鱼体重每天用 0.02 ~ 0.04 g，拌饵投喂，1 天 1 次，连续投喂 3 ~ 5 天。

（三）细菌性肠炎病

1. 病原及病因　细菌性肠炎病又叫烂肠瘟，病原体为肠型点状气单胞菌。

2. 症状及危害　病鱼离群独游，游动缓慢，鱼体发黑，食欲减退，甚至完全不吃食；腹部膨大，肛门红肿外突，轻压腹部，有黄色黏液从肛门流出；解剖鱼体可见肠道局部或全部充血发炎，肠壁充血，严重时全肠呈紫红色；肠内没有食物，有许多淡黄色黏液和气泡，肠壁无弹性，轻拉易断，腹腔积水；常和细菌性烂鳃病、赤皮病并发，如不及时治疗，病鱼会很快死去。

3. 流行情况 细菌性肠炎病危害草鱼、青鱼、鲫鱼、鲤鱼、罗非鱼、月鳢、鳙鱼等，从鱼种至成鱼均易发病。我国各地养鱼池都有发生，各地的流行季节和发病程度，随气候的变化和饲养管理水平有所差异。在 1 年中，此病有两个明显的流行季节，5～6 月主要是 1～2 龄草鱼、青鱼、鲤鱼、鲫鱼的发病季节，8～9 月主要是当年草鱼的发病季节，是目前我国水产养殖生产中危害最为严重的疾病之一。

4. 防治方法

（1）预防方法：

1）保持水质清新，投饵适量，不投喂腐烂变质的饲料。

2）鱼池条件恶化、淤泥多、水中有机质含量高的鱼池，易发生疾病；改善养殖环境，加强饲养管理，增强鱼体抵抗力，是预防肠炎病的有效途径。

3）在疾病流行季节，做好鱼病的药物预防工作。

4）在疾病流行季节，用漂白粉或 30% 三氯异氰脲酸粉或 8% 二氧化氯全池泼洒，浓度分别为 1～1.5 g/m³、0.2～0.5 g/m³、0.1～0.3 g/m³，每 7～10 天 1 次，也可上述药物交替使用。

5）每千克鱼体重，投喂下列任何一种复方中草药 1～2 个疗程：用地锦草、旱莲草、苦楝各 25 g，煎汁拌饵投喂，3 天为 1 个疗程；千里光 3 g、地榆 2 g、大蒜 2 g、仙鹤草 2 g，碾粉拌饵投喂，每 3 天为 1 个疗程；辣蓼草 20 g、白头翁 6 g、虎杖 10 g，煎水或晒干研粉拌饵投喂，2 天为 1 个疗程；干穿心莲 20 g、食盐 2 g 拌饵投喂，3 天为 1 个疗程；大蒜头 5 g、食盐 2 g 拌饵投喂，3 天为 1 个疗程。

6）用 24% 溴氯海因全池泼洒，浓度为 0.12～0.16 g/m³，或每 666.7 m² 水体，用药 100 g，隔 1 天可再泼洒 1 次。

（2）治疗方法：

1）全池遍洒漂白粉，或优氯净，或三氯异氰脲酸，或五倍子（用量及用法可参照细菌性烂鳃病的治疗）。

2）干的穿心莲或新鲜穿心莲、食盐，每千克饲料，用药20 g或30 g、0.5 g，穿心莲打浆后，与食盐一起，拌饵投喂，每天2次，连续投喂3～5天。

3）内服磺胺 – 2，6 – 二甲氧嘧啶，按每千克鱼体重100 mg，第2天起，按50 mg拌饲料投喂，1天1次，连续投喂7天。

4）内服烟酸诺氟沙星预混剂，按每千克鱼体重每天用药0.2 g，或每千克饲料用药4 g，拌饵投喂，1天1次，连用3天。

5）把大蒜头捣烂，按每千克鱼体重每天用大蒜5 g、食盐2 g，将大蒜去皮捣烂后制成药饵，每天投喂1次，连续投喂3天。同时，用10%聚维酮碘溶液全池泼洒，浓度为0.5～1 mL/m³，隔1天再泼洒1次。

6）用10%戊二醛溶液或菌毒片（三氯异氰脲酸片），浓度为0.4 mL/m³或0.3～0.45 g/m³，全池泼洒，1天1次，连用2次。同时，内服苍术香连散和高效鱼菌灵（诺氟沙星粉），一次量，每千克饲料每天用药6～8 g和12 g，拌饵投喂，1天1次，连用3～5天。

7）内服甲砜霉素粉，按每千克饲料用药7 g，拌饵投喂，疾病流行季节，1天2次，连用3～5天。

8）内服鱼用庆大霉素，按每千克鱼体重用药10～30 mg，拌饵投喂，1天2次，连用3～5天。

（四）赤皮病

1. 病原及病因　赤皮病又称出血性腐败病、擦皮瘟，病原体是荧光假单胞菌。

2. 症状及危害　患病鱼体表局部或大部分出血、发炎，鳞片松动脱落，尤其在鱼体两侧及腹部最明显；鳍基部或整个鳍充血，鳍末端腐烂，鳍条裂开，鳍条间软组织被破坏，常使鳍条呈扫帚状，亦称"蛀鳍"。有时病鱼的上下颌及鳃盖也充血、发炎，肠道也充血、发炎；有时病鱼的疾病后期常常伴有水霉的感染；病鱼行动缓慢，反应迟钝，离群独游，不久即死。

3. 流行情况 赤皮病危害草鱼、青鱼、鲤鱼、鲫鱼、团头鲂等多种淡水鱼，主要危害草鱼、青鱼的鱼种和成鱼。我国各养鱼地区均有发生，一年四季流行，常与烂鳃病、肠炎病并发。当鱼种放养、扦捕或搬运时，鱼体受伤或体表被寄生虫损伤时，荧光假单胞菌就会经伤口侵入，引起暴发性流行。最适流行水温是 $25 \sim 30\ ℃$。

4. 防治方法

（1）预防方法：

1）鱼池彻底清塘消毒，并在扦捕、搬运、放养过程中，小心操作，防止鱼体受伤。

2）在鱼种放养前，用 3% ~5% 食盐水溶液浸洗 20 分钟，或用漂白粉浸洗 30 分钟，浓度是 $8 \sim 10\ g/m^3$。

3）用8%溴氯海因，浓度为 $0.2 \sim 0.3\ g/m^3$，全池泼洒，15 天 1 次。

4）用10% 聚维酮碘溶液或强氯精，浓度为 $0.5 \sim 1\ mL/m^3$ 或 $0.2 \sim 0.3\ g/m^3$，全池泼洒，每 15 天泼洒 1 次。

5）在疾病流行季节用中药五倍子，按 $4\ g/m^3$ 将五倍子磨碎后用开水浸泡，全池泼洒，每 7 天 1 次。

（2）治疗方法：

1）内服磺胺间甲氧嘧啶，按每千克鱼体重每天用药 2 ~4 g，拌饲料投喂，1 天 1 次，连续投喂 3 ~5 天。磺胺药物首次药量加倍。

2）用10% 戊二醛溶液全池泼洒，浓度为 $0.4\ mL/m^3$，同时内服四环素，按每千克鱼体重每天用药 40 ~80 mg，拌饲料投喂，1 天 1 次，连续投喂 3 ~5 天。

3）内服诺氟沙星或氧氟沙星或氟甲喹，按每千克鱼体重每天用药分别为 30 mg、10 mg、30 mg，拌饵投喂，1 天 1 次，连续投喂3～5天。

4）按每千克鱼体重每天用氟苯尼考或甲砜霉素，药量均为5～15 mg，拌饲投喂，1天1次，连用3～5天。

5）复方新诺明内服，按每千克鱼体重每天用药50 mg，拌饲投喂，1天1次，连用5天，第一次用量加倍。

（五）白头白嘴病

1. 病原及病因　鱼白头白嘴病的病原尚未查明，有人认为是一种类似于细菌性烂鳃病病原体的黏细菌。

2. 症状及危害　患病鱼自吻端至眼球处的皮肤色素消退，变成乳白色，唇肿胀，张闭不灵活，呼吸困难，口周围皮肤糜烂，并有白色絮状物黏附其上，隔水观察，可见"白头白嘴"症状，但将病鱼捞出水面，往往不明显。个别病鱼颅顶充血，呈现"红头白嘴"症状。最终，病鱼体瘦发黑，反应迟钝，有气无力地浮动，常停留在下风处近岸边，不久就会出现大批死亡现象。

3. 流行情况　白头白嘴病危害草鱼、青鱼、鲢鱼、鳙鱼、鲤鱼、加州鲈鱼等的鱼苗及夏花鱼种，尤其对草鱼夏花危害最大，一般鱼苗饲养20天左右，如不及时分塘，就容易暴发此病。该病发病快，传染迅猛，死亡率高。流行于每年的5～7月，5月下旬开始，6月为发病高峰，7月下旬以后少见。

4. 防治方法

（1）预防方法：

1）鱼苗饲养密度要合理，夏花鱼种应及时分塘。

2）可参照鱼细菌性烂鳃病的预防方法。

（2）治疗方法：

1）参照鱼细菌性烂鳃病的治疗方法。

2）用45%苯扎溴铵溶液全池泼洒，浓度为22～33 mL/m³，隔2～3天泼洒1次，连续泼洒2～3次。

3）用10%戊二醛溶液全池泼洒，浓度为0.4 mL/m³，隔

2~3天泼洒1次,连续泼洒2~3次。

4)按2.5~7 g/m³乌蔹莓与1.5~2.0 g/m³硼砂合剂,煮汁后,每天泼洒1次,连用3天;病情严重者,连续泼药6天。

5)每万尾鱼苗用250 g辣蓼、100 g艾叶、200 g铁苋菜、150 g乌桕叶,混合面粉、细糠或豆饼粉15 kg,分早晚各投喂1次,连用3~6天。

(六)竖鳞病

1. 病原及病因 竖鳞病又称松鳞病、松球病,病原体是水型点状假单胞菌。

2. 症状及危害 疾病早期,鱼体发黑,体表粗糙,部分鳞片向外开张像松球,鳞囊内积有半透明液体,故又称"松球病"(图12-6)。严重时,全身鳞片竖立,鳞囊内积

图12-6 患竖鳞病鲤鱼

有含血的渗出液,故又称"鳞立病",用手指轻压鳞片,渗出液从鳞片下喷射出来,鳞片随之脱落。有时还伴有鳍基出血,皮肤发炎,眼球突出,腹部膨胀等症状。晚期,病鱼游动缓慢,呼吸困难,继而腹部向上,持续2~3天后死亡。

3. 流行情况 竖鳞病在我国东北、华北、华东等养鱼地区常有发生,主要流行于静水养鱼池中,流水养鱼池中较少发生。该病发生在水温17~22 ℃的春季,但有时在越冬后期也有发生。死亡率一般在50%以上,发病严重的鱼池,甚至达到100%。主要危害鲤鱼、鲫鱼,金鱼、草鱼、白鲢等有时也会患此病。

4. 防治方法

(1)预防方法:

1)鱼体受伤是此病的主要原因之一,因此,在扦捕、搬运、

放养等操作过程中，应注意防止鱼体受伤。

2）亲鱼产卵池在冬季要进行干池清整，并用生石灰或漂白粉消毒。

3）用 10% 聚维酮碘溶液或强氯精，浓度为 $0.5 \sim 1 \ mL/m^3$ 或 $0.2 \sim 0.3 \ g/m^3$，全池泼洒，每 15 天泼洒 1 次。

4）在疾病流行季节，用 30% 三氯异氰脲酸粉或 8% 二氧化氯全池泼洒，浓度分别为 $0.2 \sim 0.5 \ g/m^3$、$0.1 \sim 0.3 \ g/m^3$，每 7 天 1 次，上述药物也可交替使用。

（2）治疗方法：

1）每 100 kg 水加捣烂的大蒜 0.5 kg，搅匀给病鱼浸洗，或用 2% 食盐与 3% 小苏打混合液给病鱼浸洗 10 分钟，或 3% 食盐水浸洗病鱼 10 ~ 15 分钟，适合在亲鱼繁殖后进行。

2）内服诺氟沙星或氧氟沙星或氟甲喹，按每千克鱼体重每天用药分别为 30 mg、10 mg、30 mg，拌饵投喂，1 天 1 次，连续投喂 3 ~ 5 天。

3）按每千克鱼体重每天用氟苯尼考或甲砜霉素，药量均为 5 ~ 15 mg，拌饵投喂，1 天 1 次，连用 3 ~ 5 天。

（七）鲤鱼白云病

1. 病原及病因 鲤鱼白云病的病原是恶臭假单胞菌。

2. 症状及危害 患病早期，鱼体表附有白色点状黏液物。随着病情的发展，白色点状黏液物逐渐蔓延，好似全身布满一层白云，故称此病为白云病。严重时病鱼鳞片基部充血、竖起，鳞片脱落，体表及鳍充血；不摄食，游动缓慢，不久即死；剖开病鱼，可见肝脏、肾脏充血；常与竖鳞病、水霉病并发。

3. 流行情况 鲤鱼白云病流行水温为 6 ~ 18 ℃，在稍有流水、水质清瘦、溶氧充足的网箱养殖及流水越冬池中，当鱼体受伤后更易暴发流行；仅危害鲤鱼，死亡率达 60%，同一网箱中饲养的草鱼、鲢鱼、鲫鱼则不感染。当水温升高到 20 ℃ 以上时，该病不治而愈。在无流水、溶氧低的鱼池中很少或不发生此病。

4. 防治方法

（1）选择体质健壮、无外伤的优质鲤鱼鱼种进箱，且进箱前鱼种要用浓度为 $10 \sim 20 \ g/m^3$ 的高锰酸钾溶液或浓度为 3% ~ 5% 的食盐水药浴 20 分钟。

（2）中药大黄，每立方米水体用药 3.7 g 全池泼洒。按每千克大黄用 0.3% 氨水（取含氨量 25% ~28% 的氨水 0.3 mL，用水稀释至 100 mL）10 kg，将大黄浸泡在氨水中 12 ~24 小时，连水带渣一起泼洒，在流行季节每 15 天泼洒 1 次。

（3）内服：每千克鱼体重每天用磺胺间甲氧嘧啶 2 ~4 g 拌饵投喂，1 天 1 次，连投 6 天。

（4）在网箱内遍洒浓度为 $5 \ g/m^3$ 的福尔马林或浓度为 $3 \ g/m^3$ 的新洁尔灭。

（5）内服氟苯尼考或甲砜霉素，每千克鱼体重每天用药量均为 5 ~15 mg，拌饲投喂，1 天 1 次，连用 3 ~5 天。

（八）疖疮病

1. 病原及病因　病原体为疖疮型点状气单胞菌，也有人认为是豚鼠气单胞菌。

2. 症状及危害　患病初期，鱼背部皮肤及肌肉组织充血、发炎，数处形成隆起；随着病情的发展，这些部位出现脓疮，手摸有浮肿的感觉；切开隆起，可见肌肉溶解，疮内充满含血脓汁和大量细菌；鱼鳍基部往往充血，鳍条间组织破坏裂开，有时像烂纸扇，病情严重的鱼肠道也充血、发炎。

3. 流行情况　主要危害青鱼、草鱼、鲤鱼、团头鲂、鲢鱼，鳙鱼也偶有发生；疖疮病流行广泛，在我国各养鱼区均有发生，无明显流行季节，在鱼池中散发；通常发生于 1 龄以上成鱼，鱼苗、夏花则不发此病。

4. 防治方法

（1）用漂白粉或30%三氯异氰脲酸粉，或8%二氧化氯全池泼洒，浓度分别为 1 ~ 1.5 g/m³、0.2 ~ 0.5 g/m³、0.1 ~ 0.3 g/m³，每10~15 天1次，上述药物也可交替使用。

（2）内服诺氟沙星或氧氟沙星或氟甲喹，按每千克鱼体重每天用药分别为30 mg、10 mg、30 mg，拌饵投喂，1 天 1 次，连续投喂3~5 天。

（3）内服氟苯尼考或甲砜霉素，每千克体重每天用药量均为5~15 mg，拌饵投喂，2 天 1 次，连用3~5 天。

（九）罗非鱼溃烂病

1. 病原及病因 病原体是嗜水气单胞菌嗜水气亚种。

2. 症状及危害 患病鱼游动缓慢，食欲减退，反应迟钝；头部、鳃盖、躯干及鳍条等处充血、发炎、溃烂，鳞片松动、脱落，肌肉外露，肌肉腐烂，病灶逐渐溃烂呈斑块凹陷，严重时可烂及肌肉至骨骼；病灶无特定部位，全身各处都可发生；剖解病鱼，肝脏呈褐色；胆囊肿大，呈墨绿色，有时肠道发炎。

3. 流行情况 嗜水气单胞菌嗜水气亚种是条件致病菌，普遍存在于水域中，当饲养管理不良，如养殖密度过高、水温变化大、水质差时，鱼体抵抗力降低，易引发尼罗罗非鱼溃烂病。主要发生在密养越冬池或工厂化养殖的鱼池中，可引起大批鱼种及亲鱼的死亡。

4. 防治方法

（1）预防方法：

1）工厂化养殖或越冬池放养密度要适当，水温必须维持在20 ℃左右，池水透明度保持在30 cm 以上。

2）鱼种入池时，用浓度为4%的食盐水浸洗5~10 分钟。

3）越冬期间，每月遍洒浓度为10 ~ 20 g/m³ 的生石灰1 ~ 2 次，使池水成弱碱性；或每月遍洒漂白粉1 次，使池水浓度为1 g/m³。

4）发病早期，将病原转入水质优良、水温20 ℃以上的水体中，并投喂优质饲料，可自然痊愈。

（2）治疗方法：

1）内服氟苯尼考或甲砜霉素，每千克鱼体重每天用药量均为5～15 mg，拌饲投喂，1天1次，连用3～5天，同时全池泼洒5%戊二醛溶液，浓度为0.8 mL/m³，将溶液稀释后泼洒，2～3天泼洒1次，连续泼洒2～3次。

2）用10%聚维酮碘溶液，浓度为0.5～1 mL/m³全池泼洒，隔1天泼洒1次，连续2次，同时内服磺胺间甲氧嘧啶，按每千克鱼体重每天用药2～4 g，拌饲料投喂，1天1次，连续投喂3～5天。磺胺药物首次药量加倍。

3）内服诺氟沙星或氧氟沙星或氟甲喹，按每千克鱼体重每天用药分别为30 mg、10 mg、30 mg，拌饵投喂，1天1次，连续投喂3～5天。

（十）斑点叉尾鮰肠型败血症

1. 病原及病因 该病的病原体是鮰爱德华菌，属肠杆菌科，为非条件致病菌。

2. 症状及危害 病鱼的口腔周围、鳍基、皮肤形成淤斑或出血，有时会凸起多个直径2 mm的出血性皮肤损伤块或溃疡灶，病鱼眼球突出。其典型的临床症状大致可分两种，一种是"头盖穿孔型"：发病初期，细菌感染鮰鱼的嗅觉囊，逐渐发展到脑组织，致使病鱼活动失常，病鱼常头朝上尾朝下，悬垂在池中，有时呈痉挛式螺旋状游动；后期，脑组织炎症进一步发展，造成头背颅侧部溃烂形成一深孔。另一种是"肠道败血症"：病鱼全身水肿，解剖腹腔积水，肠道充血、发炎，肠腔内充满气体和淡黄色液体；肝、肾、脾肿大。

3. 流行情况 主要感染斑点叉尾鮰、云斑鮰、鲶等无鳞鱼；

每年 5 ~ 6 月和 9 ~ 10 月为流行季节，流行水温 18 ~ 28 ℃；水温在 25 ~ 28 ℃时最易感染和死亡；在养殖密度高，水质恶化、水中有机质含量高的池塘易发生。

4. 防治方法

（1）预防方法：

1）保持良好水质，适当放养密度，不投喂霉烂、变质的饲料。

2）用漂白粉或 30% 三氯异氰脲酸粉，或 8% 的二氧化氯全池泼洒，浓度为 1 ~ 1.5 g/m³、0.2 ~ 0.5 g/m³、0.1 ~ 0.3 g/m³，每 10 ~ 15 天泼洒 1 次，上述药物可交替使用。

3）用 10% 聚维酮碘溶液，浓度为 0.5 ~ 1 mL/m³ 全池泼洒，在疾病流行季节，每 10 ~ 15 天泼洒 1 次。

4）用菌毒克（20% 戊二醛溶液）全池泼洒，浓度为 0.2 mL/m³，或每 666.7 m² 用药 133 mL，在疾病流行季节，每 10 ~ 15 天泼洒 1 次。

（2）治疗方法：

1）内服诺氟沙星或氧氟沙星或氟甲喹，按每千克鱼体重每天用药分别为 30 mg、10 mg、30 mg，拌饵投喂，1 天 1 次，连续投喂 3 ~ 5 天。

2）用 8% 溴氯海因全池泼洒，浓度为 0.2 ~ 0.3 g/m³，在流行季节每 10 ~ 15 天泼洒 1 次，同时内服氟苯尼考或甲砜霉素，每千克鱼体重每天用药均为 5 ~ 15 mg，拌饵投喂，1 天 1 次，连用 3 ~ 5 天。

3）用三合一净化剂全池泼洒 1 次，浓度为 1.5 g/m³，第 2 天用 10% 聚维酮碘溶液，浓度为 0.5 ~ 1 mL/m³ 全池泼洒 1 次，同时内服磺胺间甲氧嘧啶，按每千克鱼体重每天用药 2 ~ 4 g，拌饲料投喂，1 天 1 次，连续投喂 3 ~ 5 天。磺胺药物首次药量加倍。

4）用强力碘全池泼洒，浓度为 0.75 ~ 1 mL/m³，在疾病流行季节，每 7 天泼洒 1 次，同时内服鱼用庆大霉素，按每千克鱼体重每天用药 10 ~ 30 mg，拌饲料投喂，每天投喂 2 次，连续投喂 3 ~ 5 天。

5）用高锰酸钾，浓度为 2 ~ 3 g/m³，全池泼洒，内服脱氧土霉素，按每千克鱼体重每天用药 30 ~ 50 mg，拌饵投喂，连续投喂 5 ~ 7 天。

（十一）斑点叉尾鮰肠套叠病

1. 病原及病因　引起斑点叉尾鮰肠套叠病的病原体是嗜麦芽寡养单胞菌。该菌为非发酵型、无芽孢的革兰氏阴性菌。

2. 症状及危害　发病初期病鱼表现为游动缓慢，靠边或离群独游，食欲减退或停食，鳍条基部、下颌及腹部充血、出血；随病程的发展病鱼腹部膨大，体表出现大小不等的、色素减退的圆形或椭圆形的褪色斑，以后在褪色斑的基础上发生溃疡；濒死鱼头部朝上，尾部朝下，与水面垂直，在水体表层呈挣扎状游动，不久死亡；解剖病鱼腹部膨大，肛门红肿外突，重者出现脱肛现象，后肠段的一部分脱出到肛门外；腹腔内充满大量清亮或淡黄色或含血的腹水，胃肠道内没有食物。肠道发生痉挛或异常蠕动，常于后肠出现 1 ~ 2 个套叠，套叠的长度为 0.5 ~ 2.5 cm，发生套叠和脱肛的肠道明显充血、出血和坏死。肝肿大，颜色变淡发白或呈土黄色，部分鱼可见出血斑，质地变脆；脾、肾肿大，瘀血，呈紫黑色（图12 -7）。

图 12 -7　斑点叉尾鮰肠套叠病

3. 流行情况　该病在自然情况下主要感染斑点叉尾鮰，鱼苗、鱼种和成鱼均可感染，其他鮰科鱼类也可感染。发病季节主要在春夏，3 ~ 9 月是其发病的时期，但以 3～5 月高发，一般是每年的 3 月下旬或 4 月初开始发病，发病水温多在 16 ℃以上，并随水温的升高缩短病程。发病急，病程短，死亡快，一般发病率在 90% 以上。

4. 防治方法

（1）预防方法：

1）加强饲养管理，改善水体环境条件，科学饲喂，减少应激。高密度放养会增加该病发生的机会，故放养密度不宜过大。

2）经常加注新水，保持良好水质。

3）在疾病流行季节，定期用 10% 聚维酮碘溶液、8% 溴氯海因、5% 戊二醛溶液全池泼洒，浓度为 0.5～1 mL/m³、0.2～0.3 g/m³、0.8 mL/m³，每 7～10 天泼洒 1 次。

（2）治疗方法：

1）水体消毒使用漂白粉 1 g/m³，漂粉精（含有效氯 60%～65%）0.2～0.3 g/m³，二氧化氯 0.1～0.3 g/m³，或用二氯海因 0.2～0.3 g/m³ 全池泼洒，同时内服复方新诺明，按每千克鱼体重每天用药 50 mg，拌饲投喂，1 天 1 次，连用 5 天，第 1 次用量加倍。

2）用诺氟沙星、氧氟沙星、洛美沙星按每千克鱼体重每天用 10～30 mg 制成药饵，1 天 1 次，连用 3～5 天。

3）内服洛美沙星或阿齐霉素或庆大霉素，按每千克鱼体重每天用药 10～15 mg 制成药饵，1 天 1 次，连用 5 天。

4）内服氟苯尼考或甲砜霉素，每千克鱼体重每天用药量均为 5～15 mg，拌饲投喂，1 天 1 次，连用 3～5 天。

（十二）加州鲈鱼诺卡氏菌病

1. 病原及病因　加州鲈鱼诺卡氏菌病（图 12－8）病原体为诺卡菌，属革兰氏阳性菌。

2. 症状及危害　患病病鱼食欲下降，常在池塘表面慢游，个体反应迟钝，独游，发黑。病鱼在鳃或者躯干上有结块；病鱼体表损伤并溃烂出血，在背鳍起始位置后侧的两侧区域多见，尾鳍有时也有溃烂出血；解剖观察，病鱼肝、脾、肾上常布满小白点，随着病情加重，体表出现创伤，溃烂出血，鳍条有充血现象，伴有肛门红肿，腹部膨大，膨大的腹腔内有少量透明或淡黄色液体。用针刺破白点，流出白色或者带血色脓液。

3. 流行情况　该病是诺卡氏菌感染引起的，近年来在我国各养殖场时有发生。流行季节较长，从每年的 4 ~ 11 月均有发生，高峰期在每年的 5 ~ 7月。水温在 25 ~ 28 ℃时发病最为严重。近年来，诺卡氏菌病

图 12 - 8　加州鲈鱼诺卡氏菌病鱼的肝脏

有愈来愈烈的趋势，发病鱼规格也越来越小。该病的特点是潜伏期长，病情发展缓慢，但是发病率和死亡率都较高。

4. 防治方法

诺卡氏菌为革兰氏阳性菌，病原菌多数存在于白色结节内，而临床上对革兰氏阳性菌敏感的药物不多，疾病发生后治疗较为困难。且诺卡氏菌病病程较长，发病前期无症状或症状不明显，因此加州鲈鱼诺卡氏菌病应以预防为主，在疾病高发期调水、保健、提高鱼体免疫力。

（1）预防方法：

1）鱼种放养前做好池塘清整消毒工作。

2）流行季节在饲料中添加维生素 C、免疫多糖类等，连续投喂两周以上，增强鱼类的非特异性免疫能力。

3）定期加注新水，保持良好水环境。必要时定期使用 EM菌、底改等池塘水质调节剂，改善水质；保持水质清新，溶氧丰富。

（2）治疗方法：

1）发病池塘用菌毒克（20%戊二醛溶液）全池泼洒，浓度为 0.2 mL/m³，或每 666.7 m³，用药 133 mL，每 2～3 d 1 次，连用 2～3 次；内服氟苯尼考或甲砜霉素，每 1 kg 体重每天使用，用量均为 5～15 mg，拌饵投喂，1 d 1 次，连用 3～5 d。

2）用 10%聚维酮碘溶液全池泼洒，浓度为 0.5～1 mL/m³，隔一天再泼洒一次。

3）用高效鱼菌灵（诺氟沙星粉），一次量，每 1 kg 饲料每天用药 6～8 g 和 12 g，拌饵投喂，1 天 1 次，连用 3～5 d。同时用 8%溴氯海因，浓度为 0.2～0.3 g/m³，全池泼洒，5 d 后再泼洒 1 次。

（十三）淡水小龙虾烂尾病

1. 病原及病因　该病是由虾体受伤，相互残食，被几丁质分解细菌感染引起的，或受假单胞菌、气单胞菌、黏细菌、弧菌、黄杆菌等感染所致。

2. 症状及危害　病虾发病初期尾部有水疱、小疮，边缘有溃烂斑点，边缘溃烂、坏死或残缺不全，随着病情发展，溃烂由边缘向内部渗透，感染严重时整个尾部溃烂脱落，甚至发生死亡现象。

3. 流行情况　该病的发生是由于小龙虾在运输、转运、捕捞等操作时或因饲料不足相互争抢残杀，虾体受伤而被细菌感染所致。无明显的流行季节，在春、冬季发生较多。从每年的 4～11 月均有可能发生。

4. 防治方法

小龙虾烂尾病发病原因主要是虾体受伤所致，故在小龙虾幼苗及虾体运输、转运、捕捞等操作时要小心，预防虾体受伤。

（1）预防方法：

1）在转运龙虾种苗时避免堆压，放养操作时动作应轻快，避免虾体受伤。

2）在养殖期间应定时、定点及时均匀投足饲料，以防因饲料不足或投喂不均引起虾体争斗抢食或自相残杀。

（2）治疗方法：

1）发病池塘用菌毒克（20%戊二醛溶液）全池泼洒，浓度为 0.2 ml/m³，或每 666.7 m³，用药 133 mL，病情严重时每 2~3 天再泼洒 1 次。

2）用 10%聚维酮碘溶液全池泼洒，浓度为 0.5~1 mL/m³，隔一天再泼洒一次。

3）用漂白粉或 20%二氯异氰脲酸钠或 30%三氯异氰脲酸粉全池泼洒，浓度分别为 1~1.5 g/m³、0.3~0.6 g/m³、0.2~0.5 g/m³，每 10~15 天一次，上述药物也可交替使用。

（十四）泥鳅赤皮病

1. 病原及病因　泥鳅赤皮病的病原体是荧光假单胞菌，为条件致病菌。

2. 症状及危害　病鳅鳍及体表表皮剥落，呈灰白色，肌肉腐烂，肛门红肿，进而在这些部位出现血斑；严重时，病鳅体表充血、发炎，鳍、腹部皮肤及肛门周围充血、溃烂，尾鳍、胸鳍烂掉；鳍的基部充血，鳍条末端腐烂似一把破扇子，鳍条裂开，称为"蛀鳍"，有时病鱼的肠道也充血发炎，疾病后期常常伴有水霉的感染；病鳅不摄食，很快死亡。

3. 流行情况　主要危害鳅种及成鳅，每当鳅种放养、扦捕或搬运时，由于鳅体擦伤，或水质恶化、蓄养不当时，病菌乘机侵入感染而发病；每年 6~8 月为高峰，水温越高，感染越严重，死亡率越高。

4. 防治方法

（1）用漂白粉 1 g/m³，漂粉精（含有效氯 60%~65%）0.2~0.3 g/m³，二氧化氯 0.1~0.3 g/m³，或用二氯海因 0.2~0.3 g/m³ 全池泼洒，在疾病流行季节，每半个月泼洒 1 次。

（2）用8%溴氯海因，浓度为0.2~0.3 g/m³，全池泼洒，15天1次。

（3）用10%聚维酮碘溶液或强氯精，浓度为0.5~1 mL/m³或0.2~0.3 g/m³，全池泼洒，每半个月泼洒1次。

（4）在疾病流行季节用中药五倍子，按4 g/m³，将五倍子磨碎后用开水浸泡，全池泼洒，每7天1次。

（5）内服氟苯尼考或甲砜霉素，每千克鱼体重每天用药均为5~15 mg，拌饲投喂，1天1次，连用3~5天。

（6）用诺氟沙星、氧氟沙星、洛美沙星按每千克鱼体重每天用10~30 mg制成药饵，1天1次，连用3~5天。

（十五）泥鳅出血病

1. 病原及病因　泥鳅出血病的病原体是嗜水气单胞菌。

2. 症状及危害　病鳅体表有点状或斑块状充血，头部和腹部较明显；鳅体表充血、出血，鳞片竖起，眼出血，眼球突出，肌肉充血，呈败血症症状；鳃丝末端腐烂，腹部膨大，肛门红肿；剖开腹腔，内有黄色或红色腹水，肝、肾、脾肿大，肠道充气，无食物。

3. 流行情况　泥鳅出血病是近年来流行广泛，发展迅速，发病率高，死亡率高的一种疾病。流行季节为3~10月，6~8月为主要发病季节；流行水温为15~35 ℃，尤其是水温在25 ℃以上时，危害较大，是目前造成泥鳅养殖损失最大的疾病之一。

4. 防治方法

（1）保持良好水质，适当放养密度，合理使用增氧机，不投喂霉烂、变质的饲料。

（2）用漂白粉或30%三氯异氰脲酸粉，或8%的二氧化氯全池泼洒，浓度分别为1~1.5 g/m³、0.2~0.5 g/m³、0.1~0.3 g/m³，每10~15天1次，也可将上述药物交替使用。

（3）用8%溴氯海因全池泼洒，浓度为0.2~0.3 g/m³，在流行季节每 10 ~ 15 天泼洒 1 次，同时内服氟苯尼考或甲砜霉素，每千克鱼体重每天用药均为 5 ~ 15 mg，拌饲投喂，1 天 1 次，连用 3 ~ 5 天。

（4）内服硫酸新霉素，每千克鱼体重每天用药 10 mg，拌饲投喂，1 天 1 次，连用 3 ~ 5 天。

（5）用 10% 聚维酮碘溶液，浓度为 0.5 ~ 1 mL/m³ 全池泼洒，在疾病流行季节，每 10 ~ 15 天泼洒 1 次，同时内服 10% 恩诺沙星，按每千克鱼体重每天 0.2 g，或每千克饲料用药 4 g 拌饵投喂，1 天 1 次，连续投喂 3 ~ 5 天。

（十六）黄鳝腐皮病

1. 病原及病因 黄鳝腐皮病又称梅花斑病，病原体是产气单胞菌。

2. 症状及危害 患病鳝鱼食欲不振，活动减弱。体表、背部两侧发炎充血，呈圆形或椭圆形，有的有黄豆或蚕豆大小的黄色圆斑，俗称"梅花斑"，严重时，患处溃烂，形成不规则的小洞，使病鱼无力钻入洞穴栖息，最后死亡。

3. 流行情况 主要危害种鳝和成鳝，鳝鱼下池后 20 天内和入冬前载鱼量大时易发此病，在鱼种放养、搬运、捕捞时，鱼体受伤，病菌侵入所致。

4. 防治方法

（1）鳝鱼在放养、运输、捕捞、越冬时，操作要小心，避免鱼体受伤。

（2）鳝种放养前用 2% ~ 5% 食盐水溶液浸洗 20 分钟；或用漂白粉浸洗 30 分钟，浓度是 8 ~ 10 g/m³；或用高锰酸钾溶液浸洗 20 分钟，浓度是 0.3 g/m³。

（3）用 8% 溴氯海因全池泼洒，浓度为 0.2 ~ 0.3 g/m³，同时内服鱼虾康（复方磺胺二甲嘧啶粉 II 型），按每千克鱼体重每天 1.0 g，或每千克饲料 20 g，拌饲投喂，1 天 1 次，连用 4 ~

6 天。

（4）内服氟苯尼考或甲砜霉素，每千克鱼体重每天用药均为 5～15 mg，拌饲投喂，1 天 1 次，连用 3～5 天。

（十七）鳜鱼败血病

1. 病原及病因 鳜鱼败血病的病原体是嗜水气单胞菌。

2. 症状及危害 病鱼下颌、鳃盖、眼、肛门周围出现点状或斑块状出血，鳍条基部及鱼体两侧轻度充血。病情严重时，鱼体表各部分充血明显，眼球突出，肛门红肿，腹部膨大。解剖病鱼可见腹腔积水，肠内无食物，肝脏颜色较淡，胆囊肿大。

3. 流行情况 为近年来的暴发性流行病，常伴有寄生虫疾病，对鳜鱼造成危害极大。流行季节为 3～11 月，尤其是水温在 25 ℃左右时，是该病的高发期。在水质恶化、氨氮及亚硝酸盐含量高、放养密度大的池塘，发病率明显增加，严重时，死亡率可达到 90% 以上。

4. 防治方法

（1）预防方法：

1）经常加注新水，保持水质清新，适时开动增氧机。

2）鱼种放养前，用生石灰彻底清塘。

3）在疾病流行季节，定期用生石灰或漂白粉，或 30% 三氯异氰脲酸粉，或 8% 的二氧化氯全池泼洒，浓度分别为 20～30 g/m³、1～1.5 g/m³、0.2～0.5 g/m³、0.1～0.3 g/m³，每 10～15 天 1 次，上述药物也可交替使用。

4）内服三黄粉和肝胆必康，按每千克鱼体重每天用药 250 mg 和 200 mg，拌饲料投喂，每天投喂 2 次，连续投喂 5 天。

（2）治疗方法：

1）用 45% 苯扎溴铵溶液，浓度为 22～33 mL/m³，用水稀释后全池泼洒，隔 2～3 天泼洒 1 次，连续泼洒 2～3 次，同时内服诺氟沙星或氧氟沙星，或洛美沙星，按每千克鱼体重每天用 10～

30 mg 制成药饵，1 天 1 次，连用 3~5 天。

2）内服氟苯尼考或甲砜霉素，每千克鱼体重每天用药均为 5~15 mg，拌饲投喂，1 天 1 次，连用 3~5 天。

3）用 10% 聚维酮碘溶液，浓度为 0.5~1 mL/m³ 全池泼洒，在疾病流行季节，每 10~15 天泼洒 1 次，同时内服硫酸新霉素，每千克鱼体重每天用药 10 mg，拌饲投喂，1 天 1 次，连用 3~5 天。

4）用菌毒克（20% 戊二醛溶液）全池泼洒，浓度为 0.2 mL/m²，或每 666.7 m³ 用药 133 mL，每 2~3 天 1 次，连用 2~3 次，内服磺胺间甲氧嘧啶，按每千克鱼体重每天用药 2~4 g，拌饲料投喂，1 天 1 次，连续投喂 3~5 天。磺胺药物首次药量加倍。

（十八）虾甲壳溃疡病

1. 病原及病因　虾甲壳溃疡病又称褐斑病，是溶藻弧菌、假单胞菌、气单胞菌和黄杆菌等多种病菌引起的，具有传染性。但也有人认为虾甲壳溃疡病是由环境中的某些化学物质如重金属盐类等引起。

2. 症状及危害　该病最典型的症状是甲壳表面有黑褐色斑块；患病初期，病虾的体表甲壳和附肢上有黑褐色或黑色的斑点状溃疡，出现黑褐色斑块；随着病情的发展，黑褐色斑块逐渐扩大，并形成边缘浅、中间凹陷的溃疡灶，甚至侵蚀到几丁质以下的组织。病情严重者，溃疡达到甲壳下的软组织中，有的病虾甚至额剑、附肢、尾扇烂断，断面呈黑色。虾的溃疡处的四周沉淀黑色素以抑制溃疡的迅速扩大，形成黑斑。致病菌可从伤口侵入虾体内，使虾感染而死亡。

3. 流行情况　该病主要发生在虾体越冬后期 1~3 月，淡水的罗氏沼虾的幼虾、成虾及龙虾、蟹类、对虾也会发病。该病发病率、死亡率均很高，是亲虾、蟹越冬期危害较为严重的疾病之一。一般是水质与底质差引起大量弧菌繁殖而引发疾病，尤其虾体受伤最易感染，为虾类常见的病害之一。

4. 防治方法

（1）预防方法：

1）在虾体放养、运输、捕捞时操作小心，避免虾体受伤。

2）保持水质清新，定期用漂白粉或生石灰全池泼洒，浓度分别为 $0.5 \sim 1$ g/m³、$5 \sim 10$ g/m³，$7 \sim 10$ 天 1 次，连用 2 次。

（2）治疗方法：

1）用 24% 溴氯海因全池泼洒，浓度为 0.15 g/m³，连续泼洒 2 次，同时内服氟苯尼考或甲砜霉素，每千克鱼体重每天用药 $15 \sim 20$ mg，拌饲投喂，1 天 1 次，连用 $3 \sim 5$ 天。

2）用超碘全池泼洒，浓度为每 666.7 m³ 水体用药 200 mL，1 天 1 次，连续泼洒 2 次，内服恩诺沙星，按每千克鱼体重每天用 $30 \sim 50$ mg，拌饲投喂，可同时添加维生素 C 3 g/kg，1 天 2 次，连用 $3 \sim 5$ 天。

3）按每千克鱼体重每天用大蒜 $50 \sim 100$ mg，拌饲投喂，1 天 2 次，连用 $3 \sim 5$ 天。

4）用 8% 二氧化氯全池泼洒，浓度为 0.3 g/m³，同时内服 5% 硫酸新霉素粉，按每千克饲料用药 2 g，拌饵投喂，1 天 1 次，连用 $3 \sim 5$ 天。

5）生石灰全池泼洒，浓度为 $10 \sim 15$ g/m³，$7 \sim 10$ 天 1 次，连用 2 次，内服鱼用庆大霉素，按每千克鱼体重每天用药 $15 \sim 30$ mg，拌饲料投喂，每天投喂 2 次，连续投喂 $3 \sim 5$ 天。

6）若养殖池水重金属离子含量超标，可在蓄水池中遍洒浓度为 $2 \sim 10$ mg 的乙二胺四乙酸钠盐。

（十九）甲鱼红脖子病

1. 病原及病因　甲鱼红脖子病又称鳖赤斑病、大脖子病，病原体为嗜水气单胞菌。

2. 症状及危害 患病初期，甲鱼喜欢爬上靠近水面的岸边，人走近即遁；其腹甲出现点状或线状红晕；晚期，鳖反应迟钝，浮在水面或岸边不肯下水；脖子充血、肿胀、发炎，不能正常伸缩，腹甲出现红斑，且逐渐溃烂，舌尖、口、鼻出血，双眼失明。该病主要症状是脖颈粗大、发红，有周身水肿，同时还伴有红斑、腐皮等。剖解可见，死鳖口腔、食管、胃、肠黏膜有明显的点状、斑块状、弥漫状出血，肝脏肿大，质脆易碎，表面呈土黄色或灰黄色，胆囊内充满脓汁，脾肿大。

3. 流行情况 甲鱼红脖子病在我国各养鳖场都有发生，从稚鳖到亲鳖均有感染。流行季节是每年 3 ~ 10 月，5 ~ 7 月为高峰期，流行水温 20 ~ 30 ℃；在水质老化，池中氨氮含量高，饲料营养不全或投喂腐败变质饲料，鳖体质下降时易导致细菌感染而发病。

4. 防治方法

（1）预防方法：

1）改善水体环境，加强日常管理，定期清理池底污物，更换池底沙子。

2）定期用漂白粉或生石灰全池泼洒，浓度分别为 1 ~ 1.5 g/m³、10 ~ 20 g/m³，7 ~ 10 天 1 次，可交替使用。

3）鳖种下池前用浓度为 1% ~ 3% 的食盐水，或 5 ~ 10 g/m³ 的漂白粉精，或 10 ~ 30 g/m³ 的高锰酸钾水溶液药浴 10 ~ 30 分钟。

4）内服庆大霉素或卡那霉素，按每千克饲料用药 15 万 ~ 20 万 U，拌饵投喂，1 天 1 次，连用 3 ~ 6 天。

（2）治疗方法：

1）用浓度为 0.5 ~ 0.8 g/m³ 的三氯异氰脲酸全池遍洒，每隔 1 ~ 2 天 1 次，共洒 1 ~ 3 次。

2）内服氟苯尼考或甲砜霉素，每千克鱼体重每天用药均为

40~60 mg，拌饲投喂，1天1次，连用3~5天。

3）内服诺氟沙星或氧氟沙星，或洛美沙星，按每千克鱼体重每天用20~50 mg制成药饵，1天1次，连用3~5天。

4）内服恩诺沙星、三黄散和应激灵，可按每千克饲料用药4~8 g、5 g和0.7~1.5 g，混匀后投喂，1天1次，连用5~7天。

5）内服磺胺二甲嘧啶，按每千克鱼体重每天用200 mg制成药饵，每天2次，连用3~6天，第2~6天药量减半。

（二十）鳖腐皮病

1. 病原及病因　鳖腐皮病又称鳖溃烂病、鳖烂皮病，病原体是气单胞菌、假单胞菌和无色杆菌等多种细菌，以气单胞菌为主要致病菌。

2. 症状及危害　患病鳖皮肤组织发白或发黄，颈部、四肢、尾部及甲壳边缘部的皮肤糜烂，进而产生溃疡；重症者颈部及四肢肌肉腐烂，骨骼外露，爪脱落，皮肤腐烂达到颈部骨骼外露，导致病鳖死亡；解剖病鳖肝脏呈灰褐色，脾脏肿大、变紫。

3. 流行情况　鳖腐皮病多因捕捉与运输时操作不小心或鳖相互厮咬受伤后皮肤破损，细菌侵入感染，细菌毒素使受伤部位皮肤、组织坏死所致。此病全国各地均有发现，常与疖疮病、细菌性败血病并发，是鳖最常见的病之一；危害各个年龄段的鳖，尤以生长处于最快阶段、体重200 g以上的鳖感染最重；主要流行季节为每年5~10月，7~8月为高峰期。

4. 防治方法

（1）预防方法：

1）在鳖种放养前用高锰酸钾或10%聚维酮碘溶液进行浸洗，浓度为20 g/m³或10 mL/m³，浸洗30分钟。

2）保持水质良好，坚持定期消毒，每7天用漂白粉全池泼洒1次，浓度为2~3 g/m³。

3）饲养过程中，要注意大小分化并及时分养，雌雄合理搭配。

（2）治疗方法：

1）内服金银花、甘草、黄芪、穿山甲、当归，可按每千克饲料用药 0.6 g、0.1 g、0.6 g、0.05 g、0.15 g 混匀后煎汁拌饵投喂，1 天 1 次，连用 5 ~ 7 天。

2）内服诺氟沙星和三黄粉（大黄 50%、黄柏 30%、黄芩 20%），每千克饲料每天用药 1 ~ 2 g 和 20 mg，拌饵投喂，连喂 5 ~ 7 天。

3）内服氟苯尼考或甲砜霉素，每千克鱼体重每天用药均为 40 ~ 60 mg，拌饲投喂，1 天 1 次，连用 3 ~ 5 天。

4）用菌毒克（20% 戊二醛溶液）全池泼洒，浓度为 0.2 mL/m^3，或每 666.7 m^2 用药 133 mL，每 2 ~ 3 天 1 次，连用 2 ~ 3 次。内服鱼用庆大霉素，按每千克鱼体重用 10 ~ 30 mg，拌药饵投喂，连用 3 ~ 5 天。

三、常见的真菌性疾病

（一）水霉病

1. 病原及病因　水霉病（图 12 – 9）又称肤霉病、白毛病，我国常见的鱼水霉病病原为水霉和绵霉。

2. 症状及危害　患病初期，鱼无明显的临床症状。随着疾病的发展，菌丝开始从鱼体受伤处向内、向外生长，向内生长的菌丝可深入肌肉，蔓延到组织细胞间隙；向外生长的菌丝似灰白色棉絮状，故

图 12 – 9　水霉病症状

俗称"生毛病"或"白毛病"。由于霉菌能分泌大量蛋白分解酶，鱼体受刺激后，分泌大量黏液。病鱼焦躁不安，出现与其他固体物摩擦的现象。以后患处肌肉腐烂，游动迟缓，食欲减退，瘦弱而死。在鱼卵孵化过程中，也常发生水霉病，可看到菌丝浸附在卵膜上，卵膜外的菌丝丛生在水中，故有"卵丝病"之称，因其菌丝呈放射状，也有人称之为"太阳籽"。

3. 流行情况　水霉病危害从鱼卵到各种年龄的鱼，几乎可见于各种养殖鱼类和其他水产养殖动物。由于水霉菌和绵霉菌对温度的适应范围很广，水温在 5 ~ 28 ℃范围均可繁殖，一年四季都能感染鱼体。当扦捕、搬运操作不慎时，擦伤鱼体，霉菌便侵入伤口引发此病，在密养的越冬池冬季和早春更易流行。鱼卵也是水霉菌感染的主要对象，特别是阴雨天，水温低，极易发生并迅速蔓延，造成大批鱼卵死亡。

4. 防治方法

（1）预防方法：

1）鱼种放养前用生石灰或漂白粉彻底清塘。

2）鱼种放养用食盐水浸浴，浓度为 30 ~ 50 g/m³，浸洗 5 ~ 10 分钟。

3）水霉净（地肤子、苦参）全池泼洒，浓度为 0.1 ~ 0.2 g/m³，在流行季节，每 7 ~ 10 天泼洒 1 次。

4）用8%的二氧化氯全池泼洒，浓度为 0.3 ~ 0.5 g/m³，每 7 ~ 10 天泼洒 1 次。

5）用3% ~ 5%的福尔马林溶液或1% ~ 3%的食盐水溶液浸洗产卵的鱼巢，前者浸洗 2 ~ 3 分钟，后者浸洗 20 分钟，均有防病作用。

（2）治疗方法：

1）每 100 m³ 水体 150 g 苦楝子粉，用温水浸泡 8 小时，再加 37.5 g 碳酸钠、75 g 食盐，加水全池遍洒，隔 1 天再泼洒 1 次。

2）菖蒲和食盐全池泼洒，用量为 4 ~ 75 g/m³ 和 1.5 ~ 2.5 g/m³，菖蒲按计算用量煎汁，连药带汁与食盐一起泼洒，1 天 1 次，连续 2 ~ 3 次。

3）用 0.04% 食盐水溶液、0.04% 小苏打溶液和敌百虫 0.3 g ~ 0.5 g/m³，全池泼洒。

4）水霉净（地肤子、苦参）和泼洒水（主要成分生姜、苦参）全池泼洒，浓度分别为 0.2 g/m³、0.375 mL/m³，1 天 1 次，连用 3 次。

5）用 45% 苯扎溴铵溶液全池泼洒，浓度为 22 ~ 33 mL/m³，隔 2 ~ 3 天泼洒 1 次，同时内服克霉唑，按每千克鱼体重每天用药 15 ~ 30 mg，拌饲投喂，1 天 2 次，连用 3 ~ 5 天。

6）用 40% 甲醛溶液全池泼洒，浓度为 25 ~ 30 mL/m³，1 天 1 次，连用 3 天。

（二）鳃霉病

1. 病原及病因　鳃霉病的病原体为鳃霉属。

2. 症状及危害　患病鱼游动缓慢，不摄食，呼吸困难；鳃分泌大量黏液，并有出血、淤血或缺血的斑点；表现为鳃出血，呈花鳃状，部分鳃丝颜色苍白，严重时，鳃丝坏死脱落；病情严重时，鳃高度贫血呈青灰色，鳃上皮细胞坏死脱落，体表有点状充血现象；鳃霉病必须借助显微镜确诊，剪少许腐烂的鳃丝，在显微镜下观察是否有鳃霉菌的菌丝。

3. 流行情况　鱼鳃霉病危害鱼苗及成鱼，我国长江流域各养殖区均有发生；每年 5 ~ 10 月流行，以 5 ~ 7 月为高峰期；急性型发病率 70% ~ 80%，死亡率达 90% 以上；鳃霉病的流行，除地理条件以外，池塘的水质状况是主要因素，一般都是水质恶化，放养密度高，有机质含量很高，又脏又臭的池塘，最易流行鳃霉病。近年来，由于养殖环境不断恶化，部分渔民片面追求高产量，导致鳃霉病广泛流行，且引起烂鳃病、出血病，造成养殖鱼类大批死亡，给渔业生产造成很大危害。

4. 防治方法

（1）预防方法：

1）鱼种放养前彻底清塘、消毒，保持水质清洁。

2）定期加注新水，适当降低养殖密度，注意合理使用增氧机。

3）定期用生石灰或漂白粉或优氯净全池泼洒，浓度分别为 $15 \sim 25 \ g/m^3$、$0.8 \sim 1.0 \ g/m^3$、$0.3 \sim 0.4 \ g/m^3$，每 $7 \sim 10$ 天 1 次，可交替使用。

4）在流行季节用克霉唑或皮康王全池泼洒，浓度分别为 $0.15 \ g/m^3$、$0.15 \ mL/m^3$，每 $7 \sim 10$ 天 1 次，可交替使用。

（2）治疗方法：

1）用中药五倍子煮成汁全池泼洒，按浓度为 $2 \ g/m^3$ 计算用药量，煮汁后连药渣一起泼洒。

2）全池泼洒生石灰，浓度为 $20 \sim 30 \ g/m^3$，同时内服克霉唑，按每千克鱼体重每天用药 $15 \sim 30 \ mg$，拌饲投喂，1 天 2 次，连用 $3 \sim 5$ 天。

3）水霉克星全池泼洒，浓度为 $0.1 \sim 0.2 \ g/m^3$，同时内服诺氟沙星粉或三黄散，按每千克鱼体重每天用药分别为 $0.4 \sim 0.6$ g、0.25 g，拌饲投喂，1 天 1 次，连用 $3 \sim 5$ 天。

4）将池水排出 1/2 后，全池泼洒食盐，浓度为 $0.7\% \sim 1.0\%$，48 小时后，加入新水到正常水位。

5）漂白粉全池泼洒，浓度为 $1 \ g/m^3$，隔 2 天再泼洒 1 次，同时内服氟苯尼考粉和保肝灵，按每千克饲料用药 $2 \sim 3$ g，拌饲投喂，1 天 2 次，连用 $3 \sim 5$ 天。

6）全池泼洒 40% 甲醛溶液，浓度为 $25 \sim 30 \ mL/m^3$，1 天 1 次，连用 $3 \sim 5$ 天。

7）制霉菌素全池泼洒，浓度为 2 000 万 $\sim$ 3 000 万 IU/m^3。

（三）淡水小龙虾黑鳃病

1. 病原及病因　小龙虾黑鳃病的发生主要是因为受水质污染，水体大量镰刀菌繁衍，虾鳃部受菌丝感染所致。

2. 症状及危害　患病虾体游动缓慢，不摄食，呼吸困难；鳃分泌大量黏液，鳃内外布满菌丝，鳃由红色变为褐色或淡褐色，甚至完全变黑，鳃萎缩；最后因呼吸困难、停食而死，或因蜕壳受阻，导致死亡。

3. 流行情况　小龙虾黑鳃病是小龙虾养殖区域常见疾病，危害体重 10 g 以上虾体，我国长江流域各养殖区均有发生；每年的 6 ~ 7 月为高峰期；该病的流行，与养殖池塘的水质恶化有关。

4. 防治方法

（1）预防方法：

1）虾种放养前用生石灰彻底清塘，杀灭有害病菌。

2）适时加注新水，保持水质清洁，保持池水溶氧量丰富。

3）定期用生石灰或漂白粉或优氯净全池泼洒，浓度分别为 15 ~ 25 g/m³、0.8 ~ 1.0 g/m³、0.3 ~ 0.4 g/m³，每 7 ~ 10 天 1 次，可交替使用。

（2）治疗方法：

1）用中药五倍子煮成汁全池泼洒，按 2 g/m³ 计算用药量，煮汁后连药渣一起泼洒。

2）全池抛洒底质改颗粒（四羟甲基硫酸磷、增效剂、吸附剂、膨化剂等），用量为 150 克，每日 1 次，连用 2 次，调节水质。

3）水霉克星全池泼洒，浓度为 0.1 ~ 0.2 g/m³，或用 24% 溴氯海因全池泼洒，浓度为 0.15 g/m³，连续泼洒 2 次；或用超碘全池泼洒，浓度为每 666.7 m³ 水体用药 200 mL，1 天 1 次，连续泼洒 2 次。

4）将池水排出至 1/2 后，全池泼洒食盐，浓度为 0.7% ~ 1.0%，48 小时后，加入新水到正常水位。

5）用 10% 聚维酮碘溶液全池泼洒，浓度为 0.5 ~ 1 mL/m^3，隔一天再泼洒一次。

第二节　常见寄生虫病防治

淡水养殖动物常见的寄生虫主要有原虫类、蠕虫类及甲壳类动物等。

一、原虫病

（一）隐鞭虫病

1. 病原及病因　隐鞭虫病的病原体是鳃隐鞭虫和颤隐鞭虫。

2. 症状及危害　患病鱼早期无明显症状，只是表现黏液较多。当鳃隐鞭虫大量侵袭鱼鳃时，能破坏鳃丝上皮和产生凝血酶，使鳃小片血管堵塞，黏液增多，严重时可出现呼吸困难，不摄食，离群独游或靠近岸边不动，体色暗黑，鱼体消瘦，鳃或皮肤上分泌大量黏液等症，以致死亡。但要确诊，还得借助显微境来检查。

3. 流行情况　鳃隐鞭虫对寄主无严格的选择性，池塘养殖鱼类均能感染，主要危害草鱼夏花，尤其在草鱼鱼苗阶段饲养密度大、规格小、体质弱，容易发生此病。当鳃隐鞭虫大量寄生于鳃丝时，可引起全池草鱼夏花在几天内死亡。流行期为每年的 5 ~ 10 月。冬、春季节，鳃隐鞭虫往往从草鱼鳃丝转移到鲢鱼、鳙鱼鳃耙上寄生，但不能使鲢鱼、鳙鱼发病，因鲢鱼、鳙鱼有天然免疫力成为"保虫寄主"。同时，大鱼对此虫也有抵抗力。鳃隐鞭虫病流行于广东、广西、湖北、江苏及浙江等省的高温季节。该病主要危害鲮鱼及鲤鱼，常引起鱼苗大量死亡。

4. 防治方法

（1）鱼种放养前用生石灰对池塘进行彻底清塘，保持池水清新，并定期加注新水。

（2）鱼种下塘前，用浓度为 $8 \sim 10 \ g/m^3$ 的硫酸铜（或比例为5:2的硫酸铜、硫酸亚铁合剂），或浓度为 $10 \sim 20 \ g/m^3$ 的高锰酸钾水溶液药浴 $10 \sim 30$ 分钟。

（3）发病池塘全池遍洒硫酸铜或硫酸铜和硫酸亚铁合剂（5:2），使池水浓度达 $0.7 \ g/m^3$。

（4）内服鱼虫清，按每千克饲料每天用药 3 g，拌饲投喂，1天2次，连用3天。

（5）精制敌百虫全池泼洒，浓度为 $0.4 \sim 0.5 \ g/m^3$，同时内服鱼虫清，按每千克饲料用药 3 g，拌饲投喂，1天2次，连用3天。

（6）高锰酸钾全池泼洒1次，浓度为 $1.5 \sim 2 \ g/m^3$，严重时，隔2天再泼洒1次。

（二）艾美虫病

1. 病原及病因　艾美虫病又称球虫病。病原体为艾美球虫属，目前有 28 种。

2. 症状及危害　主要寄生于鱼体肠道内，病鱼腹部膨大，鱼体发黑。患病鱼食欲减退，游动缓慢，机体消瘦。剖解病鱼，可见前肠比正常时粗 $2 \sim 3$ 倍，肠内充满脓状积液，肠壁充血、发炎，肠壁内有许多白色小结节，重症者出现肠溃烂穿孔，可造成病鱼大批死亡。用显微镜检查病灶处的压玻片，可见艾美虫。

3. 流行情况　主要危害对象是 $1 \sim 2$ 龄青鱼，草鱼、鲤鱼、鲢鱼亦会感染。流行季节为每年 $4 \sim 7$ 月，水温 $24 \sim 30 \ ℃$ 时最流行。据报道，江苏、浙江一带患病青鱼死亡率可达90%。本病通过卵囊直接感染。成熟卵囊随病鱼粪便一起排到水里，其他鱼吞食，即被感染。卵囊随水流、用具及其他媒介物带到另一水体，传播疾病。

4. 防治方法

（1）彻底清塘，杀灭虫卵。

（2）内服硫磺粉或碘，按每千克鱼体重每天用药 1 g 或 24 mg，拌饲投喂，1 天 1 次，连用 3 ~ 5 天。

（3）全池遍洒 90% 精制敌百虫、面碱合剂（1:0.6），使池水药物浓度达 0.2 g/m^3。

（4）全池遍洒 90% 精制敌百虫，浓度为 0.2 ~ 0.3 g/m^3，同时内服磺胺嘧啶，按每千克鱼体重每天用药 200 mg，拌饲投喂，1 天 1 次，连用 7 天。

（三）碘泡虫病

1. 病原及病因 碘泡虫病是危害较大的一类黏孢子虫病。此病病原体为碘泡虫，属黏孢子虫属，种类很多，危害大，常见的有鲢碘泡虫、饼形碘泡虫、野鲤碘泡虫、圆形碘泡虫（图 12 - 10）等。

2. 症状及危害 在寄生的部位（体表、鳃、肠等）形成肉眼可见的灰白色大小不一的瘤状胞囊，病鱼鱼体发黑，摄食力下降，游动失常，可引起鱼类死亡，甚至失去经济价值。常见的碘泡虫病症状及危害见表 12 - 1。

表 12 - 1　鱼类常见碘泡虫病危害对象、寄生部位及症状

病原体	危害对象	寄生部位	主要症状
鲢碘泡虫	1 足龄以上白鲢	中枢神经、感觉器官、脊髓	病鱼瘦弱、头大尾小，活动失常，忽上忽下，呈疯狂状游动
饼形碘泡虫	主要为 10 cm 以下草鱼	肠道内	在病鱼肠道内形成白色胞囊
野鲤碘泡虫	鲤鱼、鲮鱼夏花	皮肤、鳃上	在寄生部位形成灰白色瘤状胞囊
鲫碘泡虫	1 龄以上银鲫鱼	体表、头部	形成瘤状较大胞囊
圆形碘泡虫	2 龄以上鲫鱼、鲤鱼	病鱼的吻端、鳃部	形成圆形、针头状大小胞囊，称"脓胞鲫"
异形碘泡虫	鲢鱼、鳙鱼	鳃部	形成灰白色胞囊

3. 流行情况　全国各地养殖鱼类均有发生，南方省市多发，一年四季均流行，危害大，个别品种死亡率高，有些种类虽然没有造成鱼类大批死亡，但由于鱼体寄生部位形成胞囊，使鱼失去商品价值。

图12－10　圆形碘泡虫病症状

4. 防治方法

（1）鱼种放养前彻底清塘消毒，杀灭病原体，以防此病的发生。

（2）孢虫净（环烷酸酮溶液）全池泼洒（淡水白鲳、斑点叉尾鮰、黄颡鱼禁用），浓度为 0.04 ~ 0.06 mL/m³，在流行季节，每 20 ~ 30 天泼洒 1 次。

（3）全池泼洒 90% 晶体敌百虫，浓度为 0.2 ~ 0.3 g/m³，2天 1 次，连用 2 次，同时内服盐酸左旋咪唑，按每千克鱼体重每天用药 10 ~ 20 mg，拌饲投喂，1 天 2 次，连用 3 ~ 5 天。

（4）内服孢虫克和 10% 聚维酮碘，按每千克饲料用药 10 g和 2 mL，拌饲投喂，1 天 2 次，连用 4 ~ 6 天。

（5）全池泼洒威力碘，浓度为 0.75 mL/m³，2 天 1 次，连用 2 次，同时内服敌孢王，按每千克饲料用药 6 g，拌饲投喂，1 天 1 次，连用 3 ~ 4 天。

（6）灭虫精（溴氰菊酯溶液）、克虫威和食盐全池泼洒，浓度分别为 0.15 mL/m³、0.4 g/m³ 和 10 g/m³，1 天 1 次，连用 3 天。

（四）小瓜虫病

1. 病原及病因　鱼小瓜虫病的病原体为多子小瓜虫。

2. 症状及危害　虫体寄生于鱼体皮肤、体表、鳍、鳃等处，在寄生处形成许多直径 1 mm 以下的白色点状胞囊，故又名白点病。患病鱼体色发黑，消瘦，游动缓慢，不时在其他物体上摩擦。病情严重时，躯干、头、鳍、鳃、口腔等处都布满小白点，白色小点连接成片，形成一层白色膜，鳞片易脱落，鳍条裂开、腐烂。常与其他细菌性疾病并发感染。

3. 流行情况 小瓜虫病对鱼的种类及年龄没有严格选择性，在我国各养鱼区均有发生，危害较大；从鱼种到成鱼均可寄生，对当年鱼苗、鱼种危害最为严重。小瓜虫生长的适宜水温为15～25 ℃，当水温在 28 ℃以上时，幼虫最易死亡，故高温季节此病较为少见。此病流行季节为每年的 3～5 月和 10～11 月；对高密度养殖的幼鱼及观赏性鱼类的危害最为严重，常引起大批死亡。

4. 防治方法

（1）鱼种放养前彻底清塘消毒，杀灭病原体，以减少此病的发生。

（2）全池泼洒 40% 甲醛溶液，浓度为 25～30 mL/m³，2 天1 次，连用 2～3 次。

（3）用灭虫威（4.5% 氯氰菊酯溶液）全池泼洒，浓度为0.02～0.03 mL/m³，3 天泼洒 1 次，连用 2 次。

（4）生姜和辣椒粉，按 1.5～2.2 g/m³ 和 0.8～1.2 g/m³ 计算用药量，加水煮沸 30 分钟，连渣带汁一起全池泼洒，1 天 1次，连用 2～3 次，同时内服青蒿末，按每千克鱼体重每天用药0.3～0.4 mg，拌饲投喂，1 天 1 次，连用 3～5 天。

（5）全池泼洒浓度为 3～5 g/m³ 的石灰硫磺和浓度为 0.2～0.3 g/m³ 的 90% 精制敌百虫，3 天泼洒 1 次，连用 2 次。

（五）轮虫病

1. 病原及病因 车轮虫病的病原体为车轮虫和小车轮虫。

2. 症状及危害 主要寄生在鱼体体表、鳃部，在鱼种阶段最普遍。车轮虫少量寄生时，病鱼无明显症状。若大量寄生时，鱼体消瘦，不摄食，体表附着一层白翳，鱼体焦躁不安，成群沿池边狂游，俗称"跑马病"。车轮虫常成群地聚集在鳃丝边缘或鳃丝的缝隙里，使鳃腐烂，鳃部黏液增多，影响到鱼的呼吸和正常活动，使鱼致死。

3. 流行情况　车轮虫病是鱼苗、鱼种阶段危害较大的鱼病之一，全国各地养殖场都有流行。车轮虫病危害不同年龄的各类饲养鱼，其中放养 20 天的夏花鱼种最易死亡。该病流行于全国各养殖场，流行季节为每年的 5~8 月。

4. 防治方法

（1）鱼种放养前用生石灰清塘消毒。

（2）鱼种放养前用高锰酸钾溶液浸洗，浓度为 $10 \sim 20 \ g/m^3$，浸洗 15~30 分钟。

（3）发病池用硫酸铜和硫酸亚铁合剂（5:2）全池泼洒，浓度为 $0.7 \ g/m^3$。

（4）高效车轮清全池泼洒，浓度为 $0.3 \ g/m^3$，1 天 1 次，连用 2~3 天。

（5）高碘酸钠溶液全池泼洒，浓度为 $0.3 \sim 0.4 \ mL/m^3$。

（6）全池泼洒 40% 甲醛溶液，浓度为 $25 \sim 30 \ mL/m^3$，2 天 1 次，连用 2~3 次。

（六）虾蟹固着类纤毛虫病

1. 病原及病因　虾蟹固着类纤毛虫病的病原为纤毛类原生动物，如累枝虫、钟形虫等。

2. 症状及危害　固着类纤毛虫是共栖生物，附着在虾蟹的体表和附肢及成虾蟹的鳃上，患病虾蟹游动缓慢，反应迟钝，摄食力下降，呼吸困难；捞取病虾蟹肉眼可看见一层灰白色或灰黑色绒毛状物，手摸体表和附肢有滑腻感；造成虾蟹生长停滞，不能蜕壳，严重者引起死亡。

3. 流行情况　虾蟹固着类纤毛虫病是由于池水过肥、长期不换水，纤毛虫类原生动物大量繁殖并寄生于虾蟹所致。主要危害淡水养殖中各阶段的虾蟹卵、幼体和成体，对幼体危害更为严重。流行季节为每年的 4~9 月，5~6 月为高峰期。流行水温为 18~34 ℃。

4. 防治方法

（1）彻底清塘消毒，经常换水，保持水质清新；适量投饵，避免过多残饵沉积水底。

（2）用漂白粉或生石灰全池泼洒，浓度为 2~4 g/m³ 或 10 g/m³，每 10 天泼洒 1 次。

（3）养成期治疗可用茶粕或茶皂素全池泼洒，浓度为 10~15 g/m³ 或 1 g/m³，待虾蟹蜕壳后，再大量换水。

（4）全池泼洒 40% 的甲醛，使池水浓度为 10~15 g/m³，或全池泼洒硫酸铜、硫酸亚铁合剂（5∶2），使池水浓度为 0.7 g/m³。

（5）新洁尔灭或高锰酸钾全池泼洒，浓度为 0.5~1 mL/m³ 或 5~10 g/m³。

二、鱼类蠕虫病

我国淡水养殖业中常见的蠕虫病主要包括由单殖吸虫、复殖吸虫、绦虫、线虫、棘头虫及水蛭类引起的疾病。

（一）指环虫病

1. 病原及病因　鱼指环虫病的病原为指环虫属的种类，常见的有草指环虫、鳙指环虫、坏鳃指环虫和鲈指环虫等。

2. 症状及危害　少量指环虫寄生在鱼鳃上时，病鱼无明显症状；大量寄生指环虫时，鳃部显著浮肿，并有大量黏液，鳃盖张开，鳃丝肿胀，贫血，呈花鳃状。患病鱼极度不安，狂游，上下窜动，或在水中活动失常、跳跃、哄边等，直至死亡。此病是我国高产精养鱼池中危害较大的一种鱼病。

3. 流行情况　指环虫病危害多种淡水鱼，是鱼苗、鱼种阶段常见的寄生虫病。该病主要靠虫卵及幼虫传播，在我国各养鱼地区均有发生，流行于春末、夏初；对鲢鱼、鳙鱼、鲤鱼、草鱼危害最大。有资料表明，在我国北方高产精养池塘，指环虫病已呈发展趋势，患病鱼又常常与烂鳃病、出血病并发，给广大养殖户带来很大损失。

4. 防治方法

（1）鱼种放养前彻底清塘消毒，杀灭虫卵。

（2）鱼种放养前用浓度为 15~20 g/m³ 的高锰酸钾溶液，或浓度为 5 g/m³ 的精制敌百虫和面碱合剂（1:0.6），或浓度为 3% 的盐水药浴 15~30 分钟。

（3）全池遍洒强效杀虫灵，使池水浓度为 0.3~0.4 g/m³，或遍洒 90% 精制敌百虫，使池水浓度为 0.5~0.7 g/m³，或遍洒精制敌百虫和面碱合剂（1:0.6），使池水浓度为 0.1~0.3 g/m³，隔 7 天再全池泼药 1 次。

（4）用 10% 的甲苯咪唑溶液全池泼洒，浓度为 0.1~0.15 mL/m³，病情严重时第 2 天再泼洒 1 次。

（5）指环清和敌菌清全池泼洒，浓度为 0.15 g/m³ 和 0.3 g/m³，1 天 1 次，连用 2 天。

（6）全池泼洒 90% 精制敌百虫，使池水浓度为 0.5~0.7 g/m³；2 天后，用 24% 溴氯海因粉或三氯异氰脲酸片全池泼洒 1 次，浓度为 0.1~0.15 g/m³ 或 0.25~0.4 g/m³。

（二）三代虫病

1. 病原及病因 三代虫病的病原为三代虫属的种类。

2. 症状及危害 三代虫主要寄生于鱼体表和鳃部，大量寄生时，病鱼鳃部肿胀，体表失去光泽，皮肤被覆盖一层灰白色黏液，游动极不正常，食欲减退，鱼体瘦弱，最终因呼吸困难而死。三代虫与指环虫相似，主要区别是三代虫没有黑色眼点，三代虫营胎生生殖。

3. 流行情况 三代虫可危害多种淡水鱼类，如草鱼、鲢鱼、鳙鱼、鲤鱼、鲫鱼、金鱼和鳗鲡，在我国大部分养殖区都有发现，流行季节是每年春季和夏初，可引起鱼苗、鱼种大批死亡。

4. 防治方法　参考鱼指环虫病的防治方法。

（三）双穴吸虫病

1. 病原及病因　双穴吸虫病又称复口吸虫病、白内障病。病原体为双穴吸虫的囊蚴，成虫寄生在鸟类的肠道内。在我国养殖鱼类中危害较大的有倪氏双穴吸虫和湖北双穴吸虫。湖北双穴吸虫经鱼类皮肤进入鱼类血管，经心脏最后进入病鱼眼球内；倪氏双穴吸虫则是经皮肤进入脊椎、脊髓、头部，最后经视神经进入病鱼眼球。

2. 症状及危害　主要危害鲢鱼、鳙鱼、团头鲂的鱼苗，大量寄生可引起病鱼大批死亡。因双穴吸虫经病鱼神经系统或循环系统进入鱼体，当感染数量较多时，会引起病鱼血液循环障碍或神经组织的机械创伤，可引起病鱼大批死亡，尤其是急性感染时。外观，病鱼活动失常，身体失去平衡，呈挣扎状、跳跃状游动。有时病鱼头朝下、尾朝上在水中旋转式游动。此阶段病鱼没有死亡的，则虫体进入病鱼眼球，形成白内障或瞎眼。倪氏双穴吸虫感染时亦可见病鱼脊椎骨弯曲现象。

3. 流行情况　双穴吸虫病主要危害鲢鱼、鳙鱼、团头鲂鱼、虹鳟鱼的鱼苗及鱼种，急性感染时，可造成大批死亡。该病在我国各地均有发生，其中长江流域尤为严重。急性型流行于 5～8月。危害季节通常是每年 5～8 月，8 月后病鱼往往呈白内障阶段。

双穴吸虫的终寄主是红嘴鸥，第一中间寄主为椎实螺等，第二中间寄主为鱼。

4. 防治方法

（1）鱼苗、鱼种放养前，水深 1 m，每 100 m² 水面用 15～20 kg 生石灰或 7.5 kg 茶饼带水清塘，以杀灭池中的椎实螺。

（2）发病池全池泼洒硫酸铜，使池水浓度为 0.7 g/m³，隔天重洒一遍，以杀灭中间寄主。

（3）驱赶终寄主鸥鸟，以切断疾病流行环节。

（4）全池泼洒 90% 精制敌百虫，使池水浓度为 0.5 ~ 0.7 g/m³。

（四）血居吸虫病

1. 病原及病因　血居吸虫病的病原为血居吸虫，属复殖吸虫。

2. 症状及危害　血居吸虫主要寄生在病鱼的心脏或血管内。当急性感染时（主要对当年鱼种或夏花鱼苗），常引起病鱼鳃血管堵塞或破裂，引起鱼苗极度不安，在水面跳跃、挣扎、打转，腹腔积水，眼球突出，鳞片竖立，鳃肿胀，鳃盖张开等症，常引起病鱼大批死亡。慢性型，少量尾蚴侵入鱼体，在鱼的循环系统内发育为成虫，吸食血液，引起贫血；成虫产的卵则随血液达到全身各组织器官，停留于肝、肾；达到鱼鳃的虫卵发育为幼虫后，破鳃而出，损伤鳃组织；达到其他组织器官的虫卵则引起组织损伤。病鱼常腹腔积水、肛门肿大突出、竖鳞、突眼，逐渐衰竭死亡。

3. 流行情况　该病流行广泛，我国重要淡水养殖鱼类均有发生。血居吸虫危害鲢鱼、鳙鱼、团头鲂、鲤鱼、鲫鱼、草鱼、黄颡鱼、乌鳢等大多数淡水鱼类，其中对鲢鱼和团头鲂的鱼苗、鱼种危害最大，常引起大批死亡。流行于春末、夏初。血居吸虫的中间寄主为椎实螺、白旋螺等，终寄主为鱼。

4. 防治方法

（1）鱼种放养前彻底清塘，消灭虫卵和螺类，切断其生活史。

（2）鱼虫清（敌百虫、辛硫磷粉）全池泼洒，浓度为 0.12 ~ 0.3 g/m³，用 5 000 倍水稀释后泼洒，同时内服鱼虫安，按每千克饲料用药 4 g，1 天 1 次，连用 3 天。

（3）每万尾鱼苗用精制敌百虫（90%）15 ~ 20 g 拌入

1 500 g 饲料中投喂，1 天 1 次，连用 3 ~ 5 天。

（4）内服左旋咪唑，按每千克鱼体重每天用药 10 ~ 20 mg，1 天 1 次，连用 5 天。

（5）全池泼洒硫酸铜，使池水浓度为 0.7 g/m³，隔天重洒 1 次，以杀灭中间寄主。

（五）中华许氏绦虫病

1. 病原及病因　中华许氏绦虫病的病原体为中华许氏绦虫，属绦虫纲。

2. 症状及危害　主要寄生于鲤鱼、鲫鱼的肠道内，引起病鱼肠道堵塞，鱼体消瘦，肠道发炎，如遇病鱼肠炎病是则病情加重。大量寄生时常引起病鱼死亡。剖解可见，肠道充满乳白色虫体，肠壁发炎。

3. 流行情况　流行广泛，全国各地均有发生。主要寄生于 2 龄以上鲤鱼、鲫鱼肠道内，流行季节为每年的 4 ~ 8 月。中华许氏绦虫的中间寄主是颤蚓，终寄主为鱼。

4. 防治方法

（1）彻底清塘，杀灭虫卵，切断生活史。

（2）用含 90% 的精制敌百虫全池泼洒，浓度为 0.5 ~ 0.8 g/m³，内服灭蠕灵，按每千克鱼体重每天用药 0.5 ~ 4 g，拌饵投喂，1 天 1 次，连用 5 天。

（3）内服盐酸左旋咪唑，按每千克鱼体重每天用药 10 ~ 20 mg，拌饵投喂，1 天 1 次，连用 5 天。

（4）如病鱼同时患有细菌性肠炎病，在杀虫的同时，应内服抗菌药物（如恩诺沙星）或全池泼洒氯制剂或其他消炎药物。

（5）内服硫双二氯酚，按每千克鱼体重每天用药 0.2 g，拌饵投喂，1 天 1 次，连用 5 天。

三、甲壳动物疾病

(一) 大中华鳋病

1. 病原及病因　大中华鳋病（图 12 – 11）又名鳃蛆病。其病原为大中华鳋，属桡足类甲壳动物。

2. 症状及危害　大中华鳋主要寄生在草鱼鳃上。寄生很多时，病鱼常在水中跳跃不安，食欲减退或不摄食，体色发黑，呼吸困难；掀开鳃盖，可见病鱼鳃丝末端肿胀、发白，并附着大量带卵囊虫体，像挂了许多白色小蛆。因此，俗称"鳃蛆病"。

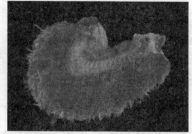

图 12 – 11　大中华鳋病

3. 流行情况　大中华鳋对寄主有严格的选择性，仅寄生于草鱼、青鱼及赤眼鳟。大中华鳋病在我国流行广泛，每年 5 ~ 9 月为流行高峰期。

4. 防治方法

（1）生石灰清塘，以杀灭水中中华鳋虫卵、幼虫和带虫者。

（2）用灭虫精（敌百虫、辛硫磷粉）全池泼洒，浓度为 0.3 g/m^3，流行季节，每 10 ~ 15 天泼洒 1 次。

（3）用 90% 精制敌百虫、灭虫精（溴氰菊酯溶液）和硫酸亚铁，浓度为 0.2 g/m^3、0.1 mL/m^3 和 0.3 g/m^3，混合后全池泼洒，1 天 1 次，连用 2 次。

（4）氯氰菊酯溶液，按 $0.02 ~ 0.03 \text{ mL/m}^3$ 计算用药，用水稀释 2 000 倍全池泼洒 1 次，24 小时后，用三氯异氰脲酸片全池泼洒 1 次，浓度为 $0.25 ~ 0.4 \text{ g/m}^3$。

(二) 锚头鳋病

1. 病原及病因　锚头鳋病的病原为锚头鳋属的种类，常见的有多态锚头鳋、鲤鱼锚头鳋和草鱼锚头鳋，属桡足类甲壳动物。

2. 症状及危害　发病初期，病鱼烦躁不安，摄食减少，以后鱼体逐渐消瘦，游动迟缓。锚头鳋以其头部和一部分胸部钻入鱼体肌肉组织和鳞片下，其大部分胸部和腹部则露在外面，虫体上常附生一些如累枝虫、钟形虫等的原生动物及藻类和霉菌，病鱼体表好似披着蓑衣，故有"蓑衣病"之称。虫体寄生部位组织发炎，出现溢血性红斑。

3. 流行情况　锚头鳋病主要危害当年夏花鱼种，可引起死亡。该病流行广泛，全国各养殖区均有发生，水温 12 ~ 33 ℃是锚头鳋繁殖季节，流行季节是 5 月中旬至 6 月中旬，9 ~ 10 月。

4. 防治方法

（1）生石灰彻底清塘消毒，以杀灭水中锚头鳋幼体。

（2）鱼种放养前用高锰酸钾溶液浸洗，浓度为 10 ~ 20 g/m³，浸洗 30 ~ 60 分钟。

（3）用 0.5% 阿维菌素溶液全池泼洒，浓度为 0.03 ~ 0.05 mL/m³，1 天 1 次，连用 2 次。

（4）用灭虫威（4.5% 氯氰菊酯溶液）和硫酸铜，浓度为 0.02 ~ 0.03 mL/m³ 和 0.5 g/m³，分别稀释 2 000 倍，全池泼洒 1 次。

（5）4.5% 氯氰菊酯溶液全池泼洒，浓度为 0.02 ~ 0.03 mL/m³；第 2 天用 10% 聚维酮碘，浓度为 0.75 mL/m³，全池泼洒 1 次。

（三）蟹奴病

1. 病原及病因　蟹奴病的病原为蟹奴，属蔓足类甲壳动物。

2. 症状及危害　蟹奴的幼虫钻入河蟹腹部刚毛的基部，生长出根状物，遍布蟹体外表，并蔓延到内部的一些器官。患病蟹雌雄难辨，腹部脐略显臃肿，揭开脐盖，可看到长 2 ~ 5 mm、厚约 1 mm 的乳白色或半透明颗粒状虫体。被蟹奴大量寄生的河蟹，肉味恶臭，不能食用，俗称"臭虫蟹"。

3. 流行情况　该病主要发生在含盐量 0.1% 以上的滩涂养殖水体中。中华绒螯蟹发病率高。在同一水体中，通常雌蟹的感染率高于雄蟹。流行季节为每年 7～10 月，9 月为高发期。

4. 防治方法

（1）用漂白粉、敌百虫、甲醛等彻底消毒，可杀灭塘内蟹奴幼虫。

（2）发现已有蟹奴寄生的河蟹时，立即将病蟹捞出，并全池泼洒浓度为 0.7 g/m³ 的硫酸铜和硫酸亚铁合剂（5:2），能抑制蟹奴病的发展。

（3）用浓度为 8 g/m³ 的硫酸铜或浓度为 20 g/m³ 的高锰酸钾溶液浸洗病蟹 10～20 分钟。

（4）对有发病预兆的池塘，应彻底更换盐度小于 0.1% 的新水。

第三节　鱼类的非寄生性疾病

一、微囊藻引起的中毒

1. 病因　主要是蓝藻门的铜绿微囊藻和水华微囊藻大量滋生引起。

2. 危害　盛夏初秋，水温 15～38 ℃，微囊藻大量繁殖，常在水面形成一层翠绿色的水华，群众称为"湖靛"；晚上消耗水中大量氧气，产生过多的二氧化碳；白天进行光合作用大量消耗水体中的二氧化碳，水的 pH 值升至 10 左右，抑制鱼类生长。微囊藻含蛋白质较多，死亡后蛋白质分解，产生大量羟胺、硫化氢等有毒物质，当有毒物质积累过多，引起养殖鱼类中毒，危害淡水养殖动物。

3. 防治方法

（1）应经常加注清水，并适当投饵，避免水中有机质含量过高，以控制微囊藻大量繁殖。

（2）微囊藻已大量繁殖时，全池遍洒浓度为 $0.7\ g/m^3$ 的硫酸铜或浓度为 $0.7\ g/m^3$ 的硫酸铜、硫酸亚铁合剂（5:2），泼药后立即开动增氧机或冲入新水，以防缺氧。

（3）清晨，当微囊藻上浮聚集时，在藻体上洒虫藻净，浓度为 $1\ g/m^3$，连洒 2~3 天，可杀死大部分微囊藻。

（4）在池塘下风处微囊藻聚集的地方集中泼洒络合铜，浓度为 $0.5\ g/m^3$；第 2 天全池泼洒三氯异氰脲酸粉 1 次，浓度为 $0.45\ g/m^3$，在水体下风处多泼洒。

二、氨氮中毒症

1. 病因 养殖水体中氨氮含量高，对淡水养殖动物有害，会引起鱼类慢性中毒，甚至死亡。

2. 危害 我国渔业水质标准规定，渔业用水中氨含量不得超过 $0.02\ mg/L$。在氨氮含量 $0.01~0.02\ mg/L$ 水体中，氨就会和其他造成鱼类疾病的病因起加成作用，引起鱼类慢性中毒，影响鱼类生长；超过 $0.02\ mg/L$ 易引起鱼类急性中毒，淡水养殖动物首先表现为呼吸急促，乱游乱窜，鳃及体表黏液增多、出血，进而转入迟钝、呼吸缓慢，最后窒息死亡。一般水中氨氮含量随水温、pH 值、重金属含量升高及溶解氧降低而增加，其毒性随水的盐度升高而降低。

3. 防治方法

（1）彻底清除池底过多淤泥，保持水质呈弱碱性。

（2）适当降低养殖密度，减少饲料投喂。

（3）全池泼洒底保净，浓度为 $0.75~1.5\ g/m^3$，间隔 4 小时，全池泼洒驱氨增氧灵，浓度为 $1~1.5\ g/m^3$。

（4）全池泼洒除氨解毒灵，浓度为 $0.75~1.5\ g/m^3$，间隔 2 小时，全池泼洒驱氨增氧灵，浓度为 $1~1.5\ g/m^3$，连用 2 次。

三、亚硝酸盐中毒症

1. 病因 水中亚硝酸盐含量超标，过量亚硝酸盐进入水产养殖动物血液后，与血红蛋白作用，形成高铁血红蛋白，使血红蛋白失去携氧能力，导致机体组织严重缺氧，患病动物窒息而死。水的 pH 值越低，亚硝酸盐的毒害作用越强。

2. 危害 中毒的水产养殖动物呼吸困难，体表黏液增多，痉挛、抽搐、摄食力下降、游动缓慢。剖解，肝、脾、肾严重淤血，呈紫黑色。亚硝酸盐中毒一般发生在秋末冬初，发病鱼池大都是放养密度较高，且底泥厚、水质老化，防治不当会使池鱼大批死亡。

3. 防治方法

（1）清除塘底过多淤泥，保持水质清新、池底溶氧丰富。

（2）全池泼洒底保净，浓度为 $0.75 \sim 1.5 \ g/m^3$，间隔 4 小时，全池泼洒驱氨增氧灵，浓度为 $1 \sim 1.5 \ g/m^3$，可同时内服维生素 C，按每千克饲料用 4 g，拌饲料投喂，连用 10 天。

（3）全池泼洒除氨硝，用量为 $0.75 \ g/m^3$，每 15 天泼洒 1 次。

（4）全池泼洒硝氨净 1 次，用量为 $0.3 \sim 0.6 \ g/m^3$，第 2 天泼洒磷酸二氢钙，用量为 $10 \ g/m^3$。

四、肝胆综合征

1. 病因 造成鱼类肝胆综合征（图 12 - 12）的原因是多方面的，主要有：①养殖密度过大，养殖环境不断恶化；尤其是当前水体有机质含量高，水体中的重金属盐类、氨氮或亚硝酸盐超标、水体中药物残留、水体中的微生物及其产物、某些藻类毒素等。②药物使用不合理，长期滥用、超量使用药物。③养殖品种种质退化。④饲料营养不均衡，如饲料中蛋白含量高、高糖、高脂、能量过剩或过量投喂配合饲料。

2. 危害　肝胆综合征是近年在鱼病发生中很频繁的鱼病之一，流行季节主要在 6～10 月，已普遍流行于全国各地。以肝胆肿大、变色为典型症状。

图12－12　鱼类肝胆综合征

病鱼发病初期，肝脏略肿大，轻微贫血，色略淡；随着病情发展，肝脏明显肿大，比正常情况下大 1 倍以上，肝颜色逐渐变黄发白或呈斑块状黄红白相间，形成明显的"花肝"症状，胆囊明显肿大，胆汁颜色变深绿或墨绿色，或变黄、变白直到无色。由于肝脏严重病变、受损，机体的抗病能力下降，给其他病菌的入侵创造了条件。因此，该病重症者常同时伴有鱼体表、鳃盖出血、烂鳃、肠炎、寄生虫等病症。

3. 防治方法

（1）鱼种放养前，彻底清塘、清淤；经常加注新水，保持良好水质，放养密度合理。

（2）合理使用药物，不使用国家禁用渔药。

（3）内服龙胆泻肝散和多维，每千克饲料分别用 10 g、3 g 拌饵投喂，连续 3～5 天。

（4）内服维生素 C、维生素 E、胆碱、葡萄糖醛酸内酯、甘草粉和胆汁粉，每千克饲料分别加 4 g、4 g、7.5 g、0.1 g、2.5 g 和 0.15 g 拌饵投喂，1 天 1 次，连用 7 天。

（5）由于鱼类肝胆综合征不仅是肝胆发生病变，常常并发其他病毒性、细菌性及寄生虫病。在治疗过程中外用泼洒应避免使用刺激性强的药物，内服应选用当归、白芍、丹参、郁金、柴胡、黄芪、党参、山药、泽泻、板蓝根、山楂、甘草等中草药。

同时，根据症状，适当添加一些针对性药物，一般要连续投喂 7 天以上。

五、应激综合征

1. 病因　应激综合征的病因目前看主要有四种：①饲料中缺乏维生素；②饲料中能量水平过高；③生长促进剂添加不当；④鱼类饲养过程中管理不善。

2. 危害　该病无季节性，在精养鱼池和网箱养鱼中常见，以成鱼发病率最高，其中长势最好的鱼发病最严重；主要表现为鱼在拉网捕捞、分池、长途运输等应激因子刺激下，很快全身体表发生充血、出血，并导致鱼类大批死亡。

3. 防治方法

（1）加强饲养管理，改善水质，优化养殖环境。

（2）应激灵全池泼洒，浓度为 $0.3~g/m^3$，1 天 1 次，连用 2 天，同时内服中药三黄粉等。

（3）用 1% 腐植酸钠，浓度为 $1~mL/m^3$，1 天 1 次，连用 2 天全池泼洒。

（4）抗激灵，用量为 $0.15~g/m^3$，全池泼洒 1 次。

为减少鱼类应激综合征的发生，在养殖过程中，尤其是在养殖后期，应采取措施，如减少饲料投喂、保持良好水质等，必要时投喂一些含中草药、维生素的药饵，以确保鱼类安全越冬或出售。

附录　无公害食品　渔用药物使用准则 (NY 5071—2002)

1. 范围

本标准规定了渔用药物使用的基本原则、渔用药物的使用方法以及禁用渔药。

本标准适用于水产增养殖中的健康管理及病害控制过程中的渔药使用。

2. 规范性引用文件

下列文件中的条款通过本标准的引用而成为标准的条款。凡是注日期的引用文件，其随后所有的修改单（不包括勘误的内容）或修订版均不适用于本标准，然而，鼓励根据本标准达成协议的各方研究是否可使用这些最新版本。凡是不注日期的引用文件，其最新版本适用于本标准。

NY 5070　无公害食品　水产品中渔药残留限量

NY 5072　无公害食品　渔用配合饲料安全限量

3. 术语和定义

下列术语和定义使用于本标准。

3.1　渔用药物　用以预防、控制和治疗水产动植物的病、虫、害，促进养殖品种健康生长，增强机体抗病能力以及改善养殖水体质量的一切物质，简称"渔药"。

3.2　生物源渔药　直接利用生物活体或生物代谢过程中产

生的具有生物活性的物质或从生物体提取的物质作为防治水产动物病害的渔药。

3.3　渔用生物制品　应用天然或人工改造的微生物、寄生虫、生物霉素或生物组织及其代谢产物为原材料，采用生物学、分子生物学或生物化学等相关技术制成的，用于预防、诊断和治疗水产动物传染病和其他有关疾病的生物制剂。它的效价或安全性应采用生物学方法检定并有严格的可靠性。

3.4　休药期　最后停止给药日至水产品作为食品上市出售的最短时间。

4. 渔用药物使用基本原则

4.1　渔用药物的使用应以不危害人类健康和不破坏水域生态环境为基本原则。

4.2　水生动植物养殖过程中对病虫害的防治，坚持"以防为主，防治结合"。

4.3　渔药的使用应严格遵循国家和有关部门的有关规定，严禁生产、销售和使用未经取得生产许可证、批准文号与没有生产执行标准的渔药。

4.4　积极鼓励研制、生产和使用"三效"（高效、速效、长效）、"三小"（毒性小、副作用小、用量小）的渔药，提倡使用水产专用渔药、生物源渔药和渔用生物制品。

4.5　病害发生时应对症用药，防止滥用渔药与盲目增大用药量或增加用药次数、延长用药时间。

4.6　食用鱼上市前，应有相应的休药期。休药期的长短，应确保上市水产品的药物残留限量符合 NY 5072 要求。

4.7　水产饲料中药物的添加剂应符合 NY 5072 要求，不得选用国家规定禁止使用的药物或添加剂，也不得在饲料中长期添加抗菌药物。

5. 渔用药物使用方法

各类渔用药使用方法见附表1。

附表1　渔用药物使用方法

渔药名称	用途	用法与用量	休药期（天）	注意事项
氧化钙（生石灰）	用于改善池塘环境，清除敌害生物及预防部分细菌性鱼病	带水清塘：200～250 mL/L（虾类：350～400 mL/L）。全池泼洒：20 mL/L（虾类：15～30 mL/L）		不能与漂白粉、有机氯、重金属盐、有机络合物混用
漂白粉	用于清塘、改善池塘环境及防治细菌性皮肤病、烂鳃病	带水清塘：20 mL/L。全池泼洒：1.0～1.5 mL/L	≥5	①勿用金属容器盛装。②勿与酸、铵盐、生石灰混用
二氯异氰脲酸钠	用于清塘及防治细菌性皮肤溃疡病、烂鳃病、出血病	全池泼洒：0.3～0.6 mg/L	≥10	勿用金属容器盛装
三氯异氰脲酸	用于清塘及防治细菌性皮肤溃疡病、烂鳃病、出血病	全池泼洒：0.2～0.5 mg/L	≥10	①勿用金属容器盛装。②针对不同的鱼类和水体的 pH 值，使用量应适当增减
二氧化氯	用于防治细菌性皮肤病、烂鳃病、出血病	浸浴：20～40 mg/L，5～10 分钟。全池泼洒：0.1～0.2 mg/L，严重时 0.3～0.6 mg/L	≥10	①勿用金属容器盛装。②勿与其他消毒剂混用
二溴海因	用于防治细菌性和病毒性疾病	全池泼洒：0.2～0.3 mg/L		
氯化钠（食盐）	用于防治细菌、真菌或寄生虫疾病	浸浴：1%～3%，5～10 分钟。		

续表

渔药名称	用途	用法与用量	休药期（天）	注意事项
硫酸铜（蓝矾、胆矾、石胆）	用于治疗纤毛虫、鞭毛虫等寄生性原虫病	浸浴：8 mg/L（海水鱼类：8～10 mg/L），15～30分钟。全池泼洒：0.5～0.7 mg/L（海水鱼类：0.7～1.0 mg/L		①常与硫酸亚铁合用。②广东鲂慎用。③勿用金属容器盛装。④使用后注意池塘增氧。⑤不宜用于治疗小瓜虫病
硫酸亚铁（硫酸低铁、绿矾、青矾）	用于治疗纤毛虫、鞭毛虫等寄生性原虫病	全池泼洒：0.2 mg/L（与硫酸铜合用）		①治疗寄生性原虫病时需与硫酸铜合用。②乌鳢慎用
高锰酸钾（锰酸钾、灰锰氧、锰强灰）	用于杀灭锚头鳋	浸浴：10～20 mg/L，15～30分钟。全池泼洒：4～7 mg/L		①水中有机物含量高时药效降低。②不宜在强烈阳光下使用
四烷基季铵盐络合碘（季铵盐含量为50%）	对病毒、细菌、纤毛虫、藻类有杀灭作用	全池泼洒：0.3 mg/L（虾类相同）		①勿与碱性物质同时使用。②勿与阴性离子表面活性剂混用。③使用后注意池塘增氧。④勿用金属容器盛装
大蒜	用于防治细菌性肠炎病	伴饵投喂：10～30 g/kg体重，连用4～6天（海水鱼类相同）		
大蒜素粉（含大蒜素10%）	用于防治细菌性肠炎病	0.2 g/kg体重，连用4～6天（海水鱼类相同）		

续表

渔药名称	用途	用法与用量	休药期（天）	注意事项
大黄	用于防治细菌性肠炎、烂鳃等病	全池泼洒：2.5 ~ 4.0 mg/L（海水鱼类相同）。伴饵投喂：5 ~ 10 g/kg 体重，连用 4 ~ 6 天（海水鱼类相同）		投喂时常与黄芩、黄柏合用（三者比例为 5 : 2 : 3）
黄芩	用于防治细菌性肠炎、烂鳃、赤皮、出血等病	伴饵投喂：2 ~ 4 g/kg 体重，连用 4 ~ 6 天（海水鱼类相同）		投喂时常与大黄、黄柏合用（三者比例为 2 : 5 : 3）
黄柏	用于防治细菌性肠炎、出血等病	伴饵投喂：3 ~ 6 g/kg 体重，连用 4 ~ 6 天（海水鱼类相同）		投喂时常与大黄、黄柏合用（三者比例为 3 : 5 : 2）
五倍子	用于防治细菌性烂鳃、赤皮、白皮、疖疮等病	全池泼洒：2 ~ 4 mg/L（海水鱼类相同）		
穿心莲	用于防治细菌性肠炎、烂鳃、赤皮等病	全池泼洒：15 ~ 20 mg/L。伴饵投喂：10 ~ 20 g/kg 体重，连用 4 ~ 6 天		
苦参	用于防治细菌性肠炎、竖鳞等病	全池泼洒：1.0 ~ 1.5 mg/L。伴饵投喂：1 ~ 2 g/kg 体重，连用 4 ~ 6 天		
土霉素	用于治疗肠炎病、弧菌病	伴饵投喂：50 ~ 80 mg/kg 体重，连用 4 ~ 6 天（海水鱼类相同，虾类：50 ~ 80 mg/kg 体重，连用 5 ~ 10 天	≥30（鳗鲡）≥21（鲶鱼）	勿与铝、镁离子及卤素、碳酸氢钠、凝胶合用

续表

渔药名称	用途	用法与用量	休药期（天）	注意事项
噁喹酸	用于防治细菌性肠炎、赤鳍病，香鱼对虾弧菌病，鲈鱼结节病，鲱鱼结节病	伴饵投喂：10~30 mg/kg 体重，连用5~7天（海水鱼类1~20 mg/kg 体重；对虾：6~60 mg/kg 体重，连用5天）	≥25（鳗鲡）≥21（鲤鱼、香鱼）≥16（其他鱼类）	用药量视不同的疾病有所增减
磺胺嘧啶（磺胺哒嗪）	用于治疗鲤科鱼类的赤皮病、肠炎病，海水鱼链球菌病	伴饵投喂：100 mg/kg 体重，连用5天（海水鱼类相同）		①与甲氧苄胺嘧啶（TMP）同用，可产生增效作用。②第一天药量加倍
磺胺甲噁唑（新诺明、新明磺）	用于治疗鲤科鱼类的肠炎病	伴饵投喂：100 mg/kg 体重，连用5~7天		①不能与酸性药物同用。②与甲氧苄胺嘧啶（TMP）同用，可产生增效作用。③第一天药量加倍
磺胺间甲氧嘧啶（制菌磺、磺胺-6-甲胺嘧啶）	用于治疗鲤科鱼类的竖鳞病、赤皮病及弧菌病	伴饵投喂：50~100 mg/kg 体重，连用4~6天	≥37（鳗鲡）	①与甲氧苄胺嘧啶（TMP）同用，可产生增效作用。②第一天药量加倍
氟苯尼考	用于治疗鳗鲡爱德华氏病、赤鳍病	伴饵投喂：10 mg/kg 体重，连用4~6天	≥7（鳗鲡）	

续表

渔药名称	用途	用法与用量	休药期（天）	注意事项
聚维酮碘（聚乙烯吡咯烷酮碘、皮维碘、PVP－I、碘伏）（有效碘1.0%）	用于防治细菌性烂鳃病、弧菌病、鳗鲡红头病，并可用于预防病毒病：如草鱼出血病、传染性胰腺坏死病、传染性造血组织坏死病、病毒性出血败血症	全池泼洒：海水幼鱼、淡水幼鱼、幼虾0.2~0.5 mg/L；海水成鱼、淡水成鱼、成虾：1~2 mg/L；鳗鲡2~4 mg/L。浸浴：草鱼鱼种：30 mg/L，15~20分钟鱼卵：30~50 mg/L（海水鱼卵25~30 mg/L），5~15分钟		①勿与金属物品接触。②勿与季铵盐类消毒剂直接混合使用

6　禁用渔药

严禁使用高毒、高残留或具有三致毒性（致癌、致畸、致突变）的渔药。严禁使用对水域环境有严重破坏而又难以修复的渔药，严禁直接向养殖水域泼洒抗菌素，严禁将新近开发的人用新药作为渔药的主要或次要成分。禁用渔药见附表2。

附表2　禁用渔药

药物名称	化学名称（组成）	别名
地虫硫磷	O－乙基－S苯基二硫代膦酸乙酯	大风雷
六六六	1，2，3，4，5，6－六氯环己烷	
林丹	r－1，2，3，4，5，6－六氯环己烷	丙体六六六
毒杀芬	八氯茨烯	氯化茨烯
滴滴涕	2，2－双（对氯苯基）－1，1，1－三氯乙烷	
甘汞	氯化亚汞	

续表

药物名称	化学名称（组成）	别名
硝酸亚汞	硝酸亚汞	
醋酸汞	醋酸汞	
呋喃丹	2，3－二氢－2，2－二甲基－7－苯并呋喃－甲级氨基甲酸酯	克百威、大扶农
杀虫脒	N－（2－甲基－4－氯苯基）N′，N－二甲基甲脒盐酸盐	克死螨
双甲脒	1，5－双－（2，4－二甲基苯基）－3－甲基1，3，5－三氮戊二烯－1，4	二甲苯胺脒
氟氯戊菊酯	（R，S）－α－氰基－3－苯氧苄基－（R，S）－2－（4－二氟甲氧基）－3－甲基丁酸酯	保好江乌、氟氰菊酯
氟氯氰菊酯	α－氰基－3－苯氧基－4－氟苄基（1R，3R）－3－（2，2－二氯乙烯基）－2，2－二甲基环丙烷羧酸酯	百树得、百树菊酯
五氯酚钠	五氯酚钠	
孔雀石绿	$C_{23}H_{25}ClN_2$	碱性氯、盐基块氯、孔雀氯
锥虫胂胺		
酒石酸锑钾	酒石酸锑钾	
磺胺噻唑	2－（对氨基苯碘酰胺）－噻唑	消治龙
磺胺脒	N1－脒基磺胺	磺胺胍
呋喃西林	5－硝基呋喃栓氨基脲	呋喃新
呋喃唑酮	3－（5－硝基糠叉胺基）－2－噁唑烷酮	痢特灵
呋喃那斯	6－羟甲基－2－［5－硝基－2－呋喃基乙烯基］吡啶	P－7138（实验名）

续表

药物名称	化学名称（组成）	别名
氯霉素（包括其盐、酯及制剂）	由委内瑞拉链霉素生产或合成法制成	
红霉素	属微生物合成，是 streptomyces eyythreus 生产的抗生素	
杆菌肽锌	由枯草杆菌 Bacillus subtilis 或 B，leicheniformis 所产生的抗生素，为一含有噻唑环的多肽化合物	枯草菌肽
泰乐菌素	S. fradiae 所产生的抗生素	
环丙沙星	为合成的第三代喹诺酮类抗菌药，常用盐酸盐水合物	环丙氟哌酸
阿伏帕星		阿伏霉素
喹乙醇	喹乙醇	喹酰胺醇羟乙喹氧
速达肥	5－苯硫基－2－苯并咪唑	苯硫哒唑氨基甲酯
己烯雌酚（包括雌二醇等其他类似合成等雌性激素）	人工合成的非甾体雌激素	己烯雌酚，人造求偶素
甲基睾丸酮（包括丙酸睾丸酮、去氢甲睾酮及同化物等雄性激素）	睾丸素 C17 的甲基衍生物	甲睾酮、甲基睾酮

参 考 文 献

［1］李林春．实用鱼类学［M］．北京：化学工业出版社，2009.

［2］胡石柳，唐建勋．鱼类增养殖技术［M］．北京：化学工业出版社，2009.

［3］效梅，安立龙．淡水养殖与疾病防治［M］．北京：中国农业出版社，2001.

［4］赵子明．池塘养鱼［M］．北京：中国农业出版社，2004.

［5］戈贤平．淡水养殖实用技术［M］．北京：中国农业出版社，2005.

［6］李林春．水产养殖操作技能［M］．北京：高等教育出版社，2008.

［7］李承林．鱼类学教程［M］．北京：中国农业出版社，2004.

［8］王道尊，刘永发．鱼用饲料实用手册［M］．上海：上海科学技术出版社，2004.

［9］李爱杰．水产动物营养与饲料学［M］．北京：中国农业出版社，1996.

［10］徐亚超．水产动物营养与饲料［M］．北京：化学工业出版社，2012.

［11］张家国．水产动物饲料配方与配制技术［M］．北京：中国农业出版社，1999.

［12］刘革利，李林春．名特优水产养殖技术［M］．北京：化学

工业出版社，2010.

[13] 戈贤平. 淡水优质鱼类养殖大全 [M]. 北京：中国农业出版社，2006.

[14] 曹可驹. 名特水产动物养殖学 [M]. 北京：中国农业出版社，2004.

[15] 单士龙，李智. 大规格翘嘴红鲌鱼种培育及成鱼养殖技术 [J]. 科学养鱼，2007，(4)：30-31.

[16] 朱述淦. 泥鳅的人工繁殖及规模化养殖技术 [J]. 中国水产，2001，(1)：39-41.

[17] 张欣，蒋艾青. 水产养殖概论 [M]. 北京：化学工业出版社，2009.

[18] 龚世园. 鳜鱼养殖与增殖技术 [M]. 2 版. 北京：科学技术文献出版社，2000.

[19] 李登来. 水产动物疾病学 [M]. 北京：中国农业出版社，2004.

[20] 姚志刚. 水产动物病害防治技术 [M]. 北京：化学工业出版社，2010.

[21] 占文斌. 水产动物病害学 [M]. 北京：中国农业出版社，2004.

[22] 杨先乐. 水产养殖用药处方大全 [M]. 北京：化学工业出版社，2008.

[23] 权可艳，李正军. 常用渔药使用手册 [M]. 成都：四川科学技术出版社，2011.

[24] 汪建国，王玉堂. 鱼病防治用药指南 [M]. 北京：中国农业出版社，2012.

[25] 黄琪琰. 淡水鱼病防治实用技术大全 [M]. 北京：中国农业出版社，2005.

[26] 农业部《新编渔药手册》编撰委员会. 新编渔药手册

［M］. 北京：中国农业出版社，2005.

［27］汪开毓. 鱼类应激综合征［J］. 科学养鱼，2000，12：33.

［28］汪开毓. 鱼类肝病防治［J］. 淡水渔业，2001，16：50.

［29］郭海山. 一种中草药制剂在水产养殖中的应用［J］. 水产养殖，2013，9：18－20.

［30］中国兽药典委员会. 中华人民共和国兽药典·兽药使用指南（化学药品卷）（2010 年版）［M］. 北京：中国农业出版社，2011.

［31］中国兽药典委员会. 中华人民共和国兽药典·兽药使用指南（生物制品卷）（2010 年版）［M］. 北京：中国农业出版社，2011.

［32］中国兽药典委员会. 中华人民共和国兽药典·兽药使用指南（中药卷）（2010 年版）［M］. 北京：中国农业出版社，2011.

［33］中国兽药典委员会. 中华人民共和国兽药典·一部（2010 年版）［M］. 北京：中国农业出版社，2011.

［34］中国兽药典委员会. 中华人民共和国兽药典·二部（2010 年版）［M］. 北京：中国农业出版社，2011.

［35］中国兽药典委员会. 中华人民共和国兽药典·三部（2010 年版）［M］. 北京：中国农业出版社，2011.